高等学校教材

机械设计综合课程设计

陈亮 王伟 潘伶 郭晓宁 朱光宇 编

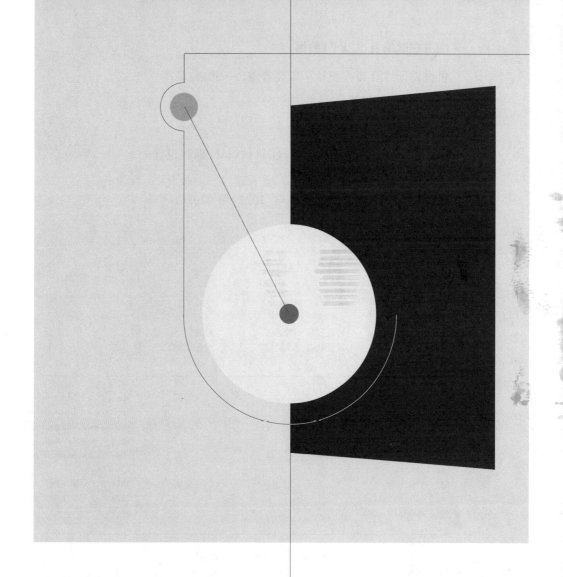

中国教育出版传媒集团

高等教育出版社·北京

内容摘要

　　本书是从系统的观点出发,结合多年的教学和改革实践经验编写而成的。本书将机器的原动机、传动装置和执行系统三个基本部分融合为一个整体,使机械的原理方案与执行机构设计、传动方案设计、结构设计和计算机辅助设计与分析等有机结合起来,使学生经历一个完整的、更符合实际的机器设计过程,从整机和系统的角度,掌握机械产品设计的基本理论、方法和步骤,培养和提高学生的系统综合设计能力、创新设计能力、计算机运用能力和解决工程设计问题的能力。

　　全书内容分为两部分,第一部分为综合课程设计指导部分,共7章;第二部分为附录部分,包含常用设计资料及参考图例。

　　本书适用于高等工科院校机械类、机电类和近机类等专业的师生使用,也可供其他专业的师生和工程技术人员参考。

图书在版编目(CIP)数据

　　机械设计综合课程设计/陈亮等编. --北京:高等教育出版社,2023.3

　　ISBN 978 - 7 - 04 - 058052 - 5

　　Ⅰ.①机… Ⅱ.①陈… Ⅲ.①机械设计-课程设计-高等学校-教材 Ⅳ.①TH122-41

　　中国版本图书馆 CIP 数据核字(2022)第 020861 号

Jixie Sheji Zonghe Kecheng Sheji

策划编辑	沈志强	责任编辑	沈志强	封面设计	赵 阳	版式设计	杨 树
责任绘图	黄云燕	责任校对	高 歌	责任印制	朱 琦		

出版发行	高等教育出版社	网　　址	http://www.hep.edu.cn
社　　址	北京市西城区德外大街4号		http://www.hep.com.cn
邮政编码	100120	网上订购	http://www.hepmall.com.cn
印　　刷	北京市联华印刷厂		http://www.hepmall.com
开　　本	787mm×1092mm 1/16		http://www.hepmall.cn
印　　张	17.5		
字　　数	370 千字	版　　次	2023年3月第1版
购书热线	010-58581118	印　　次	2023年3月第1次印刷
咨询电话	400-810-0598	定　　价	34.90 元

前　言

　　机械原理与机械设计是机械类专业的两门重要的技术基础课,相应的课程设计是"机械类系列基础课程"重要的实践环节。 一般在机械原理课程结束时做机械原理课程设计,主要是进行机构的方案设计与分析;在机械设计课程结束时做机械设计课程设计,主要是进行简单机械传动装置(减速器)的设计。 而机器一般是由原动机、传动装置和执行系统三个基本部分所组成,两个课程设计的分隔,使机械原理课程设计所设计的执行机构与机械设计课程所设计的原动机、传动装置间缺少关联,导致学生对机器的完整设计过程缺乏了解和训练,对锻炼和提高他们的综合设计能力、系统设计能力是不利的。

　　本书将机械原理、机械设计两门课程设计进行整合,在教学中实施综合课程设计,将两个关系密切的实践环节有机地关联起来,融合为一个整体。 整合后的综合课程设计通过一个实际课题,以设计为主线,使学生经历原理方案设计、执行机构的设计、传动方案设计和结构设计等完整的机械设计过程,并加强计算机辅助设计与分析软件的应用,以培养和提高学生的机械系统综合设计能力、创新设计能力和计算机运用能力。

　　参加本书编写的人员有陈亮(第 1、2、5 章,附录)、王伟(第 6 章、附录部分)、潘伶(第 3、7 章)、郭晓宁(第 4 章)、朱光宇(第 5 章部分)。 全书由陈亮负责统稿。

　　本书由上海交通大学沈耀教授审稿,在此致谢。

　　由于作者水平所限,本书在内容选择和编排上难免存在疏漏和欠妥之处,敬请读者批评指正。

编者

2023 年 2 月

目　录

第4章　执行机构系统设计

52

第5章　机械结构设计

95

第1章

绪论

1.1　机械设计综合课程设计的目的

随着经济全球化和科学技术的迅速发展,技术创新能力已成为企业生死存亡的关键,创新更是一个国家经济可持续发展的基石,拥有了大量具有创新能力的高素质人才资源就具备了巨大的可持续发展潜力。为此,高等教育的一个重要职责就是要培养基础扎实、创新能力强和素质高的现代创新人才,相应地,机械基础系列课程也应将培养和提高学生的综合设计能力和创新设计能力作为重要目标。

机械原理与机械设计是机械类专业的两门重要的技术基础课,相应的课程设计是机械基础系列课程重要的实践环节。目前常见的做法是将机械原理课程设计和机械设计课程分开进行,在机械原理课程结束后做机械原理课程设计,主要是进行机构的方案设计与分析;机械设计课程结束后做机械设计课程设计,主要是进行简单机械传动装置(减速器)的设计。而机器一般是由原动机、传动装置和执行系统等三个基本部分组成,两个课程设计的分隔,使机械原理课程设计所设计的机构与机械设计课程设计所设计的原动机和传动装置间没有什么关联,机构设计与零部件结构设计相脱节,使学生对机器的完整设计过程缺乏了解和训练,对锻炼和提高学生的综合设计能力、系统设计能力和创新设计能力是不利的,与现代机械创新人才的培养目标也不相适应。

机械设计综合课程设计将两个关系密切的实践环节有机地关联起来,融合为一个整体,使学生经历完整的、更符合实际的机器设计过程,即"原动机—传动装置—执行系统",从而形成一个完整和系统的课程设计。整合后的综合课程设计通过一个实际课题,以设计为主线,使学生经历原理方案设计、执行机构设计、传动方案设计和零部件结构设计等完整的整机设计过程,并加强计算机辅助设计与分析软件的应用,其目的在于巩固和加强学生所学的理论基础知识及其综合应用,培养和提高学生的机械系统综合设计能力、创新设计能力和计算机运用能力,以使学生具有更好的综合素质、更强的机械设计和创新能力,更好地掌握现代设计方法与手段,更好地适应现代社会对机械创新人才的需求。

1.2　机械设计综合课程设计的任务

机械设计综合课程设计的任务是培养学生综合应用所学的基础理论知识,从整机和系统的角度,完成产品的系统方案设计—机构设计—零部件结构设计等完整设计过程,经历整机设计的全过程训练。培养学生查阅和运用各种设计资料,利用计算机辅助设计与分析软件等来完成机构设计与分析,零部件结构和尺寸设计,系统方案图、机构运动简图、机构运动循环图、机构运动分析图、装配图和零件图等绘制,编制设计计算说明书等基本技能,掌握机械产品设计的基本理论、方法和步骤,使学生的创新潜能得到发挥,提高学生的系统综合设计能力、创新设计能力、计算机运用能力、分析和解决工程设计问题的能力。

1.3　机械设计综合课程设计的内容、过程和要求

1.3.1　选题和时间安排

为了实现上述目标,首要工作就是要有合适的选题,设计题目应源于工程实际,同时应具有较强的综合性和系统性,要对实际工程问题进行适当的简化,提取多组设计参数以供学生选择。经过多年的探索,我们从晶体管管脚自动上锡机、酱类食品灌装机、蜂窝煤成形机、糕点切片机、玻璃瓶印花机、麦秸打包机、干粉压片机、简易刨床、抽油机和印刷机等实际的机械产品中提炼出一系列的综合课程设计题目。

另外,与毕业设计挂钩,从往届毕业设计的题目中选出合适的部分作为综合课程设计题目,同时结合教师的科研工作和横向开发项目,对综合课程设计题目进行不断地丰富和完善。也鼓励学生自主选题,调动学生的积极性和主动性,使学生切实感到是自己在做设计,变以往的"要我做"为"我要做",有助于培养他们的创新意识和创新能力。当然,这也要求教师积极参与指导,保证题目和设计内容的可行性和合理性。

虽然综合课程设计是在机械设计课程结束后集中在 4 周时间里来进行,但时间上可以向前延伸,在课程学习中就可以尽早进行布置,使学生提前开始收集资料和构思方案,这也将课程学习和课程设计自然地联系在一起,保证了课程的连续性和系统性,效果也更好。

1.3.2　设计内容、过程和要求

产品设计是一种有目的的人类活动,起始于人类的需求,然后经过一系列的映射(用户需求域、功能域、原理域、行为域和物理实体域等),得到机电实体装置,即产品系统。产品

系统将从外界接收到的一定类型、形式和大小的输入量(通常是能量流、物料流和信息流),在系统中进行处理和转换后输出为满足任务需求的另一种类型、形式和大小的输出量(变化后的能量流、物料流和信息流),而要完成这种转换,产品系统要包含一系列的子系统,一般由原动机、传动装置和执行系统等三个基本子系统所组成,所以机械设计综合课程设计也应与产品设计的过程相一致,应从系统的观点出发,将机器的原动机、传动装置和执行系统三个基本部分融合为一个整体来进行,构思满足设计要求的解决方案,完成"原动机—传动装置—执行系统"的较为完整的设计过程,同时突出各部分方案的构思和设计,提升学生的系统综合设计能力和创新设计能力。主要内容、过程和要求如下。

1. 系统总体方案拟定

强调根据系统工作要求或执行构件的运动和动力要求,考虑原动机、传动装置和执行机构间连接关系、空间位置、运动参数和动力参数间的协调,以及执行机构系统中多个机构间的协调配合,以系统的观点进行整机系统方案设计。方案设计是系统设计的难点,对学生来说尤其如此,往往以类比的方法来拟定方案,创新不足,这对培养学生的创新设计和综合设计能力不利。为此,我们以系统设计理论和方法指导学生进行方案设计,以系统要实现的功能为出发点,建立系统的功能结构,通过功能—原理—行为—结构(机构)的迭代映射和形态学矩阵,拟定系统方案。要求学生提出至少三种方案,然后组织方案研讨会,分析比较各方案的优劣,进行方案的评价与决策,择优确定最终方案,并画出系统总体方案简图。机械系统方案设计中诸如建立功能结构、寻求工作原理及构思原理方案解等,都是很富创造性的工作,因此机械系统方案设计是产品设计中最具创新性的阶段,是决定产品开发成败的关键阶段。这些环节非常有利于学生创新能力的培养,应该成为课程设计的重点。通过这样的方法和过程,可以促进学生积极主动地思考,同时也培养了学生综合分析问题和创新设计能力。

在系统总体方案确定后进行系统各个组成部分,即原动机、传动装置和执行系统等的详细设计。

2. 原动机选择

原动机类型选择(通常是电动机),确定原动机的具体型号和参数。

3. 传动装置设计

① 根据选定的原动机和执行机构的运动和动力参数,确定传动装置传动比、运动参数和动力参数。

② 根据各级传动间的协调关系,进行传动比分配,然后进行各级传动的运动参数和动力参数计算。

③ 进行各级传动的设计计算,这一阶段的重点也应放在零部件的结构设计上。要向学生强调零部件的设计不仅仅只是分析计算和查阅资料,还要考虑工艺性和经济性等。比如,轴的结构设计强调的是轴上零件定位固定,装拆工艺性,加工工艺性和尺寸偏差、几何公差选择的合理性;轴承组合设计强调的是定位固定、游动、装拆、调整、支承和密封润滑的合理性。所以,分析计算是前提,查阅和运用资料是手段,而正确合理的结构设计图则是目标,目

的就是要培养学生分析计算、查阅运用资料和结构设计的综合能力。鉴于学生缺乏结构设计知识，我们可以通过参观机械陈列室、进行机器拆装和测绘等来提高对零部件结构的感性认识；通过大量结构正误图的比较分析，来加强学生对结构设计的认识。

④ 对零部件结构尺寸进行验算，鼓励利用计算机辅助设计和分析软件进行零部件结构尺寸验算和参数调整。

⑤ 手工绘制 0 号装配草图一张。手工绘图的目的一是加强学生绘图能力的训练，二是通过手工绘图确定了结构设计的正确性后再进行电子绘图，可以提高 CAD 软件绘图的效率，同时避免抄袭。

⑥ 利用 CAD 软件（AutoCAD 或三维 CAD 软件）绘制传动装置装配图（一张 0 号图纸，包含 3 个视图，利用三维 CAD 软件的学生主要完成传动装置的三维建模和装配）及主要零件的零件图（多张 2 号图纸）。

4. 执行系统的分析与设计

① 各主执行机构协调关系设计，画出机构的工作循环图。

② 对各主执行机构进行尺度综合，必要时建立主执行机构优化设计模型，用优化方法确定相关构件的尺寸，画出机构运动简图（2 号或 3 号图纸）。

③ 用解析法通过编程对主执行机构进行运动分析（由教师提供进行基本杆组分析的 MATLAB 或 TB 子程序包），或者利用分析软件（如 ADAMS 和 SOLIDWORKS 等）建立执行机构系统的分析模型，进行机构的运动学、动力学分析。

④ 根据计算机计算结果画出主执行构件的位移图、速度图和加速度线图（3 号图纸），并进行特征分析，检验是否符合工作要求。

⑤ 编程实现机构动画仿真或利用三维运动学软件进行运动仿真，检验主执行机构间的协调关系是否符合工作要求。

⑥ 对主执行机构进行结构设计，即对机构简图进行结构化设计，构思主执行机构和构件的各种可能的结构方案，并通过分析比较确定较优方案。合理选择零件材料，确定零件的质量、质心和转动惯量等；对该执行机构进行动力学分析，进行动平衡计算和速度波动及调节计算等；确定零件的受力情况，再利用有限元软件对关键零部件进行应力分析和强度验算，然后画出执行机构的结构装配图及部分零件图等。由于学生缺乏机械结构设计的实践和经验，缺少像齿轮减速器设计那样的完整系统的资料，而机构种类繁多、要求各异，所以设计难度大。但通过查阅资料、分析、思考和讨论，对各类运动副和构件的结构特点进行分析，并通过功能结构分解及变换组合法启发学生进行结构创新设计等来逐渐生成结构方案。当然在题目的选择上要考虑时间的限制，在工作量和难易适中性上要设置合理。执行机构的结构设计相对利用充分资料来进行减速器结构的模仿设计来说，学生要经历从机构运动简图到结构装配图和零件图的转换过程，对学生是个挑战，对学生的创新设计能力的锻炼和提高的效果就更显著。

5. 整理、撰写设计说明书

字数不少于 8 000 ~ 10 000。

6. 答辩:小组答辩和大组答辩相结合

先小组答辩,然后各小组抽出本组约 10% 的学生参加大组答辩,最终确定他们的成绩等级。

机械设计综合课程设计基于系统的观点,将机械原理、机械设计两门课程设计进行整合,将两个关系密切的实践环节有机地联系在一起,融合为一个整体,加强了课程间的内在联系。将机器的原动机、传动装置和执行系统三个基本部分关联起来,使产品的原理方案与执行机构设计、传动方案设计和结构设计等有机结合起来,将分散的知识点统一在机械系统的整体中,通过机械系统将各知识点有机地联系起来,克服了机构设计不考虑结构,而零部件结构设计又不与机构设计相联系的缺点,加强了零件与零件、零件与机构、零件与系统、机构与机构、机构与系统间的联系,形成完整的系统,使学生经历整机设计训练的全过程,有利于培养学生系统综合设计能力、创新设计能力和解决工程实际问题的能力。同时,引入现代设计理论和方法来指导学生进行机械系统方案设计和结构设计,弥补需要依靠经验而学生又缺少经验的不足,并加强计算机辅助设计与分析软件(如 AutoCAD、SOLIDWORKS、ADAMS 和 MATLAB 等)的学习和应用,将设计方案用计算机进行虚拟样机建模和分析仿真等,有利于学生掌握现代设计手段和提高设计能力,也有利于与后续专业课程学习和现代企业设计要求的接轨。

机械设计的最终目的是通过制造将设计思想变成机械实体装置,在有条件的情况下,时间上也可以向后进行延伸,在设计完成后,鼓励有余力的学生将自己的设计结果在创新设计模型制作室中组合装配或加工制作出来,使得设计-制造一体化,检验设计的可行性和合理性,提高学生在设计中考虑零部件加工可能性的能力,使学生经历从设计到制造训练的全过程,实现理论联系实际,这必将大大提高学生的分析问题和解决问题的综合能力。通过机械设计综合课程设计,学生的机械综合设计能力和创新能力得到一次系统全面的训练,对后续的创新设计、专业课程学习、毕业设计以及今后的工作都具有重要影响,并奠定了一个良好的基础。

第2章

机械系统原理方案设计

　　人在自然环境中生活，在生产活动中形成了社会组织结构和思想文化，从而创建了社会文化环境。为了满足人类提高生产效率和生活水平的各种需求，人就创造了很多人工制品，从而创建了一个人工技术物理环境，用于改造自然，服务社会。自然环境、社会文化环境和技术物理环境间相互作用、相互影响以及相互依赖，人在其中起到中介的作用。

　　从上面的表述可知，设计是一种有目的的人类活动，是将人类的需求和意图转变为一个具体物理对象的过程，也即产品设计起始于人类的需求，然后经过一系列的映射（用户需求域、功能域、原理域、行为域、物理结构域和加工域等），得到产品的物理实体对象。

　　产品设计过程如图 2-1 所示，设计过程大体上可划分为产品规划、概念设计、详细设计和试制生产四个阶段。

　　产品规划阶段：通过市场调查，分析和预测市场和用户的需求，确定要开发的产品，进行可行性论证，明确产品设计目标和要求，拟定产品设计任务书。

　　在网络经济时代和现代生产模式下，市场环境不再是单一和稳定的，而是快速多变的，用户需求也呈现出多样化和个性化等特点，用户的选择也日益全球化。企业的竞争是柔性和响应速度的竞争，以适应全球市场的动态变化。用户需求是企业经营活动的驱动力，产品开发要不断去贴近和契合用户需求，满足用户需求自然就是产品设计的出发点和归宿，准确有效地获取、识别、表达和挖掘用户需求，是企业进行产品开发的基础，也直接关系到产品开发的成败。用户需求既包括易于把握的显需求，又包括模糊和不易感知的隐需求。若能通过分析和研究用户的隐需求，预测和挖掘具有超前引导性的新需求，将会导致全新的设计目标和任务，开发出全新和具有独占性优势的产品，进而开辟一个新的广阔的市场空间，极大地实现产品设计的最终目标，满足用户需求并占领市场。因此，需求创新或任务创新是产品创新设计中最高层次的创新。

　　概念设计阶段：对设计任务书中的设计要求进行归纳抽象，确定产品的总功能；对总功能进行分解，建立产品的功能结构；通过功能—原理—行为—结构（机构）的迭代映射，拟定产品的执行系统的原理方案解；进行原动机和传动系统类型选择，综合考虑原动机、传动系统和执行系统之间的连接关系、结构位置关系和人—机工程等方面以拟定总体布局方案；进行方案的评价与决策，确定最佳方案，并绘制执行系统机构运动简图、机构运动循环图和总体方案布局图,编写设计说明书。

　　详细设计阶段:在执行系统机构运动简图、机构运动循环图和总体方案布局图的基础上,构思执行系统的结构方案(诸如构件的结构、运动副的结构、构件的零部件组成及结构等),传动系统结构方案(诸如各级传动的类型、布置、连接、结构,主要传动零部件类型及结构等),原动机的选择及结构布置方案,原动机、传动系统和执行系统之间的结构连接方案,进行系统的运动和动力等基本参数的计算,初步拟定系统的结构方案。进行零部件结构的初步设计,即考虑加工工艺性、装配工艺性和经济性等因素,初步确定零部件的形状、材料和尺寸等,并进行必要的强度、刚度、振动稳定性、可靠性和摩擦学性能等工作能力的计算,画出零部件结构草图。在此基础上,综合考虑产品中各零部件的总体布置,相互之间的位置关系、运动关系和连接配合关系,外观造型,人—机—环境关系和包装运输等因素,进行总体结构设计,画出产品总装配图。在总体结构设计的基础上,进行零部件结构的详细设计,确定各零部件的所有细部结构形状和尺寸。然后可借助数字化设计手段和相应软件工具,对产品整机和主要零部件进行分析、仿真和优化,并通过试验进行验证。施工设计是将总装配图拆画成部件装配图和零件图,标注尺寸、公差、精度及制造安装技术条件等,完成全部生产加工用图样,编制设计说明书、工艺文件和使用说明书等技术文件。设计评价和决策主要是从技术、经济和社会等方面对产品方案进行评价和决策,确定最终方案。

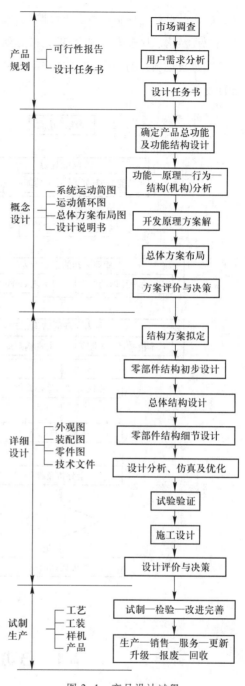

图 2-1　产品设计过程

　　试制生产阶段:进行样机制造和试验,对产品的功能、性能和生产工艺等进行检验,根据出现的问题对设计和工艺进行改进和完善,以提高产品质量、生产效率和经济效益。然后进行正式批量生产、宣传和销售,并做好用户服务工作,根据用户的反馈,进行产品的改进、升级和更新。在产品进入衰落期和报废后,还应做好回收处理工作,贯彻绿色制造,保护环境的原则。

在产品设计过程中的概念设计阶段,机械系统原理方案设计中诸如建立功能结构、寻求作用原理及构思原理方案解等,都是极具创造性的工作,因此机械系统原理方案设计是产品设计中最具创新性的阶段,是决定产品开发成败的最关键阶段。机械系统原理方案的设计如图 2-2 所示。

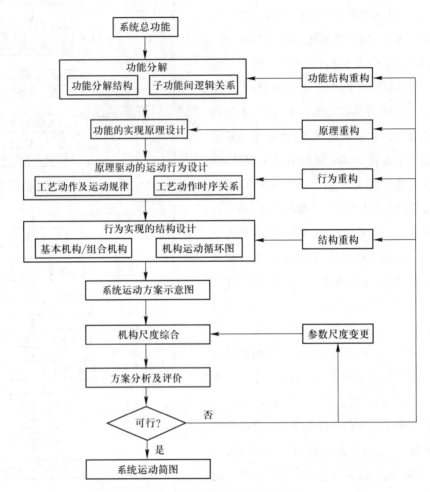

图 2-2　机械系统原理方案的设计

2.1　总功能及功能结构

机械产品的常规设计是直接构思和设计机械实体结构,而功能分析则从对机械实体结构的思考转为对它的功能思考,从而可以做到不受现有实体结构的束缚,更易形成新的设计构思,提出创造性方案。

功能表明产品对象能做什么,是指产品的效能、用途和作用。人们购置的是产品功能,使用的也是产品功能,一般可以将功能表述为"动词+名词"的简洁形式。比如,运输工具的功能是运物运客,电动机的功能是将电能转换为机械能,减速器的功能是传递扭矩和变换速度,电风扇的功能是降低温度,机床的功能是把坯料变成零件等。

功能还常用产品输入量和输出量之间的转换和因果关系来描述。如电动机从电源吸取有功功率(电动机的输入功率),转换为电动机转轴上输出的机械功率(电动机的输出功率)。曲轴压力机是一个实现能量转换的机械系统,它将输入的电能转换为冲头上输出的往复运动的机械能。一般地说,能量、物料和信息构成了机械系统的输入和输出三要素。通常这三个要素在机械系统中从输入到输出会随着时间的变化而变化,故又称为能量流、物料流和信息流。机械系统的功能,就是把从外界接收到的一定类型、形式和大小的能量、物料和信息,在系统中进行处理和转换后输出为所需要的另一种类型、形式和大小的能量、物料和信息。

功能分为两类:基本功能和辅助功能。基本功能是实现产品使用价值必不可少的功能,辅助功能即产品的附加功能。例如,手表的基本功能是计时,其辅助功能有防水、防振、防磁、夜光等。基本功能在设计中必须要得到保证,不能随意改变;辅助和附加功能则可随技术条件或结构方式的改变而取舍或改变。由于系统满足的功能越多成本就越高,所以设计时必须明确地决定一个系统需具有哪些必要功能,舍弃哪些非必要功能。

在进行产品的功能构思时,首先要确定产品的总功能,它是在分析设计任务书和明确设计要求的基础上,通过对设计任务的归纳和抽象而得出,是对设计问题本质的认识和反映。抽象化是设计人员认识产品系统本质的最好途径,能清晰地把握产品的基本功能,把设计人员思维集中到关键问题上来。通过抽象,有利于放开视野,寻求更为理想和创新的设计方案,通过对产品总功能进行创造性的描述和抽象,而且抽象程度越高,越利于激发不同的求解思路,形成新的设计构思,提出更佳的创造性方案。而常规设计则是接到任务就开始具体设计,容易囿于现有方案的束缚,不利于创新方案的提出。

例如,将台式虎钳的功能定义为"螺旋夹紧工件"时,则设计解将局限于丝杠螺母的小范围;若抽象为"加力夹紧工件",则设计解的范围可扩展到偏心夹紧、楔块夹紧、液压夹紧、气动夹紧、连杆机构夹紧、电磁夹紧等。

设计一个取核桃仁的机械产品,若将其功能定义为"砸壳取仁",则设计解将局限于在外部用重力砸取的范围;若抽象为"分离壳与仁",则有利于拓宽视野,激发不同的求解思路,扩大设计解的范围,诸如通过外部加压的方式(如砸、压、夹、冲击、撞击等),内部加压的方式(在壳上钻孔充气撑破外壳),整体加压的方式(内部加压、外部减压),让壳变脆易碎的方式,等等。这样便易于形成新的构思,产生独特的创新方案。

从另外一个角度来看,若能通过对需求信息和设计任务书的创造性分析而挖掘出新功能,而新功能又符合市场和用户的潜在需求,则会获得全新的创造性产品方案,这与前序的需求创新或任务创新中隐需求的发现是对应的。

常采用"黑箱法"来求解系统的总功能,如图 2-3 所示。

"黑箱法"是一种抽象化的模型,将要设计的产品当成看不清内部的"黑箱"。通过分析黑箱的输入(能量 1、物料 1 和信号 1)和输出(能量 2、物料 2 和信号 2)间的转换关系,了解产品的功能特性,并进一步寻求其内部机理和结构,逐步使黑箱透明化,直到方案确定。此方法是暂时摒弃那些附加功能和非必要功能,突出必要功能和基本功能,并用输入和输出间关系的抽象形式加以表达,从而清晰地掌握所设计产品的基本功能,突出设计中的主要矛盾,抓住问题的本质。图 2-4 为车床的黑箱图。

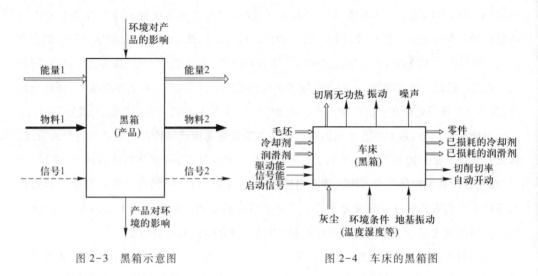

图 2-3 黑箱示意图   图 2-4 车床的黑箱图

为了便于求解,通常将机械系统的总功能分解为一些比较简单的子功能(一级分功能、次级分功能、……),如果有些分功能还很复杂,则可以进一步分解到更低层次的分功能,直到分解到最后不能再分解的基本功能单位为止,这个基本功能单位称为功能元。所以,功能是有层次的,是能逐层分解的,如图 2-5 所示。

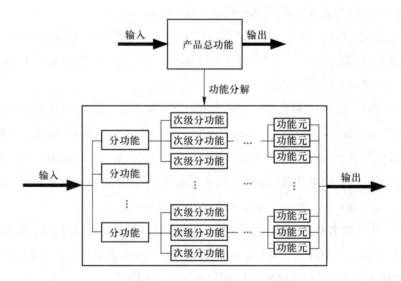

图 2-5 功能分解

子功能(功能元)之间存在着逻辑组合关系,称为功能结构,它反映各子功能(功能元)之间关系、走向和顺序等。基本型式有五种:如图 2-6 所示,① 串行结构,各功能按顺序依次进行(图 2-6a);② 并行结构,表示几个分功能相互平行独立,同时进行(图 2-6b);③ 反馈结构,体现功能之间的反馈作用(图2-6c);④分支结构,表示某个功能分解为几项子功能(图2-6d);⑤合成结构,表示几个分功能合成实现某项功能(图2-6e)。

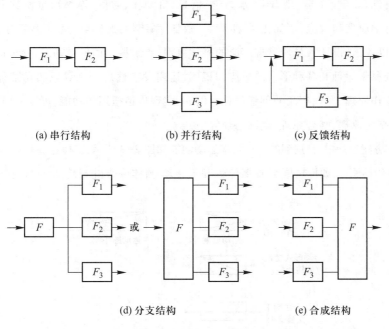

(a) 串行结构　　　　(b) 并行结构　　　　(c) 反馈结构

(d) 分支结构　　　　　　　(e) 合成结构

图 2-6　功能结构的基本型式

对于同一种总功能,可以由多种功能结构组成,对应地也就有多种原理实现方案,功能结构的创新有利于独特创新方案的生成。

图 2-7 为自行车的黑箱图。

图 2-8 为自行车的功能结构图。

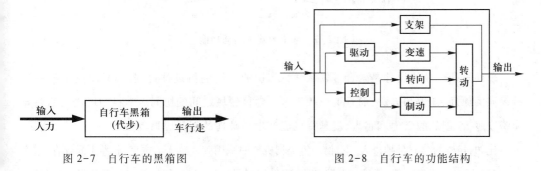

图 2-7　自行车的黑箱图　　　　　　图 2-8　自行车的功能结构

2.2　功能实现原理设计

基于前面的功能分析,构建了产品系统的总功能、子功能和功能元之间的关系,这种功能关系表明系统的输入和输出以及内部的转换。而要实现这些功能就要进行"功能原理设计",即针对功能的实现提出一些原理性的构思和设计。同一个功能可以由多种方案来实现,这主要取决于功能实现原理的构思和创新。实现原理的创新会产生全新产品方案。

对于机电产品系统设计而言,作用原理除了物理学原理和效应外(诸如一般力学、电子、电磁、电气、声学、光学、热力学、水力学、信息、自动化、通信,等等),也涉及很多其他学科领域的科学原理和效应,诸如化学、生物学、数学、系统学、逻辑学、美学、经济学,等等。他山之石,可以攻玉,设计人员应掌握广泛的科学原理,了解科学的发展动态,善于运用不同学科领域中的科学原理和各种形式的效应知识库,运用发散性思维来寻找实现某种功能的多种不同的工作原理,实现产品的创新设计。例如,实现传递扭矩的功能,可以采用摩擦原理、剪切原理、挤压原理、啮合原理、电磁原理等。

在原理方案设计中,常用到的五种基本运动功能如图 2-9 所示,实现这些基本运动功能,可以采用各种传动原理,如推拉传动、摩擦传动、啮合传动、流体传动、电磁传动、材料变形传动等。

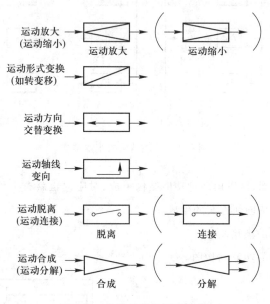

图 2-9　常用的基本运动功能

现代复杂产品的设计是融合多领域学科知识的协同创新设计过程,不只取决于某一学科领域的原理、知识和方法,而且更依赖于多个学科领域之间的协同。学科领域之间的差异和跨度越大,创新的潜力就越大,就越有可能产生突破性的创新成果。

比如,相机的功能是拍摄人、景、物。传统相机拍照采用胶片感光的原理,胶卷不易保存,成本高。而采用光电成像原理,通过光电转换器(图像传感器)CCD 将光信号转变为电信号,得到拍摄景物的电子图像,通过模数处理转换为数字信号并进行压缩,转化为特定格式(如 JPEG 格式)的图像文件并存储在存储器中。这种工作原理的创新导致了全新产品——数码相机的出现,其中的 CCD 代替了传统相机中的胶卷,完全摈弃了胶片感光方式,传统相机也退出了历史舞台。

洗衣机的功能是清洁衣物。清洁衣物的过程是破坏污垢在衣物纤维上的附着力,使污垢脱离衣物。采用不同的工作原理,会得到不同的洗衣机设计方案。

普通型波轮洗衣机:模拟人工搓揉衣物的原理。当波轮在电动机带动下作正反方向旋转时,带动衣物上、下、左、右不停地翻转,使衣物之间、衣物与桶壁之间,在水中进行柔和的摩擦,产生类似手工洗衣时的搓揉效果,在洗涤剂的作用下实现去污清洁,达到洗净衣物的目的。

滚筒式洗衣机:模仿棒槌击打衣物的原理。电动机驱动滚筒旋转,衣物在滚筒中不断地被提升摔下,再提升再摔下,作重复运动,产生了类似棒槌击打衣物的效果,加上洗衣粉和水的共同作用,达到洗净衣物的目的。

超声波洗衣机:采用超声波原理,通过超声波产生的微小气泡破裂时的作用来除垢。超声波由插入电极的两个陶瓷振动元件产生。振动头的前端以极快的速度在微小的范围内上下振动。在振动头前端部分与衣物之间不断形成真空部分,并在此产生真空泡。在真空泡破裂之际,会产生冲击波,冲击波将衣物上污垢去除。

电磁洗衣机:采用电磁振动原理。在洗衣机里安装几个洗涤头,每个洗涤头上有一个夹子,在洗衣时将衣服夹住。每个洗涤头上还都装有电磁圈,通电后,电磁圈就发出微振,频率可达 2 500 次/s。在快速的振动下,衣服上的污垢迅速与衣服分离,达到洗净衣物的目的。

风扇的功能是生风降温,通过将风吹到人体表面,加快人体表面水分的蒸发,蒸发过程中吸热,起到降温的作用。一般的风扇采用的是通过旋转叶片切割空气推动气流产生风的工作原理,这股空气流吹向人体时会有较强的和阶段性的风力冲击感,不平稳,让人感觉不够舒适,且有一定的安全隐患。而全新的无叶风扇(图 2-10)采用气流倍增原理,空气被吸入底座,经由气旋加速器增压加速,使气流速度显著增加,在环形管道中环绕,并以射流效应从管道前面的狭缝里高速喷出,带动周边大量的空气流动,产生无紊流的空气流,因为没有风扇叶片来切割空气,使用者不会感到空气流阶段性冲击和波浪形刺激,感觉到的是持续的空气流所产生的柔和的自然风,而且无叶片旋转,安全系数高。

自然界生物经过亿万年的选择、淘汰和进化,从细胞、组织、器官到生物个体,其各个层面都有其存在的合理和精妙之处,它们的很多特性都是人造物所不具备的。例如,太阳能在植物中几乎是以百分之百的效率转化为化学能储存在植物细胞之中;动物肌肉是一种最有效的机械马达,将效率的控制、信息的传输发挥到非常精确的程度。生物体的工作机理、生存策略、行为模式、结构和材料等是人类进行设计和制造的巨大宝库,生物体本身就称得上是一部充满合理性的"活的机器"。仿生设计是基于仿生原理的设计方法,使设计回归自然,师法自然,为产品设计提供一条新的有效途径,使设计出的产品也更为绿色环保。例如

图 2-10　无叶风扇

对动物运动肢体的结构和缓冲机理进行分析研究,设计出新颖的应用于工程车辆的仿生阻尼缓冲悬挂机构;如各种仿生机器人、机器狗、机器豹、机器鱼和机器蛇等。

2.3　原理驱动的行为设计

行为表示产品的物理实体在工作时的动作表现,是物理对象在与它所处环境的交互作用中所表现的效应的总和,通常表现为产品的物理实体在工作过程中随时间而异的状态变化,诸如结构行为(如结构变形)和运动行为。系统方案设计中常见运动形式如表2-1所示。

表2-1　机构常见运动行为

运动行为	说明
转动	包括匀速连续转动、非匀速连续转动、往复摆动等
移动	包括等速单向移动、变速单向移动、往复移动等
间歇运动	包括间歇转动、间歇往复摆动、间歇单向移动、间歇往复移动等
点轨迹运动	包括直线轨迹、曲线轨迹、可变轨迹等
复合运动	某几种上述单一运动的组合
其他特殊运动	如行程可调、相位可调、定位、锁止、换向、运动转换、运动接合与分离、运动放大与缩小、运动合成与分解等

采用不同的工作原理,产品物理实体所呈现的行为及其变化规律是不同的,得到的产品方案也就不同。

例如,加工螺纹功能,可以采用车削原理、铣削原理、搓丝原理和板丝原理等,工作原理不同,产品物理实体的行为是不同的。

车削:工件连续转动,车刀进刀切入工件并沿工件轴线作等速切削移动,切削完成后退刀再快速返回。

铣削:工件连续转动,成形铣刀转动,进刀切入工件并沿工件轴线作等速铣削移动,铣削完成后退刀再快速返回。

搓丝:工件被连续送入定搓丝板和动搓丝板之间,动搓丝板带动工件作旋转运动并搓出螺纹。

板丝:工件固定,板丝扳手以等速转动和等速移动切入工件,板丝完成后再反向转动和移动退出。

而同一种工作原理,也可以有多种行为及其变化规律来呈现,选择的行为及变化规律不同,得到的产品方案也大相径庭,所以对于同一种工作原理,行为创新亦会产生创新方案。行为的选择一般与产品的工艺动作设计密切相关,产品工艺动作的分解方式不同,所得到的行为和运动规律也各不相同。很多产品的开发是在现有功能和原理下的新设计,通过一系列新工艺动作配合来完成的,所以工艺动作创新有助于产生新方案,改进产品性能和质量。

比如,采用范成原理加工齿轮轮齿时,若采用插齿方案,则齿条刀具作上下往复运动;若采用滚齿方案,则滚刀作连续转动并沿轮坯轴线方向移动。

飞剪机中的剪切机构采用剪切原理来剪断钢材,但在剪切行为的设计上却可以选择不同的运动轨迹(图2-11),运动轨迹的设计要注意以下几点:上、下剪刃应完成相对分合运动,应有沿钢材方向的运动,上、下剪刃运动轨迹之一应为封闭曲线。选择的运动轨迹不同,行为就不同,得到的剪切机构方案也就不同。

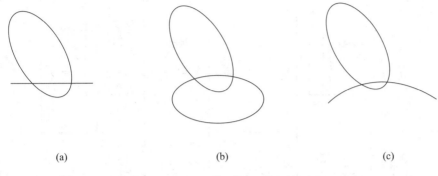

图2-11　上、下剪刃的几种运动轨迹

工艺动作及运动规律应尽量简单,采用一些简单的运动(如转动、直线运动、摆动、间歇运动等)和基本运动规律(如等速、等加等减速等),可使结构(机构)方案简单,加工容易,工作可靠。

对于复杂的工艺动作及运动规律,宜将其分解为一些简单的运动和基本运动规律的组合,降低实现结构(机构)方案的复杂性。

在实现各功能原理的工艺动作及运动规律确定后,还需要分析确定各个工艺动作间的时序关系,为后续系统方案的机构运动循环图的设计奠定基础。

例如,在蜂窝煤成形机设计中,工作盘作间歇转动,以完成上料、冲压、脱模的动作转换。在进行上料、冲压、脱模卸煤动作时,工作盘应静止不动;在上料、冲压、脱模卸煤动作完成,冲头和卸煤杆退出工作盘后,工作盘再进行转动。扫屑动作应在冲头和卸煤杆退出工作盘后,在冲头和卸煤杆下扫过,以清除积屑。

2.4　行为实现的结构设计

结构表明产品物理对象是什么,它是设计的结果,是产品的最终表现形式,包括物理对象的组成元素及元素间的组织关系。行为通过结构表现出来,结构是行为的主体或承受体,产品的功能、原理和行为最终均是通过具体的结构来实现的。

在系统原理方案设计阶段,结构主要是产品系统的运动结构,即机构系统,通过机构系统来实现与行为对应的工艺动作及运动规律,而机构系统中具体的零部件结构则留待详细设计阶段确定。

结构设计可以根据工艺动作及运动规律的特点,选用基本机构、组合机构,或进行机构的演化和变异,或构思新型机构。实现几种基本功能的一些机构见表2-2和图2-12。

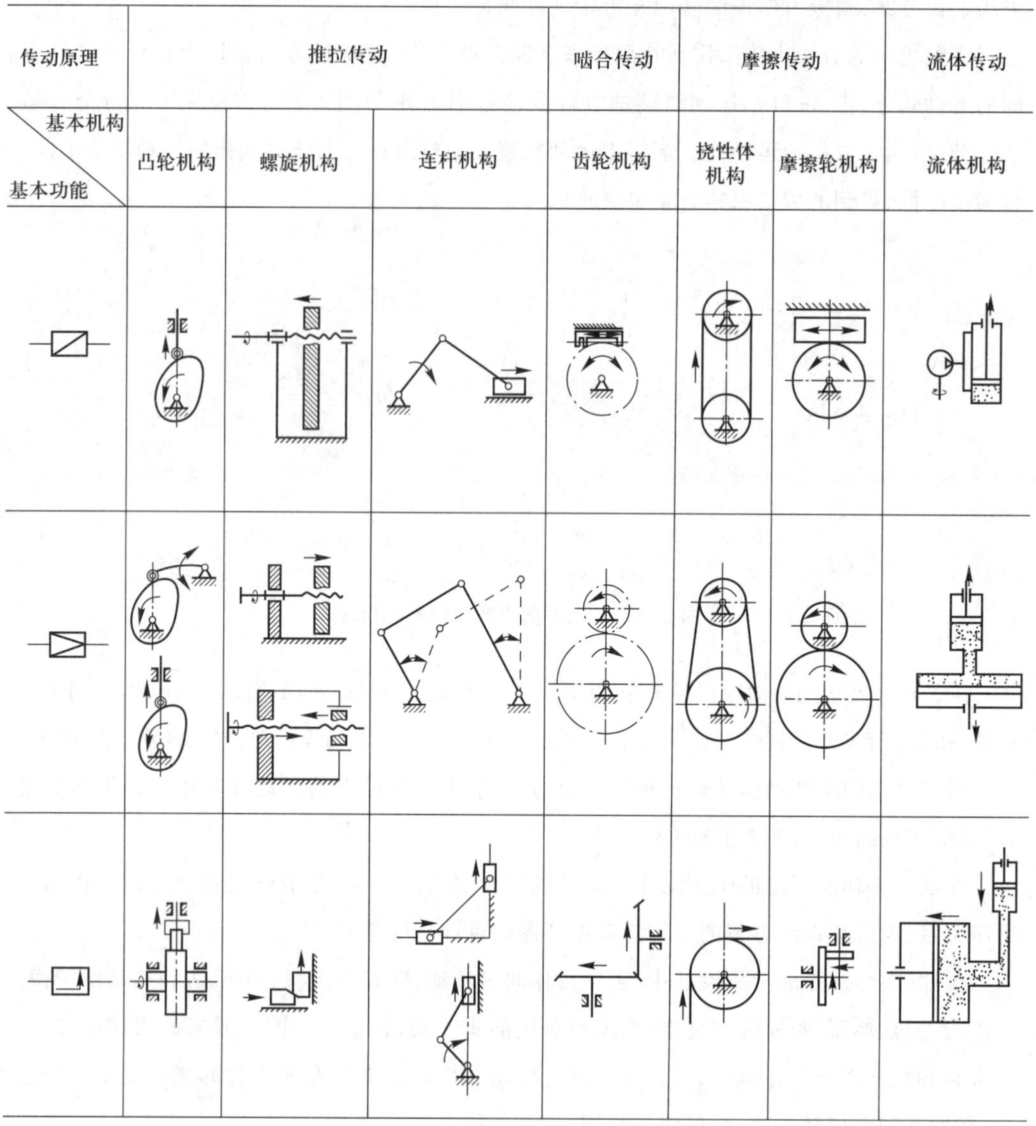

传动原理	推拉传动			啮合传动	摩擦传动		流体传动
基本机构 基本功能	凸轮机构	螺旋机构	连杆机构	齿轮机构	挠性体机构	摩擦轮机构	流体机构

图 2-12　实现基本运动的一些机构

表 2-2　实现几种常用基本功能的一些机构类型

基本功能		机构类型
1. 运动形式变换		
输入运动	输出运动	
连续转动	连续转动	匀速转动　连杆机构(平行四边形机构,转动双导杆机构,双转块机构,双万向联轴器),齿轮机构,带传动机构,链传动机构,摩擦轮机构
		非匀速转动　连杆机构(双曲柄机构,反平行四边形机构,转动导杆机构,单万向节联轴节),非圆齿轮机构,组合机构

基本功能			机构类型
连续转动	往复摆动	有急回	曲柄摇杆机构,摆动导杆机构,曲柄摇块机构,摆动从动件凸轮机构
		无急回	摆动从动件凸轮机构,曲柄摇杆机构(行程速比系数为1)
	间歇转动		槽轮机构,不完全齿轮机构,棘轮机构,凸轮机构
	移动	连续移动	齿轮齿条机构,螺旋机构,挠性输送机构
		有急回往复移动	偏置曲柄滑块机构,移动从动件凸轮机构
		无急回往复移动	对心曲柄滑块机构,移动从动件凸轮机构
		间歇移动	不完全齿轮齿条机构
	平面运动		平面连杆机构,行星齿轮机构,组合机构
	特定运动位置或轨迹		平面连杆机构,行星齿轮机构,联动凸轮机构,凸轮-连杆机构,连杆-齿轮机构
移动	连续转动		齿轮齿条机构(齿条主动),曲柄滑块机构(滑块主动),反凸轮机构
	往复摆动		滑块摇杆机构(滑块主动),反凸轮机构
	移动		移动推杆移动凸轮机构,双滑块机构
	间歇移动		移动推杆移动凸轮机构,滑块驱动连杆机构,棘齿条移动机构,组合机构
摆动	连续转动		曲柄摇杆机构(摇杆主动)
	摆动		双摇杆机构,齿轮机构,摩擦轮机构
	移动		摆杆滑块机构,齿轮齿条机构,定块机构
	间歇转动		棘轮机构
2. 运动合成(或分解)			差动机构(差动连杆机构、差动齿轮机构、差动螺旋机构、差动滑轮机构),其他二自由度机构
3. 运动换向			蜗轮蜗杆机构,锥齿轮机构,连杆机构,凸轮机构,斜面机构,摩擦轮机构,挠性传动机构,流体机构
4. 增力			螺旋机构,杠杆机构,斜面机构,肘杆机构,滑轮机构
5. 自锁			螺旋机构,蜗轮蜗杆机构,斜面机构
6. 运动操纵或控制			离合器,凸轮机构,连杆机构,杠杆机构
7. 运动放大(或缩小)			连杆机构,螺旋机构,齿轮机构,凸轮机构,挠性传动机构,流体机构,摩擦轮机构

例如,精锻机加压结构设计要求当冲头上下运动时,能锻出较高精度的毛坯。要求实现三个基本运动功能:① 运动形式变换功能(转动变移动);② 运动轴线变向功能;③ 运动位移或速度缩小功能(增力)。为此设计如图 2-13 所示的多种基本运动功能结构图。

实现一些基本运动功能的机构方案如图 2-14 所示。

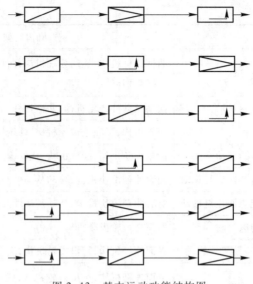

图 2-13　基本运动功能结构图

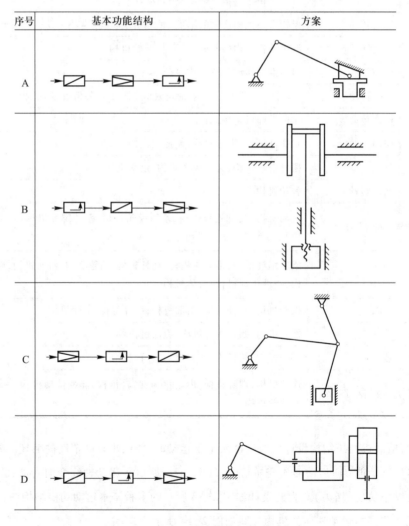

图 2-14　基本运动功能的机构实现方案

针对如图 2-11 所示的几种上、下剪刃的运动轨迹行为,设计的飞剪机剪切机构方案如图 2-15 所示。图 2-11a 所示的轨迹对应的是图 2-15a 所示的方案(曲柄滑块式剪切机构),图 2-11b 所示的轨迹对应的是图 2-15d 所示的方案(双曲柄连杆式飞剪切机构),图 2-11c 所示的轨迹对应的是图 2-15b 所示的方案(导杆式剪切机构)和图 2-15c 所示的方案(摆式剪切机构)。

　　曲柄滑块式剪切机构:采用简单的曲柄滑块机构,上、下两刀片分别装在曲柄和滑块上,结构简单,容易实现。但上、下刀刃的速度较难保证相等。

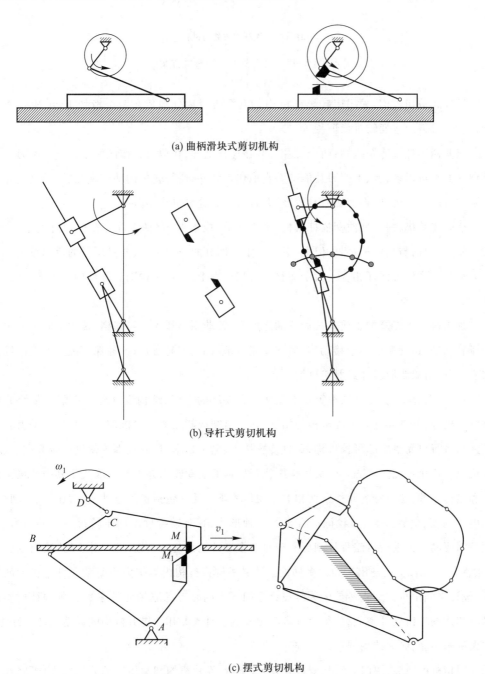

(a) 曲柄滑块式剪切机构

(b) 导杆式剪切机构

(c) 摆式剪切机构

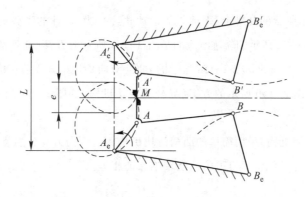

(d) 双曲柄连杆式飞剪切机构

图 2-15   飞剪机的剪切机构方案

导杆式剪切机构:采用回转导杆机构,上、下两刀片分别装在两个滑块上,结构较为复杂,上、下刀刃的速度较难保证相等。

双曲柄连杆式剪切机构:两个刀片是装在连杆上的,在剪切工作区域中,上、下两刀片作近似平面平行运动,上、下两刀片能够垂直地切入轧件,使得轧件的剪切端面较为平整,并且无附加挤压力作用,所得剪切质量较高,并且刀片重叠量可达 10 mm。

摆式飞剪机:是一种曲柄摇杆机构,结构简单,成本低,容易实现。在剪切过程中上、下刀片始终平行,与轧件相垂直,但上、下刀刃重合部分的位移不大,并且所需的驱动较大,上、下刀刃的速度较难保证相等。由于在整个剪切过程中,剪切机构随着轧件的运动而摆动,其惯性力非常大,极其不稳定。

加工难易程度及加工成本按如下顺序递增:转动副→移动副→高副,转动副的运动阻力小于移动副,运动精度高于移动副,而移动副效率较低,容易自锁,不易保证配合精度。综合来看,可选用双曲柄连杆式剪切机构。

在机、电、液、气、光、磁、声等技术交叉融合发展的今天,结构设计已不局限于传统的纯机械的机构,可以通过对传统机构的拓展,开发出结构新颖的广义机构。广义机构是由驱动单元与执行单元组成的可控机构,通过传感技术、电子技术、控制技术等使机电融合在一起,是机电一体化系统的核心。广义机构中执行机构的运动输出并不单纯取决于其中的机构类型和结构参数,还与驱动元件密切相关。现代的驱动元件包括各类电动机、液压缸、气动缸、压电驱动器、电磁开关、形状记忆合金等多种形式,其驱动特性不同于传统单一的动力源。通过对驱动元件进行可编程控制可实现复杂多变的输出运动,使原来"刚性化"输出发展成"柔性化"输出,实现输出运动的多样性。广义机构将机构内涵扩大为驱动元件与机构的集成,设计空间由机构结构参数的一维设计空间变为同时考虑驱动元件参数和机构结构参数及其集成的二维设计空间,使得设计者有更多的设计参数用以提升机构的运动和动力性能,扩大机构功能,促进结构创新,丰富产品种类。

照相机由镜头、快门、光圈、调焦装置、取景器、卷片机构和盒体等部分组成,由于机电一体化技术的应用,其内部大量复杂的机构已经被集成电路、驱动电动机和电磁执行元件所代替,照相机从精密机械与光学结合的传统产品已发展为精密机械、光学和微电子技术三者一体化的自动化系统。

在数控铣床中,分别以伺服电动机、齿轮减速机和螺旋机构为原动机、传动机构和执行机构,通过利用伺服控制系统来控制伺服电动机的输出运动,使得螺旋机构的输入运动呈非线性函数以补偿螺旋机构的运动误差,可有效地改善输出运动的三维精度,从而提高机床的整体性能。

2.5　系统原理方案

在得到子功能或功能元的原理方案后,需要把它们组合起来,形成实现系统总功能的系统原理方案。由前所述,每个子功能或功能元有多种解方案,那么组合起来就会有多种系统原理方案。

进行子功能或功能元的原理方案组合的依据是已制定的系统功能结构,因为它规定了组成总功能时各子功能的排列顺序和逻辑结构。当子功能原理方案确定后,仅凭设计师的经验进行组合,只能得到有限数量的方案,只适宜于简单机械系统。而系统综合法是一种适合复杂机械系统的组合法。

系统综合法是利用形态学矩阵寻找实现总功能的原理解。它实际上就是一种表格,如图 2-16 所示。把系统子功能填在功能栏内,把每个子功能的原理解填在横行里,然后组合起来,形成多个原理方案,如图 2-17 所示为蜂窝煤成形机系统方案示意图。表 2-3 所示为蜂窝煤成形机的形态学矩阵。

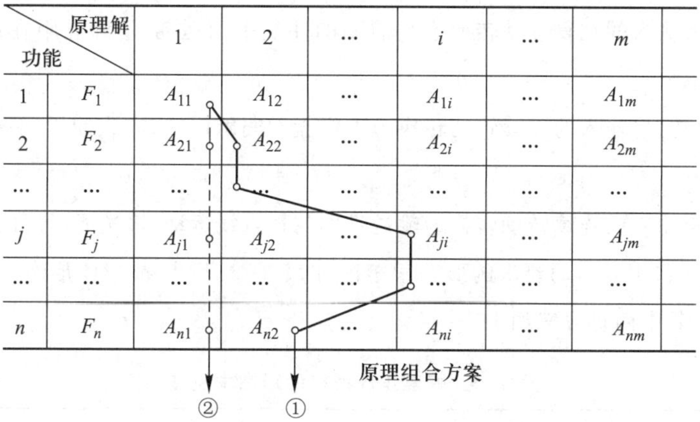

功能 \ 原理解		1	2	$\cdots$	i	$\cdots$	m
1	F_1	A_{11}	A_{12}	$\cdots$	A_{1i}	$\cdots$	A_{1m}
2	F_2	A_{21}	A_{22}	$\cdots$	A_{2i}	$\cdots$	A_{2m}
$\cdots$	$\cdots$	$\cdots$	$\cdots$		$\cdots$	$\cdots$	$\cdots$
j	F_j	A_{j1}	A_{j2}	$\cdots$	A_{ji}	$\cdots$	A_{jm}
$\cdots$	$\cdots$	$\cdots$	$\cdots$		$\cdots$	$\cdots$	$\cdots$
n	F_n	A_{n1}	A_{n2}	$\cdots$	A_{ni}	$\cdots$	A_{nm}

原理组合方案

② ①

系统组合法

组合方案　① $A_{11} + A_{22} + \cdots + A_{ji} + \cdots + A_{n2}$

② $A_{11} + A_{21} + \cdots + A_{j1} + \cdots + A_{n1}$

图 2-16　确定系统原理方案的形态学矩阵

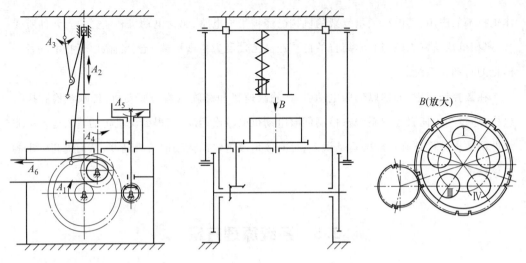

图 2-17 蜂窝煤成形机系统运动方案示意图

采用系统综合法确定系统原理方案应注意两点：

① 原理解组合应具有相容性。在功能结构中,能量流、物料流、信号流不互相干扰,各子功能的解在几何学和运动学上协调一致,不互相矛盾。若发现干扰、矛盾的情况应剔除那些不相容的方案。

② 原理解组合后,从技术、经济效益角度衡量,具有先进性、合理性和经济性。

系统原理方案确定后,画出系统运动方案示意图。

蜂窝煤成形机需要完成以下的工艺动作要求。

① 减速:完成电动机运动和动力的转换;

② 上料:上料器连续转动完成煤粉上料;

③ 冲压成形和脱模:将输入的连续转动转换为冲头、卸煤杆的上下往复直线运动,完成蜂窝煤的冲压成形和脱模;

④ 扫屑:将输入的往复移动转换为扫屑刷的往复平面运动,清除黏附在冲头和卸煤杆下表面的煤粉;

⑤ 间歇回转:将输入的连续转动转换为工作盘的间歇回转,完成冲压、脱模和上料三个工位的转换;

⑥ 输送:将输入的连续转动转换为输送带的匀速直线运动,输送成形后的蜂窝煤。

实现其中一些主要运动要求的形态学矩阵如表 2-3 所示,根据此形态学矩阵,可以组合出多种方案,其中两种方案如下。

表 2-3　蜂窝煤成形机的形态学矩阵

	1	2	3	4
减速	齿轮传动	带传动	链传动	蜗杆传动
减速	齿轮传动	带传动	链传动	蜗杆传动
连续转动变往复移动	对心曲柄滑块机构	偏置曲柄滑块机构	移动从动件凸轮机构	六杆机构

	1	2	3	4
连续转动变间歇转动	槽轮机构	不完全齿轮机构	棘轮机构	圆柱凸轮机构
往复移动变平面运动	附加滑块摇杆机构	移动从动件的凸轮机构		

方案Ⅰ:冲压和脱模机构为对心曲柄滑块机构,工作转盘的间歇运动机构为槽轮机构,扫屑机构为移动从动件的凸轮机构。

方案Ⅱ:冲压和脱模机构为对心曲柄滑块机构;工作转盘的间歇运动机构为不完全齿轮机构,不完全齿轮机构适合于转速不高时的间歇转动,并且不完全齿轮可以直接作为工作转盘,结构紧凑;扫屑机构为附加滑块摇杆机构。该方案的系统运动方案示意图如图2-17所示(包括煤粉上料机构和型煤块输送机构)。

采用对心曲柄滑块机构,可避免机构运动时的急回运动;扫屑机构采用连杆机构相对凸轮机构来说更为简单实用。

在结构设计完成后,确定了机构的类型和方案,要进行机构尺度综合,即确定机构具体的参数尺寸值。机构的参数尺寸值可以根据设计要求和约束条件,运用图解法、解析法(建立机构的运动学、动力学分析数学模型,并编写程序代码,调试运行,得出机构的参数尺寸值)、设计分析辅助软件(如MATLAB、SOLIDWORKS和ADAMS等)等,或综合运用这几种方法来确定,详见后续章节的相关内容。参数尺寸值的不同将导致不同的产品性能,需要在其可行范围内进行合理的分析决策来确定,进一步可以通过参数优化设计方法,寻求参数尺寸的最优值,使产品性能最佳。

综上所述,系统原理方案求解的基本思路可以简明归纳如下。

功能—原理—行为—结构(机构)—尺度

首先,根据要实现的子功能或功能元,构思用何种工作原理和技术效应来实现。实现同一功能要求,可以选择不同的工作原理;选择的工作原理不同,得到的设计方案差异很大。

其次,构思用何种行为和运动规律来实现上述的工作原理。实现同一工作原理,可以选择不同的行为和运动规律;选择的行为和运动规律不同,得到的设计方案也大相径庭。行为和运动规律的选择与产品的工艺动作设计密切相关,产品工艺动作分解方法的不同,所得到的行为和运动规律也各不相同。

再者,构思和设计何种物理载体来实现上述行为和运动规律。实现同一行为和运动规律,可以选择和设计不同的物理载体;选择和设计的物理载体不同,得到的设计方案也各不相同。

而同一种物理载体,可以有不同的尺度,尺度不同则设计方案的性能就不相同。

① 实现同一功能要求,可以采用不同的工作原理和技术效应;

② 实现同一种工作原理,可以选择不同的行为和运动规律;

③ 实现同一种行为和运动规律,可以采用不同型式的物理载体和机构;

④ 同一种物理载体和机构,可以有不同的尺度。

例如,要实现加工齿轮的功能要求,可以选择仿形原理、范成原理、注塑成形原理、压力成形原理,或构思其他的工作原理。

实现仿形原理的行为和运动规律包括切削运动、进给运动、准确的分度运动;实现范成原理的行为和运动规律包括切削运动、进给运动、范成运动(刀具与轮坯对滚)。

实现范成原理的行为和运动规律还可以再细分和设计为不同的方案:采用齿条插刀与轮坯的范成运动、齿条刀具上下往复切削运动、刀具的进给运动、让刀运动,这样得到的是插齿运动方案;采用滚刀与轮坯的连续运动(切削运动和范成运动合为一体)、滚刀沿轮坯轴线方向的移动,这样得到的是滚齿运动方案。

实现刀具的上下往复运动的物理载体可采用齿轮齿条机构、螺旋机构、曲柄滑块机构、凸轮机构、组合机构,或者通过结构变异发明新的机构等。究竟选用哪种物理载体或机构,需要考虑机构的运动和动力特性、机械效率、制造成本、外形尺寸等因素,并根据所设计的产品的特点进行综合考虑。

实现插齿刀上下往复运动的齿轮齿条机构可以有不同的参数值,可以根据插齿的运动要求来确定。

2.6　方案评价与决策

2.6.1　评价目标

机械系统方案设计的目标是寻求一种既能实现预期功能要求,又性能优良、价格低廉的设计方案。前已述及,机械系统方案设计的过程是在明确设计任务要求的基础上,通过对任务的抽象认识问题的本质,接着进行透彻的功能分析与综合,建立系统的功能结构,进而寻找实现各分功能的作用原理及载体,并进行组合以实现总功能,方案设计力求思维开阔,激发创新,以提出尽可能多的方案进行比较、优化和技术经济评价,通过决策确定满意的设计方案。

通过创造性构思产生多个待选方案,再以科学的评价和决策优选出最佳的设计方案,是现代设计方法与传统设计方法的重要区别之一。如何通过科学评价和决策来确定最满意的方案,是机械系统方案设计阶段的一个重要任务。

在方案评价中,对于同一方案,若评价者站在不同角度,用不同方法、不同评价标准进行评价,就可能得出不同结论。通常技术人员强调方案的独创性、新颖性以及高技术性;企业管理人员关心会给企业带来多大的经济效益;还有的则是强调自己熟悉的方面,而忽视其他等。因此在评价中,只有遵循统一的评价标准,采用科学的评价方法,统一各种不同意见、要求和评价者心理状态,才能适应现代技术发展的复杂情况,才能最终做出正确的决策。

评价标准又称为评价目标或评价指标,它来源于设计所要达到的目的,它可从设计任务书或要求明细表中归纳得出(参见图 2-18)。

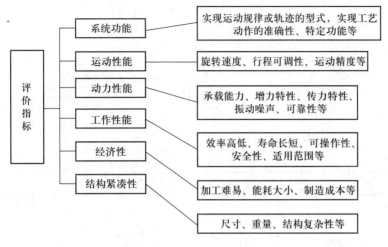

图 2-18　评价标准

依据系统论观点,把评价目标看成系统。依据系统可以分解的原则,把总评价目标分解为一级、二级……子目标,形成倒置的树状,称为评价目标树。图 2-19 为目标树的示意图,图中 Z 为总目标,Z_1、Z_2 为第一级子目标,Z_{11}、Z_{12} 为 Z_1 的子目标,也就是 Z 的第二级子目标,Z_{111}、Z_{112} 为 Z_{11} 的子目标,也是 Z 的第三级子目标。最后一级的子目标为总目标的具体评价目标(也即评价标准)。

建立目标树时需要满足下列要求:

① 把起决定作用的设计要求和条件作为主要目标,避免面面俱到和主次不分;

② 各目标之间必须相互独立,不能互相矛盾;

③ 目标的相应特性可以绝对或相对地给出定量值,对于那些难以定量的目标,可以用定性指标表示,但要具体化;

④ 在目标树中,高一级子目标只同低一级中相关联的子目标联系,也就是 Z_{11} 只与 Z_{111}、Z_{112} 相关,相反 Z_{111}、Z_{112} 必须保证 Z_{11} 的实现。

建立目标树的过程是将产品的总目标具体化,且将各目标的重要程度分别赋给重要性系数。

各目标的重要程度是不相同的,有的重要些,有的次之。在进行评价时,为了区别各目标对系统性能影响的大小,采用重要性系数表示。

目标重要性系数在目标树中是逐级分配的,每个目标用一个圆圈表示,每个圆圈中有三项内容。如图 2-19 所示,目标名称(如 Z_{111})下面左边的数,表示在属于同一上级目标的同级目标中的相对重要性系数。同级目标相对重要性系数之和等于 1,如 Z_{111} 与 Z_{112} 中有 0.67+0.33=1;右边的数表示该子目标在整个目标树中的重要程度,称为系统目标重要性系数,它等于相关的上面逐级目标的相对重要性系数与本子目标相对重要性系数的乘积,如 Z_{1112} 的

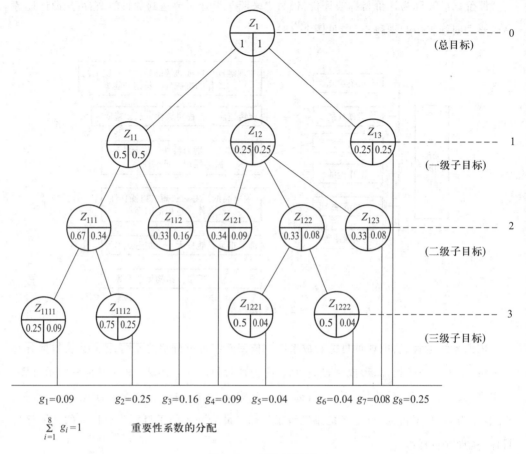

$$\sum_{i=1}^{8} g_i = 1 \qquad \textbf{重要性系数的分配}$$

图 2-19　评价目标树

重要性系数为 $0.25=1×0.5×0.67×0.75$。同级各子目标的系统目标重要性系数之和等于它上级目标的系统目标重要性系数,如 Z_{111} 的重要性系数为 $0.34=0.09+0.25$。

对目标系统评价时,使用最末一级子目标的重要性系数,用 g_i 表示,g_i 之和应为 1,即

$$\sum_{i=1}^{n} g_i = 1, g_i > 0, i=1,2,3,\cdots,n \text{ 为评价目标数。}$$

通过对目标树的分析,使评价目标一目了然,使用起来很方便。

2.6.2　常用评价与决策方法

1. 评分法

评分法是针对评价指标中的各个项目,制定一个评分标准,采用 4 分制或 10 分制。请一组专家按评分标准对评价指标中的各个项目进行打分,某个方案某个项目的得分取各专家分数的平均值。对每个方案计算综合各个项目的加权总分值,按加权总分值的大小对方案进行排序,总分值最高的方案确定为最佳方案。当然,在方案决策中,也可能不选用总分值最高的方案,而是选用总分值稍低但某些特定指标分数高的方案,这取决于决策者的实际需求。

2. 技术—经济评价法

这是一种综合考虑技术类指标评价值和经济类指标评价值的评价法。所取的技术和经济评价值都是相对于理想状态的相对值。这种方法既考虑技术与经济指标的综合效应,又分别就技术类和经济类指标进行评价,若有一方评价值偏低,就可以有针对性地消除引起技术评价(或经济评价值)偏低的设计中的薄弱环节,从而使改进后二次设计方案的技术—经济综合评价值大大提高。

3. 模糊评价法

模糊评价法将评价中使用的模糊概念,如:"不好""不太好""较好""好""很好"用$[0,1]$区间内的连续数值来表达,使得评价值更趋精确、合理,评价结果更为准确。

① 建立评价目标集:$x = \{x_1, x_2, \cdots, x_i, \cdots x_n\}$

② 建立重要性系数集

$$G = \{g_1, g_2, \cdots, g_i, \cdots g_n\}$$

③ 建立评价集(评语集)

$$u = \{u_1, u_2, \cdots, u_i, \cdots u_m\} \qquad m\text{ 为评价数}$$

④ 建立一个方案对 n 个评价目标、m 个评语的模糊评价矩阵

$$R = \begin{bmatrix} R_1 \\ R_2 \\ \vdots \\ r_j \\ \vdots \\ r_n \end{bmatrix} = \begin{bmatrix} r_{11} & r_{12} & \cdots & r_{1j} & \cdots & r_{1m} \\ r_{21} & r_{22} & \cdots & r_{2j} & \cdots & r_{2m} \\ & & & \vdots & & \\ r_{i1} & r_{i2} & \cdots & r_{ij} & \cdots & r_{im} \\ & & & \vdots & & \\ r_{n1} & r_{n2} & \cdots & r_{nj} & \cdots & r_{nm} \end{bmatrix}$$

考虑重要性系数的模糊综合评价矩阵

$$B = G \cdot R = \begin{bmatrix} g_1 & g_2 & \cdots & g_i & \cdots & g_n \end{bmatrix} \begin{bmatrix} r_1 \\ r_2 \\ \vdots \\ r_j \\ \vdots \\ r_n \end{bmatrix} = \begin{bmatrix} r_{11} & r_{12} & \cdots & r_{1j} & \cdots & r_{1m} \\ r_{21} & r_{22} & \cdots & r_{2j} & \cdots & r_{2m} \\ & & & \vdots & & \\ r_{i1} & r_{i2} & \cdots & r_{ij} & \cdots & r_{im} \\ & & & \vdots & & \\ r_{n1} & r_{n2} & \cdots & r_{nj} & \cdots & r_{nm} \end{bmatrix}$$

$$= \begin{bmatrix} b_1 & b_2 & \cdots & b_j & \cdots & b_m \end{bmatrix}$$

b_j 是对模糊综合评价集中第 j 个指标的隶属度,求解 b_j 是采用模糊矩阵合成的多种数学模型。现介绍常用的两种运算方法。

模型 1:$M(\wedge, \vee)$,按先取小,后取大进行矩阵合成计算。

式中:M——模型;

"∧""∨"——合成运算方式符号,若 $a \wedge b$ 表示取小者,若 $a \vee b$ 表示取大者。

$$b_j = \bigvee_{i=1}^{n} (g_i \wedge r_{ij}) \quad (j=1,2,\cdots,m)$$

上式计算展开为下式

$$b_j = (g_1 \wedge r_{1j}) \vee (g_2 \wedge r_{2j}) \vee (g_3 \wedge r_{3j}) \vee \cdots (g_m \wedge r_{nj}) \quad (j=1,2,\cdots,m)$$

取小取大运算,由于突出了 g_i 与 r_{ij} 中主要因素的影响,因此运算中丢失了很多 g_i 与 r_{ij} 的值,即丢失了很多评价信息,所以模型 1 对于评价目标多、g_i 值很小,或者评价目标很少、g_i 值又较大的两种情况不适用。

模型 2:$M(*,+)$,按先乘后加进行矩阵合成计算。

$$b_j = \sum_{i=1}^{n} g_i r_{ij} \quad (j=1,2,\cdots,m)$$

该模型综合考虑了 g_i、r_{ij} 的影响,保留了全部信息,这是最显著的优点。由于评价实际效果好,故常用于机械产品的模糊综合评价和模糊优化设计。

为决策出最佳方案,必须要进行各方案的比较、排序。

① 按最高级评语的隶属度值大小来对方案进行排序,称为最大隶属度法,值大者为最佳方案。

② 按最高级评语的隶属度值与次级评语隶属度值之和的大小来对方案进行排序,值大者为最佳方案。

通过评价和决策确定最终的系统原理方案后,绘制出系统的机构运动简图。

2.7 系统总体方案布局

根据工艺动作的协调关系先布置执行系统,然后依次布置传动系统、动力系统、操作控制系统,最后采用合适的支承形式。总体布局应遵循以下原则。

① 使工作对象的工艺顺序合理;

② 有利于保证系统的动态性能;

③ 结构紧凑、层次清晰;

④ 充分考虑宜人性;

⑤ 便于产品系列化、改型换代和组成生产线需要;

⑥ 比例协调;

⑦ 保证安全性。

图 2-20 所示为蜂窝煤成形机的集成动力系统、传动系统和执行系统的一种系统总体方案布局图(为方便表达,开式小齿轮放在了兼作曲柄的开式大齿轮的下方,实际位置可参见图 2-17。另外,此方案中的间歇运动机构采用槽轮机构),图 2-21 所示为糕点切片机的一种系统总体方案布局图(此方案中控制输送带间歇运动的机构采用棘轮机构)。两种机器均可以有其他多种布局方案。

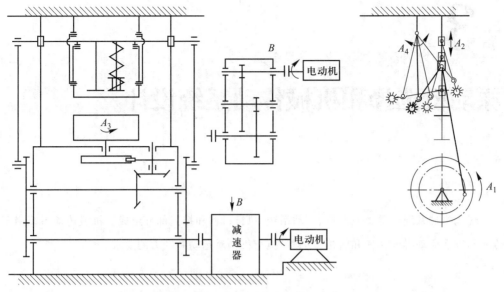

图 2-20　蜂窝煤成形机系统总体方案布局图

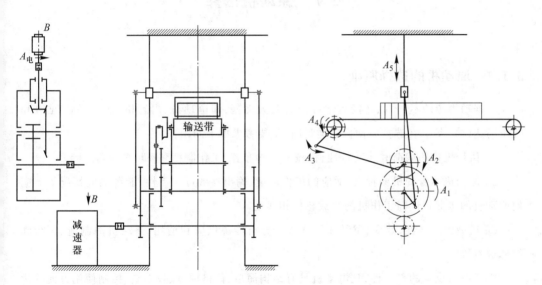

图 2-21　糕点切片机系统总体方案布局图

第**3**章

原动机选择和机械传动系统设计

现代机械系统通常由原动机、传动系统、执行机构和控制部分组成。机械传动系统用于传递和改变原动机的转速和转矩,以满足执行机构对运动和动力的要求。

3.1　原动机选择

3.1.1　原动机的选择原则

根据动力源的不同,原动机通常可分为四大类型,即电动机、内燃机、液压马达(缸)和气压马达(缸)等。在选择原动机的类型时,主要考虑如下问题:

① 执行机构的载荷和运动特性,机械的结构布置、工作制度和环境要求等。

② 原动机本身的机械特性、适应的工作环境、输出参数可控制性、能源供应情况等。应使原动机的机械特性与工作机的负载特性相匹配。

③ 机械的经济性、效率、质量和尺寸等。分析能源供应和消耗、原动机的制造、运行和维修成本等。

由于电力供应的普遍性,且电动机具有结构简单、价格便宜、效率高、控制使用方便等优点,所以,目前大部分固定机械均优先选用电动机作为原动机。

电动机已标准化、系列化。使用时只需根据工作机要求和传动方案,合理选择其类型、结构、功率和转速,以确定电动机的型号和尺寸。

3.1.2　电动机的类型和结构形式

电动机的类型有交流电动机、直流电动机、步进电动机和伺服电动机等。直流电动机和伺服电动机造价高,多用于一些有特殊需求的场合;步进电动机常用于数控设备中。由于其结构简单、成本低、工作稳定可靠、容易维护,且交流电源易于获得,交流异步电动机是机械设备最常用的原动机。

一般工程上常用三相异步交流电动机,异步电动机又分为笼型和绕线型两种,其中以普通笼型异步电动机应用最多。Y 系列为全封闭自扇冷式笼型三相异步电动机,电源电压为 380 V,用于非易燃、非易爆、非腐蚀性工作环境,无特殊要求的机械设备,如机床、农用机械、运输机等,也适用于某些对起动转矩有较高要求的机械,如压缩机等。YZ 系列和 YZR 系列分别为笼型转子和绕线转子三相异步电动机,具有较小转动惯量和较大过载能力,可适用于频繁起、制动和正、反转工作状况,如冶金、起重设备等。

为满足不同的输出轴要求和安装需要,同一类型的电动机可制成几种安装结构型式,最常用的结构形式为封闭型卧式电动机。

3.1.3 电动机的功率

电动机的功率选择直接影响电动机的工作性能和经济性能。如果所选电动机的功率小于工作要求,则不能保证工作机正常工作,使电动机经常过载而提早损坏;如果所选电动机的功率过大,则电动机经常不能满载运行,若效率较低,则会增加电能消耗、造成浪费。因此,在设计中要选择合适的电动机功率。

计算中将用到的四个重要概念:电动机的额定功率 P_{ed}、电动机的工作功率 P_d、工作机所需输入功率 P_w、从电动机到工作机的传动装置总效率 η。

课程设计的题目一般为长期连续运转、载荷不变或很少变化的机械,确定电动机功率的原则是

$$P_{ed} \geqslant P_d \tag{3-1}$$

即电动机的额定功率 P_{ed} 等于或稍大于工作机要求的电动机工作功率 P_d,这样电动机在工作时不会过热,可以不校验电动机的起动转矩和发热。P_d 可由下式计算得出:

$$P_d = \frac{P_w}{\eta} \tag{3-2}$$

工作机所需功率 P_w 可由设计任务书给定的工作机参数按下式计算:

$$P_w = \frac{Fv}{1\ 000} \tag{3-3}$$

或

$$P_w = \frac{Tn_w}{9\ 550} \tag{3-4}$$

式中:P_w 单位为 kW;F 为工作机阻力,单位为 N;v 为工作机线速度,单位为 m/s;T 为工作机阻力矩,单位为 N·m;n_w 为工作机转速,单位为 r/min。

传动装置的总效率应为组成传动装置的各部分效率之乘积,即

$$\eta = \eta_1 \eta_2 \eta_3 \cdots \eta_n \tag{3-5}$$

图 3-1 所示的传动装置的总效率为

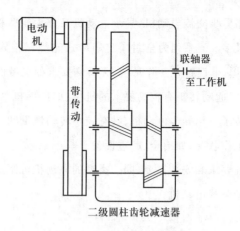

图 3-1　带-齿轮传动装置

$$\eta = \eta_{带} \eta_{承 I} \eta_{齿 I} \eta_{承 II} \eta_{齿 II} \eta_{承 III} \eta_{联} = \eta_{带} \eta_{承}^3 \eta_{齿}^2 \eta_{联} \qquad (3-6)$$

式中：$\eta_{带}$、$\eta_{承 I}$、$\eta_{齿 I}$、$\eta_{承 II}$、$\eta_{齿 II}$ 和 $\eta_{联}$ 分别为带传动、轴 I、II、III 上一对轴承、两个齿轮传动和联轴器的效率，具体数值可查表 3-1。

表 3-1　机械传动和轴承的效率

类型	效率	类型	效率
圆柱齿轮传动		带传动	
6、7 级精度	0.98~0.99	平带	0.98
8 级精度	0.97	V 带	0.96
加工齿、开式	0.94~0.96	滚子链传动	0.96
锥齿轮传动		联轴器	
6、7 级精度	0.97~0.98	有中间可动件	0.97~0.99
8 级精度	0.94~0.97	齿式联轴器	0.99
加工齿、开式	0.92~0.95	弹性联轴器	0.99~0.995
蜗杆传动		滚动轴承（一对）	
自锁蜗杆	0.40~0.45	球轴承	0.99
单头蜗杆	0.70~0.75	滚子轴承	0.98
双头蜗杆	0.75~0.82	滑动轴承（一对）	0.97~0.99

3.1.4　电动机的转速

同一型式、同一功率的三相异步交流电动机，有几种不同的同步转速（即磁场转速），一般常用电动机同步转速有 3 000 r/min、1 500 r/min、1 000 r/min、750 r/min 等几种。同步转速高的电动机，磁极数少，尺寸和质量小，价格低，但会使减速装置增大；同步转速低的电动机，磁极数多，其外廓尺寸及质量大，价格高，但可使减速装置减小。因此，确定电动机转速时，应从电动机和传动装置的总费用、机械传动系统的复杂程度及其机械效率等各个方面综合考虑。当执行构件的转速较高时,选用高转速电动机能缩短运动链,简化传动环节,提高传动效率。但如果执行构件的速度很低,当选用高转速电动机时,会使减速装置增大,机械传动部分的成本会大幅度增加,且机器的机械效率也会降低很多。因此,电动机转速的选择,必须从整机的设计要求出发,综合考虑,为能较好地保证方案的合理性,应试选 2~3 种型号电动机,经初步计算后进行取舍。

可由工作机的转速要求和传动机构的合理传动比范围,推算出电动机转速的可选范围,即

$$n_d = (i_1 i_1 \cdots i_n) n_w \tag{3-7}$$

式中,n_d 为电动机可选转速范围,$i_1, i_1, \cdots, i_n$ 为各级传动机构合理的传动比范围,n_w 为工作机的转速。

常用 Y 系列电动机的技术数据见课程设计手册。根据选定的电动机类型、结构、功率和转速,从标准中查出电动机型号后,应列出表 3-2 中电动机的主要尺寸和参数。

表 3-2   电动机主要尺寸和参数

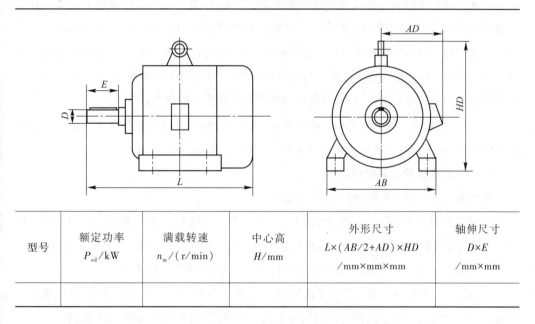

型号	额定功率 P_{ed}/kW	满载转速 n_m/(r/min)	中心高 H/mm	外形尺寸 $L \times (AB/2 + AD) \times HD$ /mm×mm×mm	轴伸尺寸 $D \times E$ /mm×mm

3.2   机械传动系统总体设计

通常在原动机与执行机构之间有传动系统。传动系统是机械中的重要组成部分,在整机的成本和质量中占有很大的比例,并在很大程度上决定整机的技术性能和运转费用。正确设计传动系统对保证整机的技术性能和质量指标具有重要的意义。

机械传动系统总体设计的一般步骤是传动方案设计,合理分配传动比,计算各轴的运动和动力参数。

3.2.1 传动方案设计

一般来说,传动系统的设计要求是:传动链短,效率高,不同类型机构在传动链中的位置顺序安排合理,传动比分配合理,此外还要考虑传动的输出运动与执行机构输入运动的匹配等问题。选择传动型式的基本原则如下。

1. 简化传动环节

在保证实现机器的预期功能的条件下,传动环节即运动链应尽量简短。因为运动链越短,使用的机构和零件数就越少,制造和装配费用就越低;同时,传动的环节减少可降低能量的损耗,机器的效率也得以提高。此外,传动环节减少,机器的累积误差减小,有利于提高机器的传动精度和可靠性。

2. 提高传动效率

机械传动系统的总效率与各个运动链的效率有关,而各个运动链的效率又决定于各传动机构的效率。因此,当系统中任何一个传动机构具有较低的传动效率时,将导致总效率下降。系统中各个运动链传递功率的大小往往相差很大,对传递功率比较大的运动链,选择传动机构时应考虑尽量选取效率较高的传动机构;对传递功率较小的运动链,选择传动机构时可以着眼于满足其他方面的要求,对效率的高低可放在次要的位置。

必须注意,减速比很大的机构往往效率较低,因此,若传递功率较大的运动链中需要用这类机构,则应注意适当选取机构的基本参数,以保证有高的传动效率。

3. 合理安排传动机构的顺序

安排多级传动的顺序时,应注意下列各点。

① 摩擦传动(如带传动、摩擦轮传动)的承载能力一般较低,在传递相同的转矩时其结构尺寸大于啮合传动;又因其平稳性好,还能起减振缓冲作用,故在多级传动中宜放置于高速级。

② 链传动具有多边形效应,运动不均匀,冲击较大,故宜置于低速级。

③ 大尺寸、大模数的锥齿轮加工比较困难,故在多级传动中宜置于高速级,以传递较小的扭矩,减小锥齿轮的尺寸;但这时圆周速度较大,需提高制造精度,导致成本提高。

④ 斜齿轮传动的平稳性优于直齿轮,相对来说应置于高速级。

⑤ 蜗杆传动多用于大传动比和中小功率场合,其承载能力一般低于齿轮传动,为获得较小的结构尺寸,闭式蜗杆传动宜置于高速级,同时较高的齿面滑动速度也易于形成油膜,提高承载能力和效率。开式蜗杆传动由于磨损大,效率低,宜置于低速级。

⑥ 改变运动形式的传动机构(如螺旋传动、连杆机构、凸轮机构)应布置在多级传动中的最后一级,即靠近执行机构。

必须强调指出,上述诸点仅为一般建议而不是固定不变的。例如某些高精度的机器,将带传动置于最后一级的低速级,目的是其吸振特性改善运转精度;在机床分度传动系统中,最后一级是蜗杆传动;在焊接用设备中,工作台传动系统的最后一级常采用锥齿轮传动。总之,应具体情况具体分析,必须结合整机总体布置、技术性能要求、制造和装配条件、原材料供应情况、工作环境状况、维护和修理等因素,综合分析比较确定。

常见减速器的类型、特点及应用见表3-3。

表 3-3 常见减速器的类型、特点及应用

名称		简图	推荐传动比	特点及应用
单级减速器	圆柱齿轮		$i \leqslant 6$	可用直齿、斜齿或人字齿。直齿用于速度较低($v \leqslant 8$ m/s)、载荷较轻的传动,斜齿轮用于速度较高的传动,人字齿轮用于载荷较大的传动中。传动效率和精度较高,工艺简单,应用广泛
	锥齿轮		$i \leqslant 3.5$	可用直齿、斜齿或螺旋齿,用于两轴垂直相交,也可以用于两轴垂直交错的传动中。由于制造安装较复杂、成本较高,所以仅在传动布置需要时才采用
	蜗杆		$i \leqslant 10 \sim 80$	结构简单、尺寸紧凑,但传动效率较低。蜗杆在蜗轮下方时,啮合处的冷却和润滑都较好,蜗杆轴承润滑也较方便。当蜗杆圆周速度$v > 4$ m/s时,用蜗杆上置式,以免搅油损失太大
双级减速器	圆柱齿轮	展开式	$i \leqslant 8 \sim 40$ $i_{高} = (1.3 \sim 1.5)i_{低}$	结构简单、但齿轮相对于轴承的位置不对称,因此要求轴有较大的刚度。齿轮布置在远离转矩输入和输出端,这样轴在转矩作用下产生的扭转变形和在弯矩作用下产生的弯曲变形可部分抵消,以减缓载荷沿轮齿宽度分布不均匀的现象

名称			简图	推荐传动比	特点及应用
双级减速器	圆柱齿轮	同轴式		$i \leqslant 8 \sim 40$ $i_{高} \approx i_{低}$	减速器横向尺寸较小，两级大齿轮直径接近，浸入油中深度大致相同，但轴向尺寸和重量较大，且中间轴较长、刚度较差，使沿齿宽载荷分布不均匀，高速轴的承载能力难于充分利用
		分流式		$i \leqslant 8 \sim 40$	结构较复杂，但由于齿轮相对于轴承对称布置，载荷沿齿宽分布和轴承受载较均匀。中间轴危险截面上的转矩只相当于轴所传递转矩的一半。适用于较大功率、变载荷场合
	圆锥—圆柱			$i \leqslant 8 \sim 40$	锥齿轮应在高速级，以使锥齿轮尺寸不致太大，否则加工困难
	齿轮—蜗杆			$i \leqslant 60 \sim 90$	齿轮传动在高速级时结构较紧凑，蜗杆传动在高速级时传动效率较高

3.2.2　合理分配传动比

由选定电动机的满载转速 n_m 和执行机构的输入转速 n_w，可求出传动系统的总传动比 i，然后分配给各级传动，即

$$i = \frac{n_m}{n_w}$$

(3-8)

$$i = i_1 i_2 i_3 \cdots i_n \qquad\qquad (3-9)$$

式中：i、i_1、i_2、i_3 和 i_n 分别为各级传动机构的传动比。

合理地分配传动比，是传动系统设计中的一个重要问题。它将直接影响到传动系统的外廓尺寸、质量、润滑及传动机构的中心距等方面。

传动比具体分配时应注意以下几点。

① 各级传动比一般应在推荐的范围内，参见表 3-4。

表 3-4　各种传动的传动比

传动类型	传动比
平带传动	≤5
V 带传动	≤7
圆柱齿轮传动 　开式 　单级减速器 　单级外啮合和内啮合行星减速器	 ≤8 ≤4~6 3~9
锥齿轮传动 　开式 　单级减速器	 ≤5 ≤3
蜗杆传动 　开式 　单级减速器	 15~60 8~40
链传动	≤6
摩擦轮传动	≤5~7

② 应使传动装置的结构尺寸较小、质量较小。如图 3-2 所示，当二级减速器的总中心距和总传动比相同时，传动比分配方案不同，减速器的外廓尺寸也不同。图 3-2a 所示的方案因为低速级大齿轮直径减小而使减速器外廓尺寸减小。

③ 应使各传动件的尺寸协调、结构合理、避免各零件干涉与安装不便。例如在图 3-1 所示的带传动和圆柱齿轮减速器组成的传动中，带传动的传动比通常小于齿轮传动的传动比，否则可能会使大带轮的半径超过齿轮减速器输入轴的中心高，使大带轮与地相碰，如图 3-3 所示，则需挖地坑或垫高减速器，造成安装不便。

④ 在二级减速器中，高速级和低速级的大齿轮直径应相近，以利于浸油润滑。高速级大齿轮浸油深度一般为 1 个齿高，但不小于 10 mm；低速级大齿轮浸油深度不超过其直径的 $\dfrac{1}{6}$；参考图 3-4 中尺寸 Δ_2，具体尺寸有待各传动件设计计算后确定。

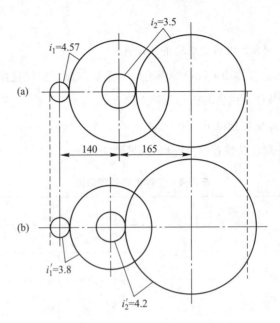

图 3-2　传动比分配方案不同对尺寸的影响

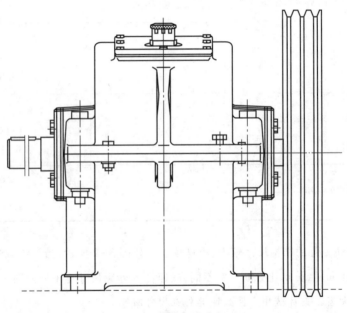

图 3-3　带轮与底座相碰

⑤ 应使传动零件和轴系零件的尺寸保持匀称协调并不得产生干涉现象。例如在双级圆柱齿轮传动中,高速级传动比不能取得过大,以避免高速级大齿轮与低速轴发生干涉,无法安装,参考图 3-4 中尺寸 Δ_1。

综合以上④和⑤,一般对于展开式二级圆柱齿轮减速器,推荐高速级传动比取 $i_{高} = (1.3 \sim 1.5)i_{低}$,同轴式减速器则取 $i_{高} \approx i_{低}$,圆锥—圆柱齿轮减速器取 $i_{锥} \approx 0.25i_{减}$,蜗杆—齿轮减速器取 $i_{齿} \approx (0.03 \sim 0.06)i_{减}$,二级蜗杆减速器取 $i_{高} \approx i_{低}$。

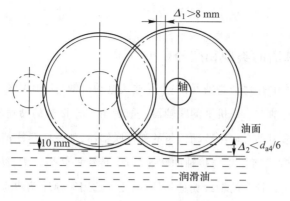

图 3-4 检查齿轮参数是否满足润滑和不干涉要求

⑥ 传动装置的实际传动比要由最后设计计算出的齿轮齿数或带轮基准直径准确计算，因而很可能与设定的传动比之间有误差。一般允许工作机实际转速与预定转速之间的相对误差不超过 5%。

3.2.3 计算各轴的运动和动力参数

为进行传动件的设计计算，应首先推算出各轴的转速、功率和转矩。一般由电动机至工作机之间运动传递的路线推算各轴的运动和动力参数。

图 3-1 中各轴的输入功率、转速和输入转矩如表 3-5 所示。

表 3-5 各轴的运动和动力参数

轴号	输入功率/kW	转速/(r/min)	输入转矩/(N·mm)
电动机轴	$P_d(\neq P_{ed})$	n_m	$T = 9.55 \times 10^6 \cdot P_d / n_m$
I	$P_I = P_d \eta_带$	$n_I = n_m / i_带$	$T_I = T \cdot i_带 \cdot \eta_带$
II	$P_{II} = P_I \eta_{承I} \cdot \eta_{齿I}$	$n_{II} = n_I / i_高$	$T_{II} = T_I \cdot i_高 \cdot \eta_{承I} \cdot \eta_齿$
III	$P_{III} = P_{II} \eta_{承II} \eta_{齿II}$	$n_{III} = n_{II} / i_低$	$T_{III} = T_{II} \cdot i_低 \cdot \eta_{承II} \cdot \eta_齿$
工作机输入轴	$P_w = P_{III} \eta_{承III} \eta_联$	$n_w = n_{III}$	$T_w = T_{III} \cdot \eta_{承III} \cdot \eta_联$

3.3 传动零件的设计

在设计减速器的装配图前，必须先计算各级传动件的参数，确定其尺寸，并选好联轴器的类型和规格。为使设计减速器的原始条件比较准确，一般先计算减速器的外传动件，如带传动、链传动和开式齿轮传动等，然后计算其内传动件。

3.3.1　选择联轴器的类型和型号

一般在传动装置中有两个联轴器:一个是连接电动机轴与减速器高速轴的联轴器;另一个是连接减速器低速轴与工作机轴的联轴器。前者由于连接轴的转速较高,为了减小起动载荷,缓和冲击,应选用具有较小转动惯量的弹性联轴器,如弹性套柱销联轴器(LT)或弹性柱销联轴器(LX)等。后者由于连接轴的转速较低,传递的转矩较大,减速器与工作机常不在同一底座上而要求有较大的轴线偏移补偿,因此常选用无弹性元件的挠性联轴器,例如齿式联轴器等。

对于标准联轴器,主要按传递转矩的大小和转速选择型号,在选择时还应注意轴孔尺寸必须与两半联轴器配合的两轴相适应,注意两半联轴器轴孔尺寸的协调。

3.3.2　设计减速器外传动零件

1. 带传动

带传动设计计算步骤见例题 3-1。

例题 3-1　设计某运输机中 V 带传动,已知电动机额定功率 $P = 3\ \text{kW}$,$n_1 = 1\ 440\ \text{r/min}$,$i = 3.6$,两班制,载荷变动小。

解:(一) 定带型号

$P_{ca} = K_A P = 1.2 \times 3\ \text{kW} = 3.6\ \text{kW}$

$n_1 = 1\ 440\ \text{r/min}$

根据选型图,选 A 型。

(二) 定带轮基准直径

$d_{d1} \geqslant d_{dmin} = 75\ \text{mm}$,取标准为 $d_{d1} = 90\ \text{mm}$

$d_{d2} = (1-\varepsilon) i d_{d1} = (1-0.015) \times 3.6 \times 90\ \text{mm} = 319.14\ \text{mm}$,取标准为 $d_{d2} = 315\ \text{mm}$

(三) 校核带轮传动比

实际传动比　　　　　$i' = \dfrac{d_{d2}}{(1-\varepsilon) d_{d1}} = \dfrac{315}{(1-0.015) \times 90} = 3.553$

传动比误差　　　　　$\dfrac{\Delta i}{i} = \dfrac{|i-i'|}{i} = \dfrac{|3.6-3.553|}{3.6} \times 100\% = 1.3\%$

在 5% 允许范围内。

(四) 计算带轮转速

$$v = \frac{\pi d_{d1} n_1}{60 \times 1\ 000} = \frac{\pi \times 90 \times 1\ 440}{60 \times 1\ 000}\ \text{m/s} = 6.79\ \text{m/s}, \qquad 5\ \text{m/s} < v < 25\ \text{m/s}$$

（五）计算中心距和带长

① 初定中心距　$0.7(d_{d1}+d_{d2})<a_0<2(d_{d1}+d_{d2})$

取 $a_0 = d_{d1}+d_{d2} = (90+315)$ mm $= 405$ mm

② 初算带长

$$L'_d \approx 2a_0 + \frac{\pi}{2}(d_{d1}+d_{d2}) + \frac{(d_{d2}-d_{d1})^2}{4a_0} \approx 1\,477 \text{ mm} \quad \text{取标准 } L_d = 1\,430 \text{ mm}$$

③ 确定中心距

$$a \approx a_0 + \frac{L_d - L'_d}{2} = \left(405 + \frac{1\,430 - 1\,477}{2}\right) \text{ mm} = 381.5 \text{ mm}$$

取整 $a = 382$ mm

（六）验算小轮包角

$$\alpha_1 = 180° - \frac{d_{d2}-d_{d1}}{a} \times 57.3° = 145° > 120°$$

（七）计算带根数

$$z = \frac{K_A P}{P_1} = \frac{P_{ca}}{(P_0 + \Delta P_0)K_\alpha K_L} = 3.36, \quad 取 z = 4$$

式中：$P_0 = 1.06$ kW，$\Delta P_0 = 0.168$ kW，$K_\alpha = 0.91$，$K_L = 0.96$。

（八）计算预紧力

$$F_0 = 500\frac{P_{ca}}{zv}\left(\frac{2.5}{K_\alpha}-1\right) + qv^2 = \left[500 \times \frac{3.6}{4 \times 6.79} \times \left(\frac{2.5}{0.91}-1\right) + 0.105 \times 6.79^2\right] \text{ N} = 121 \text{ N}$$

式中：$q = 0.105$ kg/m

（九）计算压轴力

$$F_p = 2F_0 \sin\frac{\alpha_1}{2}z = 2 \times 121 \times \sin\frac{145°}{2} \times 4 \text{ N} = 923 \text{ N}$$

带传动设计还应注意以下问题。

① 应注意带轮尺寸与传动装置外廓尺寸及安装尺寸的关系。例如，装在电动机轴上的小带轮顶圆半径应小于电动机的中心高，小带轮轴孔的直径、长度应与电动机轴的直径、长度相对应；大带轮的外圆半径不能过大，否则会与机器底座相干涉等。

② 带轮的结构型式主要取决于带轮直径的大小，其具体结构及尺寸可查相关教材或设计手册。应注意的是，大带轮轴孔的直径和长度应与减速器输入轴的轴伸尺寸相适应。带轮轮毂长度 L 与轮缘的宽度可以不相同，一般轮毂长度 L 由轴孔的直径 d 确定，取 $L = (1.5 \sim 2)d$，而轮缘宽度则取决于传动带的型号和根数。

③ 带轮的直径确定后。应验算实际传动比和大带轮的转速，以此修正减速器的传动比和输入转矩。

2. 链传动

① 应使链轮的直径、轴孔尺寸等与减速器、工作机相适应。应由所选链轮的齿数计算

实际传动比,并考虑是否需要修正减速器的传动比。

② 如果选用的单排链尺寸过大,则应改选双排链或多排链。

③ 确定链传动的润滑剂牌号和润滑方式。

3. 开式齿轮传动

① 开式齿轮传动一般布置在低速级,常采用直齿齿轮。开式齿轮传动润滑条件差、磨损严重,因此只需计算轮齿的弯曲强度,再将计算所得模数增大 $10\% \sim 20\%$,不要计算齿面接触疲劳强度。

② 开式齿轮传动和闭式硬齿面齿轮传动,主要取决于弯曲强度,故齿数宜少些,一般 z_1 取 20 左右;而闭式软齿面齿轮传动,主要取决于接触强度,齿数宜多些,一般 z_1 取 $20 \sim 40$。

③ 应选用耐磨性好的材料作为齿轮材料。选择大齿轮的材料时应考虑其毛坯尺寸和制造方法,例如当齿轮直径超过 500 mm 时,应采用铸造毛坯。

④ 由于悬臂式开式齿轮的支承刚度小,其齿宽系数应取小些。

⑤ 应检查齿轮的尺寸与工作机是否相称,有无碰撞、干涉等现象。应按齿轮的齿数计算实际传动比,并视具体情况修改减速器的传动比。

3.3.3 设计减速器内传动零件

1. 闭式斜齿圆柱齿轮传动设计计算

例题 3-2 设计一闭式斜齿轮传动,已知:$P = 10$ kW,$n_1 = 960$ r/min,$i = 3.6$,单向传动,中等冲击载荷,齿轮对轴作对称布置,轴刚性大,使用 10 年,单班制。

解:

(一)选材料,定热处理

小齿轮:45,调质,230 HBW

大齿轮:45,正火,190 HBW

(二)按齿面接触疲劳强度计算

1)试算

$$d_1 \geqslant \sqrt[3]{\frac{2 K_H T_1}{\phi_d} \cdot \frac{u \pm 1}{u} \left(\frac{Z_H Z_E Z_\varepsilon Z_\beta}{[\sigma_H]} \right)^2}$$

$$= \sqrt[3]{\frac{2 \times 2.58 \times 99\,479}{1.1} \times \frac{3.6+1}{3.6} \times \left(\frac{2.42 \times 189.8 \times 0.536 \times 0.98}{413} \right)^2} \text{ mm} = 58.891 \text{ mm}$$

式中:$K_H = K_A K_V K_{H\alpha} K_{H\beta} \approx 1.5 \times 1.72 = 2.58$

$\quad\quad K_A = 1.5$

$\quad\quad K_V = f(v, 精度) \approx 1.1$

$\quad\quad K_{H\alpha} = f(F_t, b, 精度) > 1.0 \sim 1.4$

$K_{H\beta} = f(精度, \phi_d, b) \geqslant 1.3$

试算法:初估 $K_V K_{H\alpha} K_{H\beta} \approx 1.1 \times 1.2 \times 1.3 = 1.72$

$$T_1 = 9.55 \times 10^6 \times \frac{10}{960} \text{ N} \cdot \text{mm} = 99\ 479 \text{ N} \cdot \text{mm}$$

$\phi_d = 1.1$

$u = i = 3.6$

$Z_H = 2.42$ 初定 $\beta = 16°$

$Z_E = 189.8 \sqrt{\text{MPa}}$

$$Z_\varepsilon = \sqrt{\frac{4 - \varepsilon_\alpha}{3}(1 - \varepsilon_\beta) + \frac{\varepsilon_\beta}{\varepsilon_\alpha}} = 0.536$$

式中:$\varepsilon_\alpha = [z_1(\tan \alpha_{at1} - \tan \alpha_t') + z_2(\tan \alpha_{at2} - \tan \alpha_t')]/2\pi = 1.644$

取 $z_1 = 28$

$z_2 = iz_1 = 3.6 \times 28 = 100.8$,取 $z_2 = 101$

$\alpha_{at1} = \arccos[z_1 \cos \alpha_t/(z_1 + 2h_a^* \cos \beta)] = 28.987°$

$\alpha_t = \arctan(\tan \alpha_n/\cos \beta) = 20.806°$

$\alpha_{at2} = \arccos[z_2 \cos \alpha_t/(z_2 + 2h_{an}^* \cos \beta)] = 23.462°$

$\varepsilon_\beta = \phi_d z_1 \tan \beta/\pi = 1.1 \times 28 \times \tan 16°/\pi = 2.811$

$Z_\beta = \sqrt{\cos \beta} = \sqrt{\cos 16°} = 0.98$

$[\sigma_H] = \min\{[\sigma_{H1}], [\sigma_{H2}]\} = \min\{529 \text{ MPa}, 413 \text{ MPa}\} = 413 \text{ MPa}$

式中:$[\sigma_{H1}] = \dfrac{K_{HN1}\sigma_{H1\lim}}{S_H} = \dfrac{0.98 \times 540}{1} \text{ MPa} = 529 \text{ MPa}$

$K_{HN1} = 0.98$

$N_1 = 60 \times n_1 \times (10 \times 300 \times 8) = 1.382 \times 10^9$

$N_2 = N_1/3.6 = 3.84 \times 10^8$

$K_{HN2} = 1.06$

$\sigma_{H1\lim} = 540 \text{ MPa}, \sigma_{H2\lim} = 390 \text{ MPa}$

$S_H = 1$

$$[\sigma_{H2}] = \frac{K_{HN2}\sigma_{H2\lim}}{S_H} = \frac{1.06 \times 390}{1} \text{ MPa} = 413 \text{ MPa}$$

2) 初定传动主要尺寸及参数

① 齿数

$z_1 = 28, z_2 = 101$

② 模数、中心距和螺旋角

$$m_{n1} = \frac{d_1 \cos \beta}{z_1} = \frac{58.819 \times \cos 16°}{28} \text{ mm} = 2.02 \text{ mm}$$

取标准 $m_{n1} = 2.5$ mm （注：动力齿轮 $m > 1.5 \sim 2$ mm）

$$a = \frac{m_{n1}(z_1 + z_2)}{2\cos\beta} = \frac{2.5 \times (28 + 101)}{2 \times \cos 16°} \text{ mm} = 167.75 \text{ mm} \quad 取整 \ a = 168 \text{ mm}$$

修正 β, $\beta = \arccos\dfrac{m_{n1}(z_1 + z_2)}{2a} = \arccos\dfrac{2.5 \times (28 + 101)}{2 \times 168} = 16.297° = 16°17'48''$

（β 与初估值相差应不超过 $1°$）

③ 分度圆直径和齿宽

$$d_1 = \frac{m_n z_1}{\cos\beta} = \frac{2.5 \times 28}{\cos 16.297°} \text{ mm} = 72.930 \text{ mm}$$

$$d_2 = \frac{m_n z_2}{\cos\beta} = \frac{2.5 \times 101}{\cos 16.297°} \text{ mm} = 263.070 \text{ mm} \quad （注：d 应精确至 0.01 mm 或 0.001 mm。）$$

$b = \phi_d d_1 = 1.1 \times 72.930 \text{ mm} = 80.223 \text{ mm}$，取 $b = 82$ mm （注：b 应取整）

取 $b_2 = b = 82$ mm，$b_1 = b_2 + (5 \sim 10) \text{ mm} = 90$ mm

④ 圆周速度和精度等级

$$v = \frac{\pi d_1 n_1}{60 \times 1\,000} = \frac{\pi \times 72.930 \times 960}{60 \times 1\,000} \text{ m/s} = 3.67 \text{ m/s}$$

选 7 级精度

3）精确计算齿面接触疲劳强度

修正 $d_1 \geqslant \sqrt[3]{\dfrac{2K_H T_1}{\phi_d} \dfrac{u \pm 1}{u} \left(\dfrac{Z_E Z_H Z_\varepsilon Z_\beta}{[\sigma_H]} \right)^2}$

$$= 58.819 \times \sqrt[3]{\frac{4.10}{2.58}} \text{ mm} = 68.639 \text{ mm}，应略小于 $d_1 = 72.930$ mm$$

式中：$K_H = K_A K_V K_{H\alpha} K_{H\beta} = 1.5 \times 1.13 \times 1.78 \times 1.36 = 4.10$

$K_V = 1.13$

$K_{H\alpha} = \varepsilon_\alpha / \cos^2\beta = 1.644 / \cos^2 16.297° = 1.78$

$K_A F_t / b = 1.5 \times 2\,728 / 82 \text{ N/mm} = 49.9 \text{ N/mm} < 100 \text{ N/mm}$

$$F_t = \frac{2T_1}{d_1} = \frac{2 \times 99\,479}{72.930} \text{ N} = 2\,728 \text{ N}$$

$K_{H\beta} = 1.12 + 0.18\phi_d^2 + 0.23 \times 10^{-3} b = 1.36$

故上述齿轮主要尺寸及参数适用。

（三）校核齿根弯曲疲劳强度

$$\sigma_F = \frac{2K_F T_1}{b d_1 m} Y_{Fa} Y_{Sa} Y_\varepsilon Y_\beta \leqslant [\sigma_F]$$

1）求 σ_F

$K_F = K_A K_V K_{F\alpha} K_{F\beta} = 1.5 \times 1.13 \times 1.78 \times 1.3 = 3.92$

$K_{F\alpha} = K_{H\alpha} = 1.78$

$K_{F\beta} = 1.3$

$$\frac{b}{h} = \frac{82}{2.25 \times 2.5} = 14.6$$

$Y_{Fa1} = 2.50, Y_{Sa1} = 1.63$

$$z_{v1} = \frac{z_1}{\cos^3\beta} = 31.67, z_{v2} = \frac{z_2}{\cos^3\beta} = 117.19$$

$Y_{Fa2} = 2.17, Y_{Sa2} = 1.81$

$Y_{\varepsilon} = 0.25 + 0.75/\varepsilon_{\alpha v} = 0.675$

$\varepsilon_{\alpha v} = \varepsilon_{\alpha}/\cos^2\beta_b = 1.766$

$\beta_b = \arctan(\tan\beta\cos\alpha_t) = \arctan(\tan 16.297° \times \cos 20.806°) = 15.234°$

$Y_{\beta} = 1 - \varepsilon_{\beta}\dfrac{\beta}{120°} = 0.618$

故：$\sigma_{F1} = \dfrac{2 \times 3.92 \times 99\ 479}{81 \times 72.930 \times 2.5} \times 2.50 \times 1.63 \times 0.675 \times 0.618\ \text{MPa} = 90\ \text{MPa}$

$\sigma_{F2} = \sigma_{F1}\dfrac{Y_{Fa2}Y_{Sa2}}{Y_{Fa1}Y_{Sa1}} = 90 \times \dfrac{2.17 \times 1.80}{2.50 \times 1.63}\ \text{MPa} = 86\ \text{MPa}$

2）求$[\sigma_F]$

$[\sigma_{F1}] = \dfrac{K_{FN1}\sigma_{Flim1}}{S_F} = \dfrac{0.92 \times 380}{1.25}\ \text{MPa} = 280\ \text{MPa} > \sigma_{F1} = 90\ \text{MPa}$

$K_{FN1} = 0.92, K_{FN2} = 0.92$

$\sigma_{Flim1} = 380\ \text{MPa}, \sigma_{Flim2} = 320\ \text{MPa}$

$S_F = 1.25$

$[\sigma_{F2}] = \dfrac{K_{FN2}\sigma_{FE2}}{S_F} = \dfrac{0.92 \times 320}{1.25}\ \text{MPa} = 236\ \text{MPa} > \sigma_{F2} = 86\ \text{MPa}$

故齿根弯曲疲劳强度足够。

2. 闭式直齿锥齿轮传动设计计算

例题 3-3 设计一闭式直齿锥齿轮传动，已知：$P = 10\ \text{kW}, n_1 = 1\ 440\ \text{r/min}, i = 2.9$，单向传动，中等冲击载荷，齿轮对轴作对称布置，轴刚性大，使用 10 年，单班制。

解：

（一）选材料，定热处理

小齿轮：45，调质，230 HBW

大齿轮：45，正火，190 HBW

（二）按齿面接触疲劳强度计算

1）试算

$$d_1 \geqslant \sqrt[3]{\frac{4K_H T_1}{\phi_R(1-0.5\phi_R)^2 u}\left(\frac{Z_H Z_E Z_{\varepsilon}}{[\sigma_H]}\right)^2} = \sqrt[3]{\frac{4 \times 2.24 \times 66\ 319}{0.3 \times (1-0.5 \times 0.3)^2 \times 2.9} \times \left(\frac{2.5 \times 189.8 \times 0.859}{456}\right)^2}\ \text{mm}$$

$$= 88.78 \text{ mm}$$

式中:初估 $K_H = K_A K_V K_{H\alpha} K_{H\beta} \approx 1.5 \times 1.15 \times 1.0 \times 1.2 = 2.07$

$$K_A = 1.5$$

$$K_V = f(v, 精度) \approx 1.15$$

$$K_{H\alpha} = 1.0$$

$$K_{H\beta} = f(精度, \phi_d, b) \approx 1.2$$

$$T_1 = 9.55 \times 10^6 \times \frac{10}{1\,440} \text{ N} \cdot \text{mm} = 66\,319 \text{ N} \cdot \text{mm}$$

$$\phi_R = 0.3$$

$$Z_H = 2.5$$

$$Z_E = 189.8 \sqrt{\text{MPa}}$$

$$Z_\varepsilon = \sqrt{\frac{4 - \varepsilon_{\alpha v}}{3}}$$

$$= \sqrt{\frac{4 - 1.788}{3}}$$

$$= 0.859$$

式中: $\varepsilon_{\alpha v} = \dfrac{z_{v1}(\tan \alpha_{a1} - \tan \alpha') + z_{v2}(\tan \alpha_{a2} - \tan \alpha')}{2\pi}$

$$= 1.788$$

$$[\sigma_H] = \min\{[\sigma_{H1}], [\sigma_{H2}]\} = \min\{491 \text{ MPa}, 456 \text{ MPa}\} = 456 \text{ MPa}$$

取 $z_1 = 28$

$z_2 = iz_1 = 2.9 \times 28 = 81.2$,取 $z_2 = 81$

$$u = i = \frac{z_2}{z_1} = \frac{81}{28} = 2.892\,9$$

$$\delta_1 = \arctan \frac{28}{81} = 19°4'9'' = 19.069°$$

$$\delta_2 = 90° - \delta_1 = 70.931°$$

$$z_{V1} = \frac{z_1}{\cos \delta_1} = \frac{28}{\cos 19.069°} = 29.63$$

$$z_{V2} = \frac{z_2}{\cos \delta_2} = \frac{81}{\cos 70.931°} = 247.93$$

$$\alpha_{a1} = \arccos \frac{z_{v1} \cos \alpha}{z_{v1} + 2h_a^*} = 28.324°$$

$$\alpha_{a2} = \arccos \frac{z_{v2} \cos \alpha}{z_{v2} + 2h_a^*} = 21.224°$$

$$[\sigma_H] = \min\{[\sigma_{H1}], [\sigma_{H2}]\}$$

$$= \min\{491,456\} \text{ MPa}$$

$$= 456 \text{ MPa}$$

$$[\sigma_{H1}] = \frac{K_{HN1}\sigma_{H1lim}}{S_H} = \frac{0.91 \times 540}{1} \text{ MPa} = 491 \text{ MPa}$$

$$K_{HN1} = 0.91$$

$$N_1 = 60 \times n_1 \times (10 \times 300 \times 8) = 2.074 \times 10^9$$

$$N_2 = N_1/2.9 = 7.15 \times 10^8$$

$$K_{HN2} = 1.17$$

$$\sigma_{H1lim} = 540 \text{ MPa}, \sigma_{H2lim} = 390 \text{ MPa}$$

$$S_H = 1$$

$$[\sigma_{H2}] = \frac{K_{HN2}\sigma_{H2lim}}{S_H} = \frac{1.17 \times 390}{1} \text{ MPa} = 456 \text{ MPa}$$

2）初定传动主要尺寸及参数

① 齿数

$$z_1 = 28, z_2 = 81$$

② 模数和分锥角

$$m_{n1} = \frac{d_1}{z_1} = \frac{88.78}{28} \text{ mm} = 3.17 \text{ mm}$$

取标准 $m_{n1} = 3.5$ mm。

$$\delta_1 = 19.069°$$

$$\delta_2 = 90° - 19.069° = 70.931°$$

③ 分度圆直径、锥距和齿宽

$$d_1 = mz_1 = 3.5 \times 28 \text{ mm} = 98 \text{ mm}$$

$$d_2 = mz_2 = 3.5 \times 81 \text{ mm} = 283.5 \text{ mm}$$

$$R = \sqrt{\left(\frac{d_1}{2}\right)^2 + \left(\frac{d_2}{2}\right)^2} = \sqrt{\left(\frac{98}{2}\right)^2 + \left(\frac{283.5}{2}\right)^2} \text{ mm} = 149.98 \text{ mm}$$

$$b = \phi_R R = 0.3 \times 149.98 \text{ mm} = 44.994 \text{ mm}, 取整 b_1 = b_2 = b = 45 \text{ mm}$$

④ 圆周速度和精度等级

$$v = \frac{\pi d_1 n_1}{60 \times 1\,000} \text{ m/s} = \frac{\pi \times 98 \times 1\,440}{60 \times 1\,000} \text{ m/s} = 7.39 \text{ m/s}$$

选 7 级精度

3）精确计算齿面接触疲劳强度

修正 d_1：

$$d_1 \geqslant \sqrt[3]{\frac{4K_H T_1}{\varphi_R (1-0.5\varphi_R)^2 u}\left(\frac{Z_H Z_E Z_\varepsilon}{[\sigma_H]}\right)^2}$$

$$= 88.78 \times \sqrt[3]{\frac{2.34}{2.24}} \text{ mm} = 92.48 \text{ mm}, \text{应略小于} d_1 = 98 \text{ mm}$$

式中：$K_H = K_A K_V K_{H\alpha} K_{H\beta} = 1.5 \times 1.24 \times 1 \times 1.26 = 2.34$

$\quad K_V = 1.24$

$\quad K_{H\alpha} = 1$

$\quad K_{H\beta} = 1.15 + 0.18(1 + 6.7\phi_d^2)\phi_d^2 + 0.31 \times 10^{-3} b = 1.26$

$\quad \phi_d = \dfrac{b}{d_1} = \dfrac{45}{98} = 0.459$

故上述齿轮主要尺寸及参数适用。

（三）校核齿根弯曲疲劳强度

$$\sigma_F = \frac{4K_F T_1 Y_{Fa} Y_{Sa}}{\phi_R (1-0.5\phi_R)^2 m^3 z_1^2 \sqrt{u^2+1}} \leqslant [\sigma_F]$$

① 求 σ_F

$K_F = K_A K_V K_{F\alpha} K_{F\beta} = 1.5 \times 1.24 \times 1.0 \times 1.26 = 2.34$

$K_{F\alpha} = K_{H\alpha} = 1.0$

$K_{F\beta} = K_{H\beta} = 1.26$

$Y_{Fa1} = 2.54, Y_{Sa1} = 1.63$

$Y_{Fa2} = 2.14, Y_{Sa2} = 1.84$

故：

$$\sigma_{F1} = \frac{4 \times 2.34 \times 66\ 319 \times 2.54 \times 1.63 \times 0.669}{0.3 \times (1-0.5 \times 0.3)^2 \times 3.5^3 \times 28^2 \times \sqrt{2.9^2+1}} \text{ MPa} = 77 \text{ MPa}$$

$$\sigma_{F2} = \sigma_{F1} \frac{Y_{Fa2} Y_{Sa2}}{Y_{Fa1} Y_{Sa1}} = 77 \times \frac{2.14 \times 1.84}{2.54 \times 1.63} \text{ MPa} = 73 \text{ MPa}$$

② 求 $[\sigma_F]$

$$[\sigma_{F1}] = \frac{K_{FN1} \sigma_{Flim1}}{S_F} = \frac{0.92 \times 380}{1.5} \text{ MPa} = 233 \text{ MPa} > \sigma_{F1} = 77 \text{ MPa}$$

$K_{FN1} = 0.92, \ K_{FN2} = 0.92$

$\sigma_{Flim1} = 380 \text{ MPa}, \ \sigma_{Flim2} = 320 \text{ MPa}$

$S_F = 1.5$

$$[\sigma_{F2}] = \frac{K_{FN2} \sigma_{FE2}}{S_F} = \frac{0.92 \times 320}{1.5} \text{ MPa} = 196 \text{ MPa} > \sigma_{F2} = 73 \text{ MPa}$$

故齿根弯曲疲劳强度足够。

3. 蜗杆传动设计计算

例题 3-4 设计搅拌机用的闭式蜗杆减速器中的普通圆柱蜗杆传动,已知:$P = 6$ kW,$n_1 = 980$ r/min,$i = 26$,工作机载荷有轻微冲击,动力机载荷平稳,预期寿命 12 000 h。

解:

(一)选蜗杆传动类型

根据 GB/T 10085—2018 推荐,采用渐开线蜗杆 ZI

(二)选材料

蜗杆:45 钢,表面淬火,表面硬度为 45~55 HRC

蜗轮:ZCuSn10P1,金属模铸造

初估:$v_s = 0.03\sqrt[3]{P_1 n_1^2} = 0.03 \times \sqrt[3]{6 \times 980^2}$ m/s $= 5.38$ m/s > 4 m/s

(三)按齿面接触疲劳强度进行设计

1)初算中心距

$$m^2 d_1 \geq K T_2 \left(\frac{480}{z_2 [\sigma_H]} \right)^2 = 1.21 \times 1\,216\,163 \times \left(\frac{480}{52 \times 236} \right)^2 \text{ mm} = 2\,251 \text{ mm}$$

式中:$K = K_A K_V K_\beta = 1.15 \times 1.05 \times 1 = 1.21$

$K_A = 1.15$

$K_V = 1.05$

$K_\beta = 1$

$T_2 = T_1 i \eta_1 = 9.55 \times 10^6 \dfrac{P_1}{n_1} \times 26 \times 0.8 = 1\,216\,163$ N · mm

由于 $i = 26$,取 $z_1 = 2$,则初估:$\eta_1 = 0.8$

$z_2 = 2 \times 26 = 52$

$[\sigma_H] = K_{HN} [\sigma_H]' = 0.88 \times 268$ MPa $= 236$ MPa

$K_{HN} = \sqrt[8]{\dfrac{10^7}{N}} = 0.88$

$N = 60 j n_2 L_h = 60 \times 1 \times \dfrac{980}{26} \times 12\,000 = 2.71 \times 10^7$

$[\sigma_H]' = 268$ MPa

2)确定传动基本尺寸及参数

根据 $m^2 d_1 > 2\,251$ mm³,取标准 $m^2 d_1 = 2\,500.5$ mm³,$m = 6.3$ mm,$d_1 = 63$ mm

$\gamma = 11°18'36''$

$d_2 = m z_2 = 6.3 \times 52$ mm $= 327.6$ mm

$a = \dfrac{d_1 + d_2}{2} = \dfrac{63 + 327.6}{2}$ mm $= 195.3$ mm

取标准 $a' = 200$ mm,则蜗轮变位系数 $x_2 = \dfrac{a' - a}{m} = \dfrac{200 - 195.3}{6.3}$ mm $= 0.746$ mm

$$v_1 = \frac{\pi d_1 n_1}{60 \times 1\,000} = \frac{\pi \times 63 \times 980}{60 \times 1\,000}\ \text{m/s} = 32\ \text{m/s}$$

$$v_2 = \frac{\pi d_2 n_2}{60 \times 1\,000} = 0.67 < 3\ \text{m/s}, \text{则}\ K_v\ \text{不变}$$

$$v_s = \frac{v_1}{\cos\gamma} = \frac{3.2}{\cos 11°18'36''}\ \text{m/s} = 3.26\ \text{m/s}, \text{则}\ \phi_v = 1.54°$$

修正: $\eta_1 = \dfrac{\tan\gamma}{\tan(\gamma + \phi_v)} = \dfrac{\tan 11.31°}{\tan(11.31° + 1.54°)} = 0.88$

$$T_2 = T_1 i \eta_1 = 9.55 \times 10^6\ \frac{P_1}{n_1} \times \frac{52}{2} \times 0.88 = 1\,337\,780\ \text{N} \cdot \text{mm}$$

$$m^2 d_1 \geqslant \frac{1\,337\,780}{1\,216\,163} \times 2\,251\ \text{mm} = 2\,476\ \text{mm} < 2\,500.5\ \text{mm}$$

故以上蜗轮、蜗杆的参数及尺寸适用。

（四）校核齿根弯曲疲劳强度

1）求 σ_F

$$\sigma_F = \frac{1.53 K T_2}{d_1 d_2 m} Y_{Fa2} Y_\beta = \frac{1.53 \times 1.21 \times 1\,337\,780}{63 \times 327.6 \times 6.3} \times 2.02 \times 0.92\ \text{MPa} = 35.3\ \text{MPa}$$

式中: $Y_{Fa2} = 2.02$

$$z_{v2} = \frac{z_2}{\cos^3 \gamma} = \frac{52}{\cos^3 11.31°} = 55.15$$

$$Y_\beta = 1 - \frac{\gamma}{140°} = 1 - \frac{11.31}{140} = 0.92$$

2）求 $[\sigma_F]$

$$[\sigma_F] = K_{FN}[\sigma_F]' = 0.69 \times 56\ \text{MPa} = 38.6\ \text{MPa} > \sigma_F = 35.3\ \text{MPa}$$

式中: $K_{FN} = \sqrt[9]{\dfrac{10^6}{N}} = \sqrt[9]{\dfrac{10^6}{2.71 \times 10^7}} = 0.69$

$$[\sigma_F]' = [\sigma_{0F}]' = 56\ \text{MPa}$$

故弯曲强度满足要求。

（五）校核蜗杆轴刚度

$$y = \frac{\sqrt{F_{t1}^2 + F_{r1}^2}}{48EI} l^3 \leqslant [y]$$

1）求 y

$$y = \frac{\sqrt{F_{t1}^2 + F_{r1}^2}}{48EI} l^3 = \frac{\sqrt{1\,956^2 + 3\,031^2} \times 295^3}{48 \times 206 \times 10^3 \times 7.73 \times 10^5}\ \text{mm} = 0.012\ \text{mm}$$

式中: $F_{t1} = \dfrac{2T_1}{d_1} = \dfrac{2 \times 9.55 \times 10^6\ \dfrac{P_1}{n_1}}{63} = 1\,856\ \text{N}$

$$F_{r1} = F_{r2} = \frac{F_{t2} \tan \alpha_n}{\cos \beta} = \frac{2T_2}{d_2} \frac{\tan 20°}{\cos \gamma} = 3\ 031\ \text{N}$$

$$E = 206 \times 10^3\ \text{MPa}$$

$$I = \frac{\pi d_1^4}{64} = 7.73 \times 10^5\ \text{mm}^4$$

$$l \approx 0.9d_2 = 295\ \text{mm}$$

2）求 $[y]$

$$[y] = \frac{d_1}{1\ 000} = \frac{63}{1\ 000}\ \text{mm} = 0.063\ \text{mm} > y$$

故蜗杆轴刚度满足要求。

传动件设计计算还应注意以下问题。

① 在选用齿轮的材料前,应先估计大齿轮的直径,如果大齿轮直径较大,则多采用铸造毛坯,齿轮材料应选用铸钢或铸铁材料。如果小齿轮的齿根圆直径与轴径接近,齿轮与轴可制成一体,选用的材料应兼顾轴的要求。同一减速器的各级小齿轮(或大齿轮)的材料应尽可能一致,以减少材料的种类,降低加工的工艺要求。

② 计算齿轮的啮合几何尺寸(如分度圆直径 d,齿顶圆直径 d_a 和齿根圆直径 d_f)时应精确到小数点后 2～3 位,角度应精确到秒;而中心距、齿宽和结构尺寸应尽量取整。斜齿轮传动的中心距应通过改变螺旋角 β 的方法圆整为以 0、5 结尾的整数。

③ 传递动力的齿轮,其模数应大于 1.5～2 mm。

④ 锥齿轮的分锥角 δ_1、δ_2 可由传动比 i 算出,i 值的计算应精确到小数点后四位,δ 值的计算应精确到秒。

⑤ 蜗杆传动的中心距应尽量圆整成尾数为 0 或 5 的整数。蜗杆的螺旋线方向应尽量选用右旋,以便于加工。蜗杆传动的啮合几何尺寸也应精确计算。

⑥ 当蜗杆的圆周速度 $v < 4 ～ 5$ m/s 时,一般采用蜗杆下置式;当 $v > 4 ～ 5$ m/s 时,采用蜗杆上置式。

⑦ 蜗杆的强度和刚度验算以及蜗杆传动的热平衡计算都要在装配草图的设计中进行。

各传动件尺寸经过设计计算确定后,应准确校核图 3-4 中尺寸 Δ_1 和 Δ_2。

第4章

执行机构系统设计

4.1 执行机构的分类

现代机械执行系统的功能是由一系列执行机构实现的,执行机构组成的子系统也称为执行机构系统,或简称为机构系统。执行机构系统是机器中最接近被作业工件一端的机构,其功用是传递、变换运动与动力,将传动系统传递来的运动与动力进行变换,以满足预期的功能要求,包括对工作对象性质、形态或位置的改变,或对工作对象进行检测、度量等。

不同的功能要求,对运动和工作载荷的机械特性要求不同,因而各种机械的执行系统也不相同。按照对运动和动力的不同要求,执行机构可分为运动型、动力型及运动—动力型。运动型要求实现预期精度的动作,而对各构件的强度和刚度无特殊要求,如缝纫机、印刷机等;动力型要求各构件具有足够的强度和刚度,施加一定的力做功,而对运动精度无特殊要求,如曲柄压力机、碎石机等;运动—动力型要求既能实现预期精度的动作,又能施加一定的力做功,如滚齿机、插齿机等。

按照执行系统中执行机构的数量及其相互的联系情况不同,可将执行机构分为单一型、相互独立型及相互联系型。例如,搅拌机、碎石机的执行机构属于单一型,外圆磨床的砂轮转动与进给属于相互独立型,印刷机、包装机的执行机构属于相互联系型。

执行机构系统是机械系统的主要输出系统。执行机构系统工作性能的好坏,将直接影响整个机械系统的性能。在机械系统概念设计阶段,应充分考虑其运动精度和动力学特性等要求。

4.2 执行机构的设计

4.2.1 执行机构型式设计的一般原则

确定了各执行构件的运动规律后,即可根据工艺动作或功能的要求,选择或设计合适的机构型式来实现相应的动作。此过程即是执行机构的型式设计,也称为机构的型综合。对执行机构进行型式设计时,一般应遵循以下原则。

1. 满足执行构件的工艺动作和运动要求

执行机构型式设计要满足执行构件所需的工艺动作和运动要求,包括运动型式、运动规律或运动轨迹方面的要求。在满足工艺动作和运动要求方面,高副机构比较容易实现所要求的运动规律或运动轨迹,但高副元素容易磨损而造成运动失真,且高副的曲面加工比较复杂;而低副机构(即连杆机构)的低副元素多是圆柱面或平面,容易加工,但低副机构往往只能近似实现要求的运动规律或运动轨迹,设计也比较困难。

2. 机构尽量简单,运动链尽量短

实现同样的运动要求,执行机构的运动链应尽量短,即尽量采用构件数和运动副数目较少的机构,这样既易于制造和装配,又可以减少传动中的累积误差和摩擦损耗,提高传动精度和机械效率。

3. 具有良好的传力条件和动力特性

对于主要传递动力的机构,机构的传动角要尽量大,以防止发生自锁,提高机器的传力效益,减小原动件的功率及损耗。动力特性良好主要体现在要考虑机构的动平衡,降低动载荷,减小振动。为减少动载荷,在机构型式设计时,应使执行构件质量分布合理;凸轮机构应尽量避免刚性冲击;尽量采用压力角较小和增力系数比较大的机构。构型设计应尽量避免采用虚约束,以防止构件产生附加内应力以及楔紧现象,而使机构运动困难;若为了改善受力状况或增加机构刚度而不得不引入虚约束,则必须注意结构、尺寸等方面设计的合理性。

4. 具有较高的机械效率

传递功率较大的主运动链应具有较高的机械效率,而对传递功率较小的辅助运动链(如进给运动链和分度运动链等),其机械效率的考虑可放在次要地位。

5. 保证使用机械时的安全性

为了防止机械因过载而损坏,可采用具有过载打滑特性的摩擦传动或装置安全联轴器等;对于起重机械的起吊部分,必须防止在荷重的作用下自动倒转,为此在运动链中应设置具有反向制动作用的机构,如棘轮机构,或具有反向自锁功能的机构,如蜗轮蜗杆机构。

4.2.2 执行机构型式设计应注意的问题

执行机构型式设计的优劣取决于多种因素,其中涉及所设计执行机构的运动特性以及拟定的工作原理,为此,在执行机构的型式设计中,应该注意如下几点。

1. 避免执行机构的运动不确定现象

只要最短杆与相邻最长杆之和等于另两杆之和的铰链四杆机构都可能出现运动不确定现象。如图 4-1a 的平行四边形机构,当以杆 *AD* 作为机架时,在长、短边四杆重合的位置可能发生运动不确定现象,即 *AB* 杆经过水平位置时,从动杆 *CD* 可能反转(图 4-1b)。如果在图 4-1a

中增加一根与杆 AB 平行且相等的杆 EF(图 4-1c),就可以避免运动的不确定性,但此时会出现虚约束,要求设计、加工、装配的精度较高。而用两套机构错位排列方法(图 4-1d),即两者的曲柄位置相互错开 90°排列则更好。另外,也可通过加大从动件惯性的方法避免机构运动不确定问题。

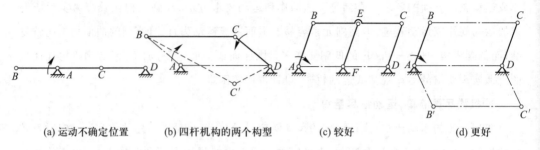

(a) 运动不确定位置　　　　(b) 四杆机构的两个构型　　　　(c) 较好　　　　(d) 更好

图 4-1　平行四边形机构中位置不确定问题及其解决办法

2. 避免执行机构的顶死现象

如果连杆机构在运动过程中出现传动角为 0 的情况,则会发生顶死现象。例如在图 4-2 所示的曲柄摇杆机构中,若摇杆为原动件,当连杆与曲柄在一条直线时,摇杆不能对曲柄产生推动力矩,此位置即为机构的死点位置。对转动缓慢、惯性很小的机械,在死点位置机构可能会停止转动,此时采用加大曲柄的惯性(如加飞轮)或使工作速度加快的方法,都可以使机构顺利通过死点。当然,也可采用多套机构错位排列方法克服死点位置。

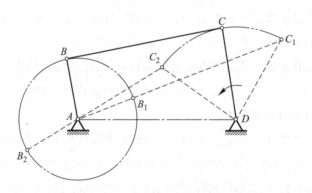

图 4-2　曲柄摇杆机构中的顶死现象

3. 减小导路的侧推力

如图 4-3a 所示的连杆机构,可以用较小的驱动力 F_1 产生较大的工作阻力 F_2,但机构中导轨 Q_1 和 Q_2 会受到很大的侧推力,而如果采用两套对称的机构连在一起(图 4-3b),则产生的侧推力会互相抵消,使导轨免受侧推力,从而提高机械效率,运动灵活。

4. 避免传动角过小

若曲柄滑块机构的传动角过小,则推动从动件的有效分力会很小,而有害分力会很大,例如在图 4-4a 中,原设计的传动角 γ 很小。此时可以通过改变构件尺寸的相互比例或改变连杆机构的型式,如改为图 4-4b 所示的六杆机构,则可以改善机构的传力性能。

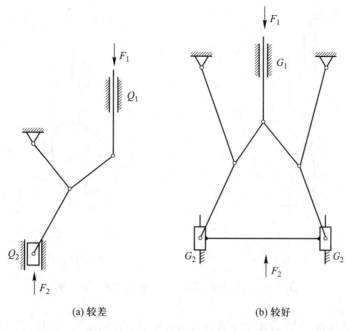

(a) 较差   (b) 较好

图 4-3　连杆机构减小导路侧推力示例

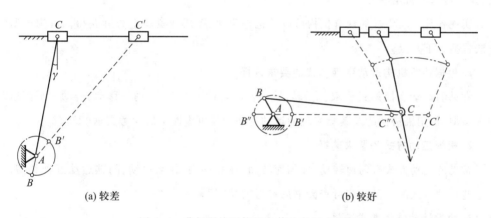

(a) 较差   (b) 较好

图 4-4　曲柄滑块机构避免传动角过小示例

5. 正确选择凸轮机构从动件的偏置方向

如图 4-5a 和 b 所示的两个凸轮机构,其尺寸、形状、转向以及从动件的形状都相同,只是从动件的偏置位置在凸轮轴心的不同侧。如果升程时滚子中心速度矢量对轴心矩的转向与凸轮转动方向相同,则称为正偏置(图 4-5b),否则,称为负偏置(图 4-5a)。图 4-5b 所示的正偏置凸轮机构较好,此时推程压力角较小。

4.2.3　机构的选型

执行机构型式设计方法有机构的选型和机构的构型。机构的选型是指利用发散思维的方法,将前人创造发明的机构按照运动特性或动作功能进行分类,然后根据执行构件所需的

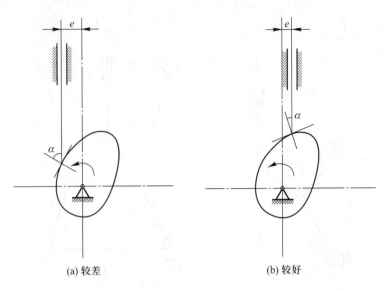

(a) 较差   (b) 较好

图 4-5 偏置从动件盘形凸轮机构偏置方向示例

运动特性与动作功能,按照分解和组合原理进行搜索、选择、比较和评价,选出执行机构的形式,是机构选型常用的方法。

实现各种运动要求的现有机构可以从机构手册、图册或资料上查阅获得。机构选型的方法包括如下几点。

1. 根据执行机构运动变换形式的要求选择

常见的运动变换形式要求包括转动—转动、转动—摆动、转动—移动、转动—平面运动四种类型,常用机构性能及其能实现的运动变换功能可查阅书后参考文献[22,27]。

2. 根据运动方式的要求选择

常见的运动方式有匀速转动、非匀速转动、往复移动、往复摆动、间歇运动五种类型,对应这些运动方式的典型机构可查阅书后参考文献[27]。

3. 根据运动特性要求选择

常见的运动特性要求包括换向、行程放大、行程可调、差动运动、急回特性、预期轨迹、预期位置及动作要求八种类型,对应这些运动特性的典型机构可查阅书后参考文献[27]。

4.2.4 机构的变异

选型出来的构型不能满足要求时,将原构型中与运动有关的因素进行调整,使机构中的运动副类型或机构运动特性发生变化,称为机构的变异,比机构选型更具创造性。机构中与运动有关的因素有机架、运动副元素的形状(运动副的类型)、运动副位置(同一构件上两运动副间的距离和方位)和构件的结构形状(防止构件间发生运动干涉)。

1. 机架变换

在一个基本机构中,以不同的构件为机架,可以得到不同功能的机构,这一过程称为机构的机架变换。机架变换后，各构件的相对运动关系没有变化，而各构件对机架的绝对运动则发生了变化。

如图 4-6 所示的铰链四杆机构中，运动副 A、B 为整转副，运动副 C、D 不能作整周转动。图 4-6a 中，AD 为机架，AB 为曲柄，机构为曲柄摇杆机构；图 4-6b~d 为取不同构件为机架时铰链四杆机构的变异：双曲柄机构、曲柄摇杆机构、双摇杆机构。

如图 4-7 所示为以对心曲柄滑块机构为基本机构进行机架变化得到的各种机构。

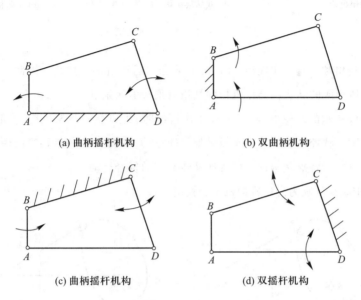

(a) 曲柄摇杆机构   (b) 双曲柄机构

(c) 曲柄摇杆机构   (d) 双摇杆机构

图 4-6　曲柄摇杆机构的机架变换

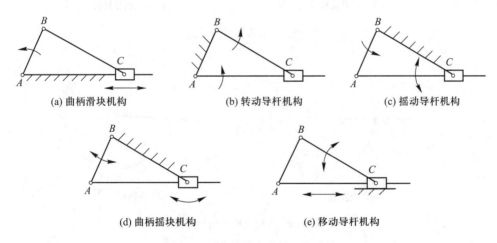

(a) 曲柄滑块机构   (b) 转动导杆机构   (c) 摇动导杆机构

(d) 曲柄摇块机构   (e) 移动导杆机构

图 4-7　曲柄滑块机构的机架变换

如图 4-8b、c 为以图 4-8a 所示的双滑块机构为基本机构，通过机架变换得到的双转块机构和正弦机构。

机架变换的规则不仅适合低副机构，也适合高副机构。但是对于高副机构，没有相对运动的可逆性。例如圆和直线组成的高副中，直线相对于圆作纯滚动时，直线上某点的运动轨

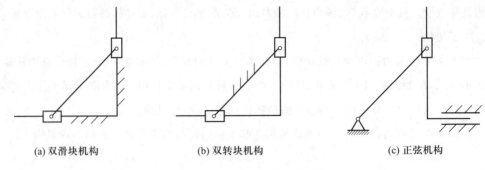

(a) 双滑块机构   (b) 双转块机构   (c) 正弦机构

图 4-8　双滑块机构的机架变换

迹是渐开线;圆相对于直线作纯滚动时,圆上某点的运动轨迹是摆线。因此,高副机构经过机架变换后,所形成的新机构与原机构的性质有很大的区别。

如图 4-9a 所示的凸轮机构,当构件 1 作机架时,为典型的凸轮机构,一般凸轮作主动件,由凸轮轮廓形状控制从动件 3 作预定规律的运动;如图 4-9b 所示,当凸轮 2 作机架时,为固定凸轮机构,其特点是构件 3 可实现又转又移的复合运动。

如图 4-10a、b 分别为齿轮机构机架变换前、后。

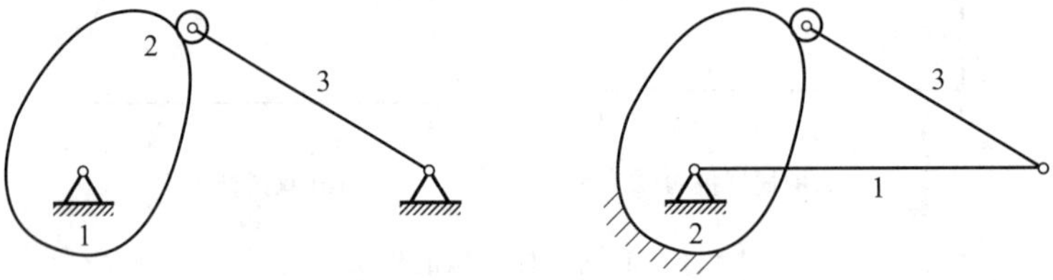

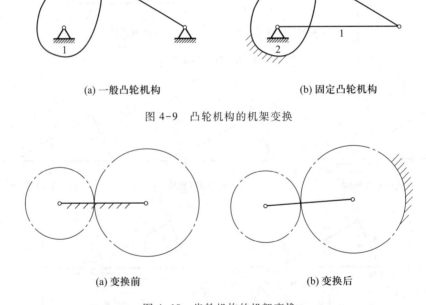

(a) 一般凸轮机构   (b) 固定凸轮机构

图 4-9　凸轮机构的机架变换

(a) 变换前   (b) 变换后

图 4-10　齿轮机构的机架变换

机架变换过程中,机架的构件数目和构件之间的运动副类型没有发生变化,但变异后的机构性能却可能发生很大变化,所以机架变换为机构的创新设计提供了良好的前景。

一般情况下,所有平面机构都可以进行机架变换。

2. 简单运动副形状变异

运动副变异的主要方法有改变运动副的尺寸,改变运动副的接触性质,改变运动副的形状。

　　改变运动副的尺寸主要包括移动滑块尺寸的增大、滑块形状的变异设计、转动副尺寸的增大等。移动副的扩大主要是指组成移动副的滑块与导路尺寸的变大,并且尺寸增大到把机构中其他运动副包含在其中,但各构件之间的相对运动关系并没有发生改变。如图 4-11a、b 所示分别为曲柄滑块机构中滑块扩大前、后示意图,如图 4-12 所示为正弦机构滑块扩大前、后示意图。

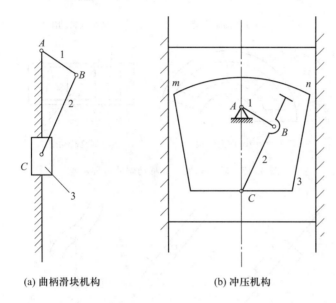

(a) 曲柄滑块机构　　　　　(b) 冲压机构

图 4-11　曲柄滑块机构中滑块形状变异示例一

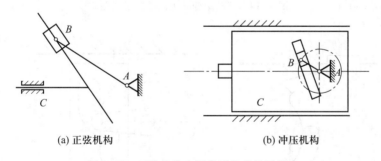

(a) 正弦机构　　　　　　(b) 冲压机构

图 4-12　正弦机构中滑块形状变异示例二

　　转动副尺寸的扩大一般指转动副连续扩大后可以展直变为移动副,如图 4-13 为转动副转变为移动副的过程。

　　改变运动副元素的接触性质主要有低副元素变换为滑动接触,高副元素变换为滑动和滚动两种接触,如图 4-14 所示为移动副变异为滚滑副的过程。

　　改变运动副元素的形状是最具创新性的演化变异,其中低副形状的改变可以实现特殊的运动规律,或解决原始机构难以解决的问题,如图 4-15 所示。平面高副元素形状的改变(改变齿廓曲线的形状、凸轮轮廓曲线的形状、槽轮槽的分布等)一方面可以演化变异出具

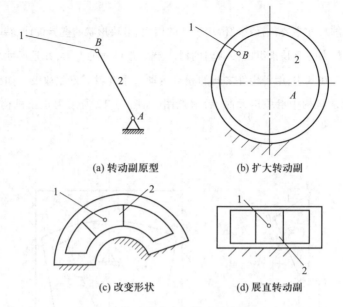

(a) 转动副原型   (b) 扩大转动副

(c) 改变形状   (d) 展直转动副

图 4-13 转动副展直成移动副的过程示意

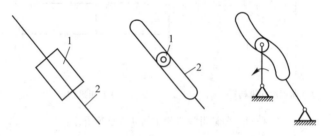

图 4-14 移动副变异为滚滑副示意图

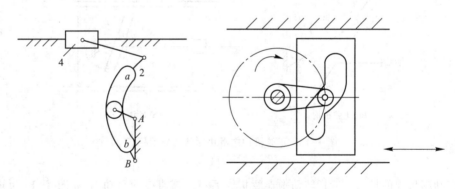

图 4-15 低副形状变异示例

有不同功能的平面高副,另一方面可以改善高副的受力状态、运动及动力特性等,如图 4-16 所示。

图 4-17a 所示的铰链四杆机构,如果要使铰链 D 变为移动副,从约束数不变的原则出发,直接可得单移动副机构(图 4-17b)。如按运动副尺寸、位置演变过程来看,先使运动副 D 的销轴直径变大,变到直径圆达到 C 点附近时,构件 3 的行程成圆环,若将构件 4 做成槽,

环 3 放在槽 4 中,则环只取一段仍能保持 3、4 作相对转动,继而使 CD 尺寸变长,即槽 3 的内半径尺寸变至无限大时,圆槽就趋近于直槽,从而主动副 D 变为移动副。若图 4-17c 的圆弧状滑块改成滚子形状,则转动副 D 变为滚滑副(图 4-17d、e),构件 3 变成了局部自由度构件,而槽的另一边成了为保证滚滑副而设的虚约束运动副,此机构虽然机构运动副类型变了,但机构中构件 2 的运动性质未变。

综上,运动副变异有如下几种作用:增强运动副元素的接触强度;减小运动副元素的摩擦、磨损;改善机构的受力状态;改善机构的运动和动力效果;是开拓机构的各种新功能、寻求演化新机构的有效途径。

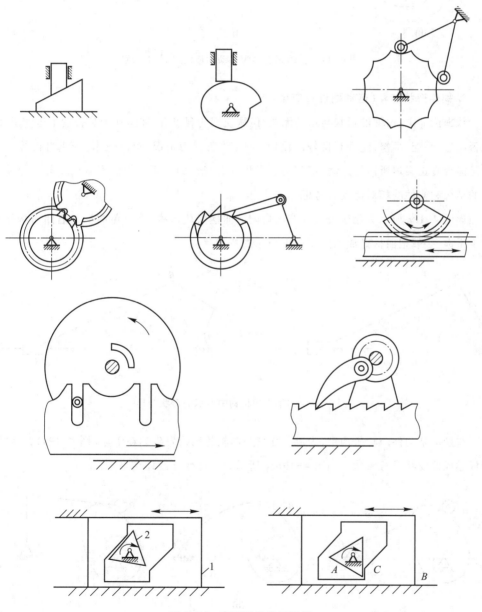

图 4-16 高副形状变异示例

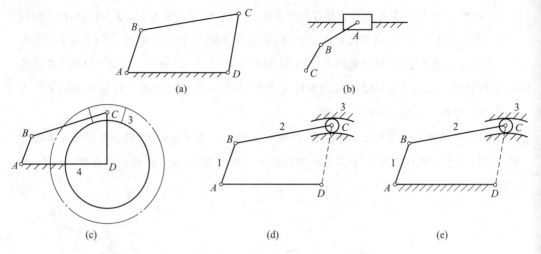

图 4-17　转动副变异为移动副或滚滑副的实例

3. 构件形状变异(运动副位置变化)

从理论上讲,构件的形状与运动无关,但从使用的观点看,在运动中是否发生运动干涉,能否制造、装配、维修,能否有良好的使用性能(改善受力情况,提高效率,防止自锁等),也就是能否真正实现所需的运动,却与构件形状有着密切的关系。构件形状的变异一般从构件的结构和构件的相对运动来考虑。

如图 4-18a 所示为用于公共汽车门启闭的曲柄滑块机构,为避免曲柄与启闭机构箱体发生干涉,一般把曲柄做成如图 4-18b 所示的弯臂状。

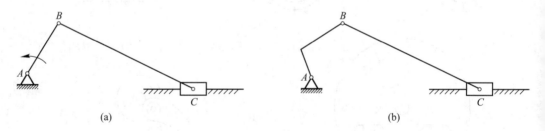

图 4-18　曲柄滑块机构中曲柄的形状变异

在摆动从动件凸轮机构中,为避免摆杆与凸轮轮廓线发生运动干涉(图 4-19a),经常把摆杆做成曲线状或弯臂状。如图 4-19b、c 所示为摆杆变异设计结果。

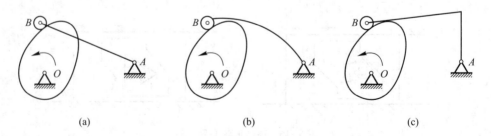

图 4-19　凸轮机构中摆杆的形状变异

有时为了满足特定的工作要求,可能会改变做相对运动构件的形状。如图4-20a所示的连杆机构中,把摇块3做成杆状,把连杆2做成块状,则演化成如图4-20b所示的摆动导杆机构。曲柄摇块机构应用在插齿机中,摆动导杆机构则在牛头刨床中广泛应用。

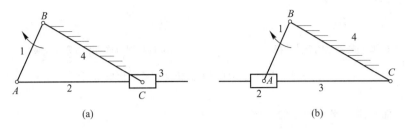

图4-20　连杆机构中杆块形状变异示例

如图4-21a所示的曲柄滑块机构中,将导路与滑块制成曲线状,可得到如图4-21b所示的曲柄曲线滑块机构,曲率中心的位置按工作需要确定。该机构可应用在圆弧门窗的启闭装置中。

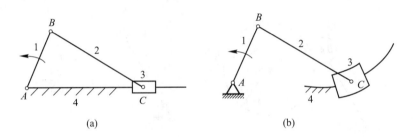

图4-21　曲柄滑块机构中导路形状的变异

如图4-22所示是凹圆弧底从动件盘形凸轮机构,通过把平底从动件变成凹弧底从动件,可提高凸轮机构的传动寿命和效率。

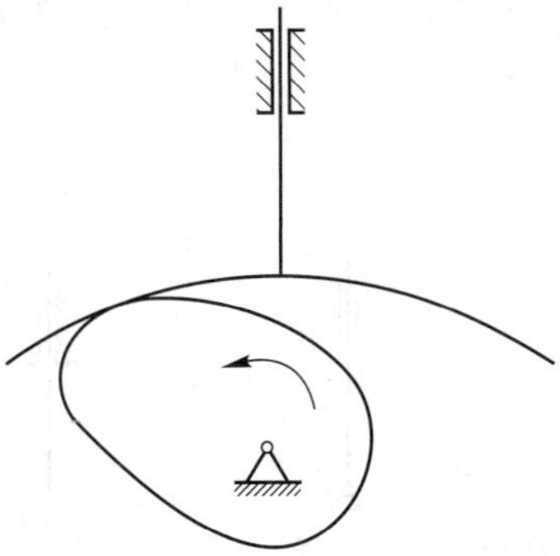

4. 运动副的等效代换

运动副的等效代换是指在不改变运动副自由度的条件下,用平面运动副代替空间运动副,或是用低副代换高副,运动副的等效代换虽然使运动副的类型、形状、构件数等发生了改变,但因为与运动有关的尺寸与尺寸比没有变化,所以机构的运动特性不变。

(1)空间运动副与平面运动副的等效代换

常用的空间运动副主要有球面副、球销副和圆柱副。当球面副出现在机构主动件的连接处,特别是主动件与机架出现球面副时,会给机构的运动控制带来许多不便,这时可利用三个轴线相交的转动副代替一个球面副(图4-23a),代替条件是运动副自由度不变,转动中心不变,运动特性不变。如图4-23b所示为圆柱副与转动副加移动副的等效代换。

图4-22　凹圆弧底从动件盘形凸轮机构

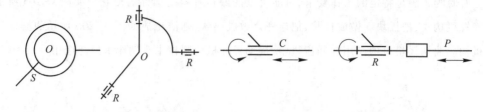

(a) 球面副与转动副的等效代换   (b) 圆柱副与转动副的等效代换

图 4-23 空间运动副与平面运动副等效代换示例

（2）平面高副与平面低副的等效代换

高副与低副的等效代换在工程设计中应用广泛，当组成高副机构的轮廓曲线的曲率半径是常数时，则可以用确定的低副机构代替高副机构。如图 4-24 所示的机构，组成滚滑副 C 的两个运动副元素均为圆，其圆心分别在点 A 和点 B，机构运动时，A、B 两点始终在滚滑副接触点 C 的公法线上，且两点之间的距离始终保持不变，所以用在 A、B 两点组成转动副的连杆 2 来代替滚滑副 C，可使机构中构件 1、3 的运动保持不变。

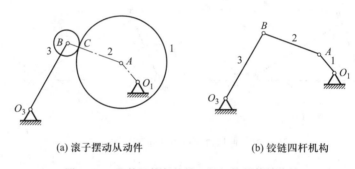

(a) 滚子摆动从动件   (b) 铰链四杆机构

图 4-24 凸轮机构与铰链四杆机构的等效代换

如图 4-25 所示为用相应的四杆机构代替凸轮机构；图 4-25 中 a 与 b 运动等效，c 与 d 运动等效。

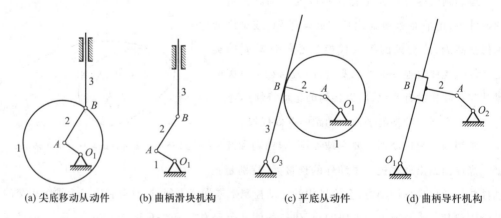

(a) 尖底移动从动件   (b) 曲柄滑块机构   (c) 平底从动件   (d) 曲柄导杆机构

图 4-25 凸轮机构与四杆机构等效代换示例

（3）滑动摩擦副与滚动副的等效代换

滑动摩擦副是以面接触的相对运动产生滑动摩擦，但较大的摩擦力将导致磨损发生。另外，移动副制造困难，不易保证配合精度，效率较低且容易自锁，移动副的导轨需要足够的导向长度，质量较大，所以在有可能的条件下，可用高副代替移动副，如图4-26所示。

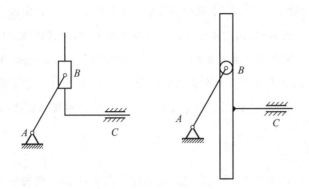

图 4-26 用滚动副代替滑动副示例

在实际工程设计中，对于转动副，经常使用滚动轴承作为运动副，但对于承受重载的转动副，常使用滑动轴承作为转动副。对于移动副，考虑滑动构件的定位与约束的方便，经常使用滑动摩擦的导轨。但对于要求运动灵活，且承受载荷较小，使用滚动导轨更加方便。按此类推，低速、重载的螺旋副常常使用滑动摩擦副，否则，使用滚动螺旋副更加方便。

4.2.5 机构的组合

1. 组合机构的概念

随着科技的进步和工业的迅猛发展，生产过程的机械化和自动化程度愈来愈高，而单一的基本机构往往由于其本身所固有的局限性而无法满足自动机械和自动生产线上复杂多样的运动要求。如连杆机构难以实现一些特殊的运动规律；凸轮机构虽然可以实现任意的往复运动规律，但行程不可调节；齿轮机构虽然具有良好的运动和动力特性，但运动形式简单；棘爪棘轮机构、槽轮机构、不完全尺寸机构等间歇运动机构的运动或动力特性不理想，速度、加速度有波动，并且有冲击振动。为了满足生产发展中所提出的诸多新要求，可以将各种基本机构进行适当组合，如齿轮—连杆组合机构、凸轮—连杆组合机构及齿轮—凸轮组合机构等，可以实现间歇传送运动、大摆角大行程的往复运动，实现预定的运动轨迹或较复杂的运动规律。机构组合是发展新机构的重要途径之一。

由简单机构组合成的复杂机构或机构系统有两种型式：① 将两种或几种基本机构通过封闭约束组合而成，新组成的复合机构具有与原基本机构不同的结构特点和运动性能，一般称其为组合机构；② 在组成的新机构中，所含的子机构仍能保持原有结构和各自相对独立的机构系统，一般称其为机构组合。

机构组合与组合机构的不同之处在于:机构组合中所含的子机构,在组合中仍能保持其原有的结构,相对独立;而组合机构所含各子机构不能保持相对独立,而是"有机"连接。所以,组合机构可以看成是若干基本机构"有机"连接的机构,每种组合机构具有特有的型综合、尺寸综合和分析设计方法。

在机构的组合系统中,单个基本机构称为组合系统的子机构;自由度大于1的差动机构称为组合机构的基础机构;自由度等于1的基本机构称为组合机构的附加机构。

组合机构可以是同类基本机构的组合(如在轮系中的封闭差动轮系就是这种组合机构的一个特例),也可以是不同类型基本机构的组合。通常,由不同类型的基本机构所组成的组合机构用得最多,因为它更有利于充分发挥各基本机构的特长和克服各基本机构固有的局限性。

2. 组合机构的设计

机构的组合方式有多种,按子机构之间的组合方式分类,组合机构可分为串联式组合机构、并联式组合机构、复合式组合机构、叠加式组合机构、反馈式组合机构以及混合式组合机构等。下面分别讨论它们的设计方法。

(1) 串联式组合机构

在机构组合系统中,若干个单自由度的单元机构以前一级子机构(或 Assur 杆组)的输出构件作为后一级子机构(或 Assur 杆组)的输入构件,则这种组合方式称为串联式组合方式。如果后面的机构串联在前一级子机构的简单运动构件上,则该机构称为 I 型串联组合机构(图 4-27a);若后面的单元机构串联在前一级子机构的平面运动构件上,则该机构称为 II 型串联组合机构(图 4-27b)。

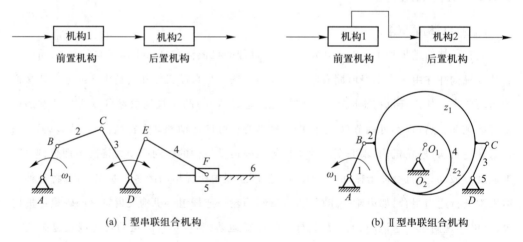

(a) I 型串联组合机构　　(b) II 型串联组合机构

图 4-27　串联式组合机构

如图 4-28a 所示的机构即为 I 型串联组合结构。椭圆齿轮 1 是输入构件,构件 5 是输出构件。从机架→主动件 1→从动椭圆齿轮 2→机架,分割出一个单元机构 I;从机架→构件 2(3)→滑块 4→移动输出构件 5→机架,分割出另一个单元机构 II,两机构中的构件 2、3 固结成一体。

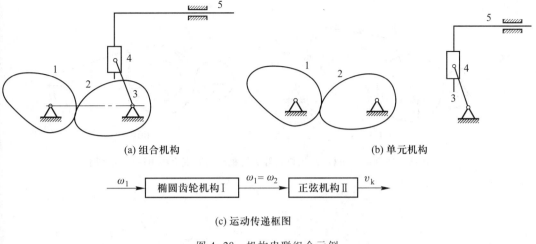

(a) 组合机构   (b) 单元机构

$$\xrightarrow{\omega_1} \boxed{\text{椭圆齿轮机构 I}} \xrightarrow{\omega_1 = \omega_2} \boxed{\text{正弦机构 II}} \xrightarrow{v_k}$$

(c) 运动传递框图

图 4-28   机构串联组合示例

I 型串联组合机构常用的串联型式主要有：

以连杆机构为前置机构，可以组成：连杆机构-连杆机构组合（可以在不改变传动角的情况下增程增力），连杆机构-凸轮机构组合（可以获得变速凸轮、移动凸轮），连杆机构-齿轮机构组合（获得大行程摆动或移动、增减速），连杆机构-槽轮机构组合（可以减小槽轮速度波动），连杆机构-棘轮机构组合（可以拨动棘轮机构运动）。

以凸轮机构为前置机构，可以组成：凸轮-连杆机构组合，凸轮-凸轮机构组合，凸轮-齿轮机构组合，凸轮-槽轮机构组合。可以运用前置凸轮从动件的任意运动规律，改善后置机构的运动特性或通过后置机构增大运动行程。

以齿轮机构为前置机构，可以组成：齿轮-连杆机构组合，齿轮-凸轮机构组合，齿轮-齿轮机构组合，齿轮-槽轮机构组合，齿轮-棘轮机构组合。

II 型串联机构一般利用连杆机构中的连杆或周转轮系中的行星齿轮作为前置机构的输出构件，利用连接处的特殊轨迹，使输出件实现所需要的运动规律。

串接式组合机构的主要功能有以下两点。

1）实现后置机构的速度变换

工程中常用的原动机大都采用输出转速较高的电动机或内燃机，为满足后置机构低速或变速的工作要求，前置机构常采用各种齿轮机构、齿轮机构与 V 带传动或链传动机构。如图 4-29 所示为实现连杆机构和凸轮机构等后置机构速度变换的串联组合示例。

2）实现后置机构的运动变换

单一机构的运动规律受到机构类型的限制，如曲柄滑块机构的滑块或曲柄摇杆机构的摇杆很难获得等速运动。串联一个前置连杆机构，并通过适当的尺度综合，可使后置连杆机构获得预期的运动规律，如图 4-30 所示。

串联组合系统的总机械效率等于各机构的机械效率的乘积，运动链过长会降低系统的机械效率，同时也会导致传动误差的增大。在进行机构的串联组合时应力求运动链最短。

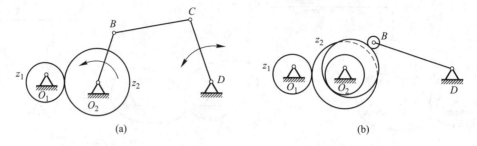

图 4-29 实现连杆机构/凸轮机构等后置机构速度变换的串联组合示例

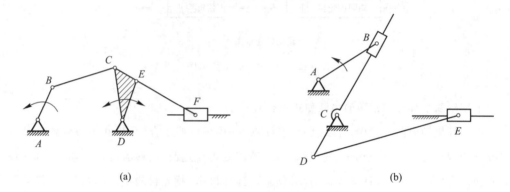

图 4-30 改变后置机构运动规律的组合示意图

串联式组合所形成的机构系统的分析和综合方法比较简单。其分析的顺序是:按框图由左向右进行,即先分析运动已知的基本机构,再分析与其串联的下一个基本机构。而其设计的次序则刚好反过来,按框图由右向左进行,即先根据对输出构件的运动要求设计后一个基本机构,然后再设计前一个基本机构。

（2）并联式组合机构

以一个多自由度单元机构作为"基础机构",将一个或几个附加机构的某些输出构件接入基础机构,而附加机构的输入运动并非由基础机构的输出运动反馈而得,这种组合方式称为并联式组合。根据并联式组合机构输入和输出特性的不同,主要有以下三种组合方式。

各基本机构把输入构件连接在一起,保留各自输出运动的连接方式,该机构称为Ⅰ型并联组合机构,Ⅰ型并联组合机构的组合方式框图如图 4-31a 所示,主要实现两个运动输出,而这两个动作又互相配合,完成较复杂的工艺动作。如图 4-32 所示为Ⅰ型并联组合机构示例。

各基本机构保持不同的输入构件,把输出构件连接在一起的方式,该机构称为Ⅱ型并联组合机构,Ⅱ型并联组合机构的组合方式框图如图 4-31b 所示。图 4-33 为Ⅱ型并联组合机构示例。

各基本机构的输入构件和输出构件分别连接在一起的连接方式,该机构称为Ⅲ型并联组合机构,Ⅲ型并联组合机构的组合方式框图如图 4-31c 所示。图 4-34 为Ⅲ型并联组合机构示例。

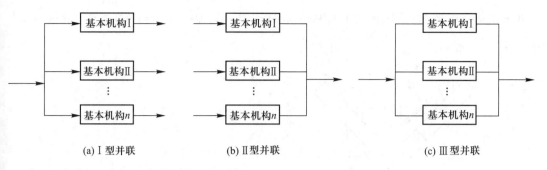

(a) I 型并联　　　　　　　　(b) II 型并联　　　　　　　　(c) III 型并联

图 4-31　并联式组合机构的组合方式框图

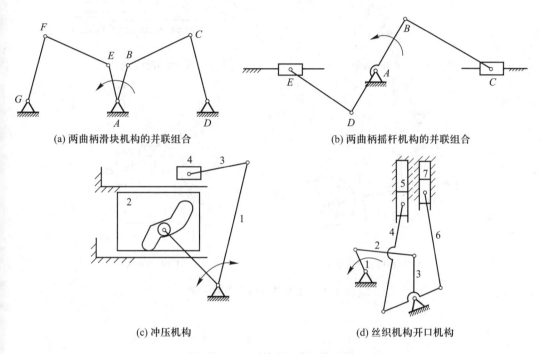

(a) 两曲柄滑块机构的并联组合　　　　　　　(b) 两曲柄摇杆机构的并联组合

(c) 冲压机构　　　　　　　　　　(d) 丝织机构开口机构

图 4-32　I 型并联组合机构示例

如图 4-35a 所示的机构,主动件为杆 1 或杆 3,输出构件为齿轮 5,可分割成单自由度的铰链四杆机构(图 4-35b)和两自由度的差动齿轮机构(图 4-35c),这两个机构中的构件 1 和 H 固结,构件 2 和 2′ 固结,从杆 1 或杆 3 为输入构件可以画出运动传递框图(图 4-35d、e)。

图 4-36a 所示的机构的输入构件是曲柄 1,输出是连杆 2 和 3 铰接点 C 的轨迹。可将它分割为一个两自由度五杆机构 0—1—2—3—4—0 和一个单自由度移动从动件盘形凸轮机构 0—1—4—0,凸轮和曲柄固结成一个构件。以五杆机构为基础机构,凸轮机构为附加机构,运动传递框图如图 4-36b 所示。

如图 4-37a 所示的机构,输入构件为与齿轮 z_1 固结的曲柄 AB,输出构件为齿轮 z_4,可分割为齿轮 z_1、z_2 和机架组成的一对定轴齿轮机构 I,铰链四杆机构 II(机构 $ABCD$)和一个两自由度的差动齿轮机构 III(机架、转臂 H、中心轮 z_2、行星轮 z_3 和中心轮 z_4)。其中差动齿轮机构为基础机构,定轴齿轮机构和铰链四杆机构为附加机构,运动传递框图如图4-37b所示。

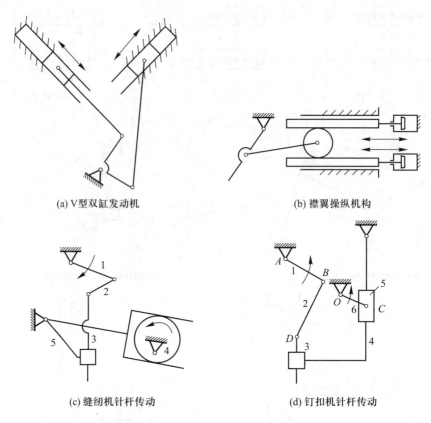

(a) V型双缸发动机

(b) 襟翼操纵机构

(c) 缝纫机针杆传动

(d) 钉扣机针杆传动

图 4-33　Ⅱ型并联组合机构示例

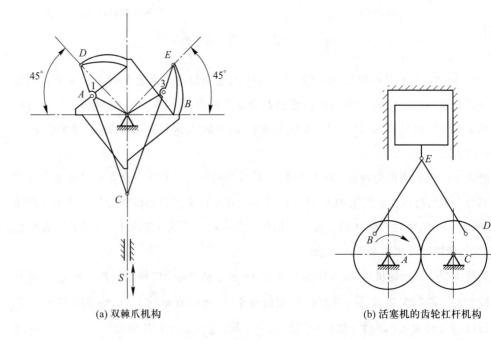

(a) 双棘爪机构

(b) 活塞机的齿轮杠杆机构

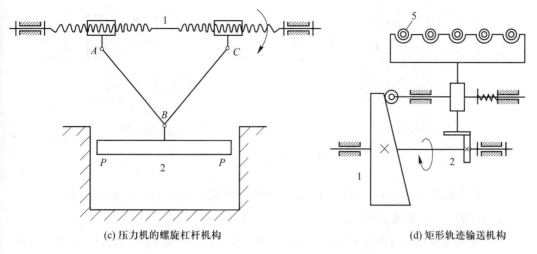

(c) 压力机的螺旋杠杆机构　　　　　　　　(d) 矩形轨迹输送机构

图 4-34　Ⅲ型并联组合机构示例

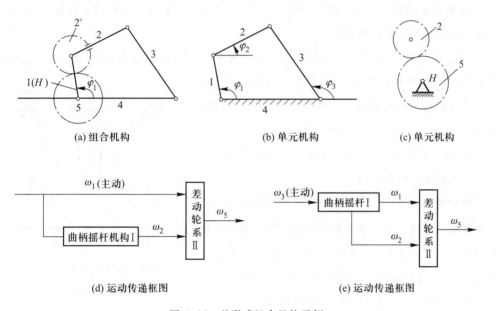

(a) 组合机构　　　　　(b) 单元机构　　　　　(c) 单元机构

(d) 运动传递框图　　　　　　　　　(e) 运动传递框图

图 4-35　并联式组合机构示例

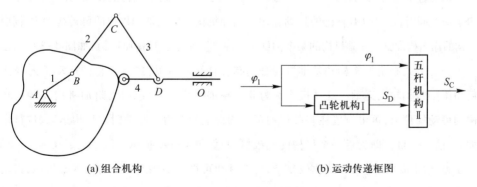

(a) 组合机构　　　　　　　　　　　(b) 运动传递框图

图 4-36　并联式组合机构示例二

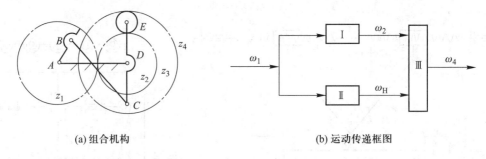

| (a) 组合机构 | (b) 运动传递框图 |

图 4-37　并联式组合机构示例三

并联式机构组合的目的主要用于实现运动的分解或运动的合成,有时也可以改变机构的动力性能。其主要功能如下。

① 对称并联相同的机构,可实现机构的平衡。通过对称并联同类机构,可以实现机构惯性力的部分平衡与完全平衡。利用Ⅰ型并联组合机构可以实现此类目的,如图 4-32a 所示。

② 实现运动的分解与合成。Ⅰ型并联组合机构可以实现运动分解或运动分流,Ⅱ型并联组合机构可以实现运动的合成。

③ 改变机构的受力状态。如图 4-38 所示的压床机构中,两个曲柄驱动两套相同的串联机构,再通过滑块输出动力,使滑块受力均衡。Ⅲ型并联组合机构可使机构的受力状况大大改善。因此,在冲床、压床机构中得到广泛的应用。

④ 同类型机构及不同类型机构都可以并联组合。

（3）叠加式组合机构

机构的叠加组合是指在一个基本机构的可动构件上再安装一个以上基本机构的组合方式,两单元机构各自完成自己的运动,其叠加运动是所要求的输出运动。其中,支撑其他机构的机构称为基础机构,安装在基础机构可动构件上的机构称为附加机构。

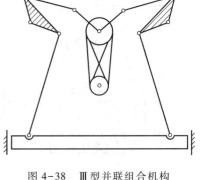

图 4-38　Ⅲ型并联组合机构
示例——压床机构

机构的叠加组合有两种方式:一种方式是驱动力作用在附加机构上,附加机构在驱动基础机构运动的同时,也可以有自己的运动输出。附加机构安装在基础机构的可动构件上,同时附加机构的输出构件驱动基础机构的某个构件。这种机构称为Ⅰ型叠加机构,如图 4-39a 所示。

另一种方式是附加机构和基础机构分别有各自的动力源（或有各自的运动输入构件）,最后由附加机构输出运动。这种机构称为Ⅱ型叠加机构。其特点是:附加机构安装在基础机构的可动构件上,再由设置在基础机构可动构件上的动力源驱动附加机构运动,进行多次叠加时,前一个机构即为后一个机构的基础机构,如图 4-39b 所示。

Ⅰ型叠加机构的连接方式比较复杂,但有规律可循。如果连杆机构为基础机构,齿轮机构为附加机构时,连接点一般选在附加机构的输出齿轮和基础机构的输入连杆上;如基础机构是行星轮系机构,附加机构为齿轮机构,可把附加齿轮机构安置在基础轮系机构的系杆

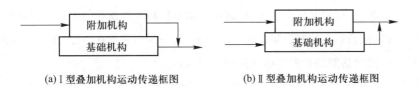

(a)Ⅰ型叠加机构运动传递框图   (b)Ⅱ型叠加机构运动传递框图

图 4-39   机构的叠加组合运动框图

上,附加机构的齿轮或系杆与基础机构的齿轮连接即可。一般情况下,以齿轮机构为附加机构,以连杆机构或齿轮机构为基础机构的叠加方式应用较为广泛。

如图 4-40 所示为Ⅰ型叠加机构示例。其中图 4-40a 为电风扇摇头机构。该机构分为两个单元机构:由电动机、蜗杆和蜗轮组成的单元机构Ⅰ以及由构件 1′、3′、4、5 组成的铰链四杆机构Ⅱ。输入构件是蜗杆 2 的转动,输出运动是风扇叶片,即蜗杆 2 的转动和铰链四杆机构连架杆的摆动。蜗杆蜗轮机构为附加机构,铰链四杆机构为基础机构。附加机构在驱动扇叶转动的同时,又为基础机构提供输入运动,实现其转动。其运动传递框图如图 4-40b 所示。

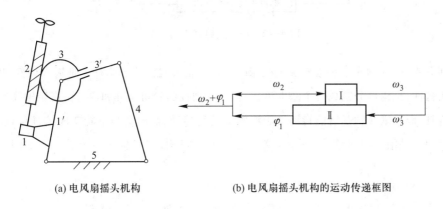

(a) 电风扇摇头机构   (b) 电风扇摇头机构的运动传递框图

图 4-40   Ⅰ型叠加机构实例

Ⅱ型叠加机构中,动力源安装在基础机构的可动构件上,驱动附加机构的一个可动构件,按附加机构数量依次连接即可。Ⅱ型叠加机构之间的连接方法较为简单,且规律性强,所以应用比较普遍。如图 4-41 所示为Ⅱ型叠加机构——机械手机构示例,该机械手中构成

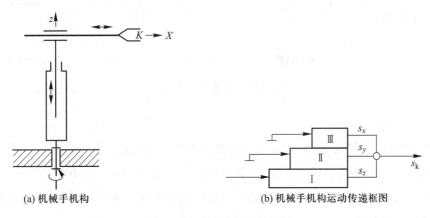

(a) 机械手机构   (b) 机械手机构运动传递框图

图 4-41   Ⅱ型叠加机构实例

肘、腕、手等机构的运动相互完全独立,控制手运动的机构安装在控制腕运动的机构上,而控制腕运动的机构又安装在控制肘运动的机构上,一层一层地叠加在一起,当三个机构同时运动时,机械手可以到达圆环柱面工作空间的所有区域。

机构叠加组合而成的新机构可实现复杂的运动要求,且机构的传力性能较好,可减小传动功率,所以掌握机构叠加组合方法,可以为创建叠加机构提供理论基础。

(4)回接式组合机构

以一个多自由度单元机构作基础机构,基础机构中有一个输入运动是通过单自由度单元机构从输出构件反馈得到,这种组合关系称为回接式组合。其组合方式框图如图4-42所示。

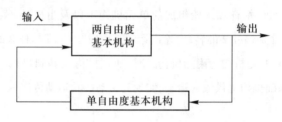

图 4-42 回接式组合机构框图

如图 4-43 所示是一种齿轮加工机床的误差校正装置。其中蜗杆 1 是输入构件,蜗轮 2 是输出构件;机构可分割成两个基本单元:移动从动件凸轮机构 Ⅱ 和两自由度定轴线蜗杆蜗轮机构 Ⅲ,而其蜗杆轴是既能转动又能沿轴线反复移动,凸轮 3 与蜗轮 2 固结,而构件 4 则可拨动蜗杆轴沿其轴向移动;以基本单元 Ⅲ 为基础机构,其机构运动传递框图如图 4-43b 所示。

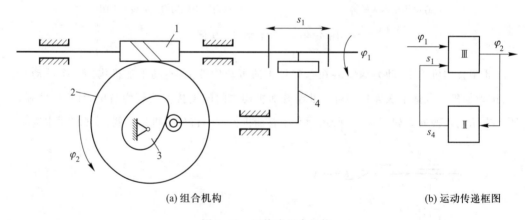

(a) 组合机构　　　　　　　　　　　　　　(b) 运动传递框图

图 4-43 回接式组合机构

(5)混合式组合机构

包含两种或两种以上组合方式的机构系统称为混合式组合机构。如图 4-44 所示的牛头刨床机构,可以看作是齿轮机构与导杆机构串联后,再连接 Ⅱ 级杆组 DEF。如图 4-45 所示的冲床机构,则可以看作是带传动机构、齿轮机构和连杆机构串联后,再连接 Ⅱ 级杆组 CEF 组成的机构系统。

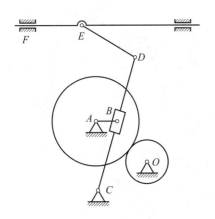

图 4-44 混合式组合机构示例 I ——牛头
刨床机构

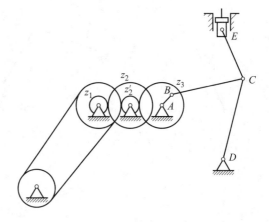

图 4-45 混合式组合机构示例 II ——冲床机构

4.2.6 按机构组成原理进行机构创新设计

任何机构都是通过把基本杆组依次连接到原动件和机架上而组成的,这就是机构的组成原理。最常见的基本杆组有 II 级杆组(具有两个构件和三个运动副的杆组)和 III 级杆组(具有四个构件和六个运动副的杆组)。

根据机构组成原理,在新机构设计时,将各种类型的 II 级杆组和 III 级杆组连接到原动件和机架上,以组成基本机构;再把各种类型的 II 级杆组和 III 级杆组连接到基本机构的从动件和机架上,可以组成复杂的机构系统。依次类推,就可以组成各种各样的、能实现不同功能目标的新机构。

图 4-46a 为原动件和 RRR 型 II 级杆组,图 4-46b 为原动件和 RRR 型 II 级杆组连接而成的铰链四杆机构;图 4-46c 和 d 为连架杆和连杆分别连接两个 RRR 型 II 级杆组组成六杆机构的两种型式。

如图 4-47 所示为原动件与 RRP 型 II 级杆组连接后形成的四杆和六杆机构,实现转动输入和直线运动输出的转换。

如图 4-48a 所示,一个 RR-RR-RR 型 III 级杆组的一个外接副 E 与原动件连接,其余外接副与机架连接,得到如图 4-48b 所示的 III 级机构;如果其中的一个外接副为如图 4-48c 所示的移动副,则可得到如图 4-48d 所示的 III 级机构;如果把 RR-RR-RR 型杆组连接到两个原动件和机架上,则可得到如图 4-48e 所示的两自由度 III 级机构;如果把 RR-RR-RR 型 III 级杆组直接连接到三个原动件上,则可得到如图 4-48f 所示的三自由度 III 级机构。

利用杆组法进行机构运动方案的创新设计,应遵循下列基本原则。

① 优先考虑 II 级杆组进行机构的组合设计,因为 II 级机构的综合方法、分析方法已经成熟。

② 掌握 II 级杆组的各种基本型式及变异设计。

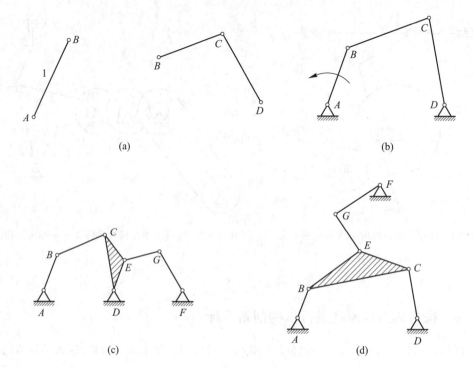

(a)

(b)

(c)

(d)

图 4-46 连接 RRR 型Ⅱ级杆组

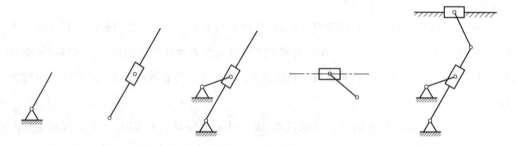

图 4-47 连接 RPR 和 RRP 型Ⅱ级杆组

③ Ⅱ级杆组的两个外副不能全部连接到同一构件上。

④ 根据机构输出运动的方式选择杆组类型。输出运动为转动和摆动时,可优先选择带有两个以上转动副的杆组,如 RRR、RPR、PRR 型等杆组;输出运动为移动时,可优先选择带有移动副的杆组,如 RRP、PRP、RPP 型等杆组,RPR 型杆组也能实现移动到摆动的运动变换。

⑤ 连接杆组法只能实现机构运动方案的创新设计,实现具体的机构功能要求还需进行机构的尺度综合。综合过程与杆组的连接位置的确定有时需要反复进行,才能得到满意的设计结果。

⑥ 连接杆组法同样适合齿轮、凸轮等其他机构的组合设计。如图 4-49 所示,RRP 型Ⅱ级杆组连接到行星轮系上,形成齿轮连杆组合机构,合理选择齿数,可生成任意行星曲线。本例中的行星曲线为三段近似圆弧,连接一 RRP 杆组,可得到滑块具有三个停顿位置的输出运动。

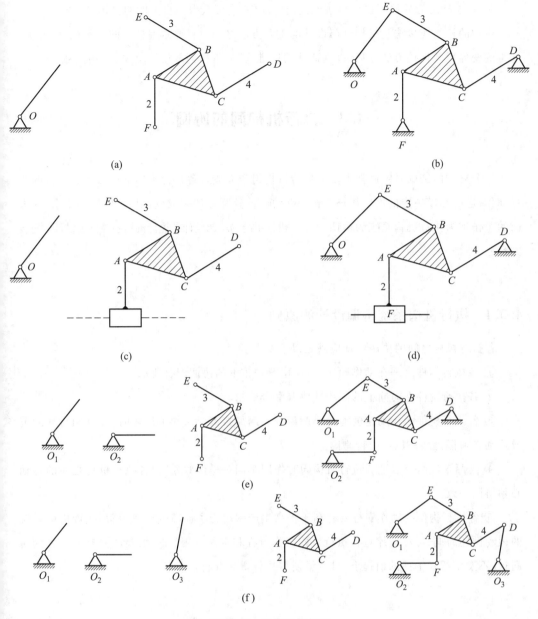

图 4-48 连接Ⅲ级杆组

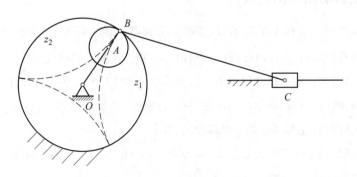

图 4-49 齿轮连杆组合机构

⑦ 基本杆组的外接副也可直接连接到原动件上,可获得多自由度的机构。

机构的杆组连接法是机构创新设计的重要方法之一。只要掌握杆组的基本概念、分类、杆组的变异以及连接方法,再辅以创造性的思维,就为机构创新设计奠定良好的基础。

4.3　执行机构间的协调

一个复杂的机械系统通常由多个执行机构组合而成。各执行机构不仅要完成各自的执行动作,还必须以一定的次序循环动作、相互配合,这样才能完成机器预定的功能要求,这方面的工作称为执行机构系统的协调设计。机构系统的协调设计是执行机构系统方案设计的重要内容之一。

4.3.1　执行机构系统协调设计的原则

各执行机构之间的协调设计应满足以下要求。

① 各执行构件之间在动作顺序、运动位置安排上的协调配合要求。

② 各执行构件在时间上的同步性协调配合要求。

③ 各执行构件在运动速度上的协调配合。例如按范成法加工齿轮时,刀具和齿坯的范成运动必须保持某一恒定的转速比。

④ 当两个或两个以上的执行机构同时作用于同一操作对象时,各执行机构之间的运动必须协同一致。

⑤ 各执行构件的动作安排要有利于提高生产率。为了提高生产率,缩短执行机构系统的运动循环周期,可尽量缩短各执行机构工作行程和空回行程的时间,特别是空回行程的时间;在不发生相互干涉的前提下,可尽量使多执行机构并行执行。

4.3.2　机械运动循环图的设计

机器的运动循环(又称工作循环)是指机器完成其功能所需的总时间,通常用字母 T_p 表示,包括工作行程时间 t_k、空回行程(回程)时间 t_d 和停歇所需时间 t_0。

为了保证具有固定运动循环周期的机械完成工艺动作过程时各执行构件间的动作的协调配合关系,在设计机械时,应编制用以表明在机械的一个运动循环中,各执行构件运动配合关系的运动循环图(也称机器工作循环图)。

常用的机械运动循环图形式如图 4-50 所示,有直线式(图 4-50a)、圆形式(图 4-50b)和直角坐标式(图 4-50c)三种。

分配轴转角	0° 30° 60° 90° 120° 150° 180° 210° 240° 270° 300° 330° 360° 195°		
打印头机构	打印头印字		打印头退回
油辊机构	油辊退回沾油墨		油辊给铅字刷油墨
油盘机构	油盘静止	油盘转动	油盘静止

(a) 直线式

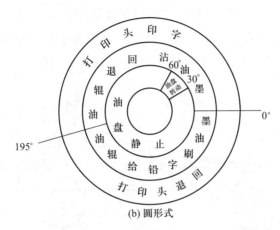

(b) 圆形式

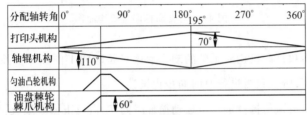

(c) 直角坐标式

图 4-50　常用的机械运动循环图形式

直线式运动循环图的特点是:表示方法最简单,但直观性很差,且不能清楚地表示与其他机构动作间的相互关系。圆形式运动循环图的特点是:直观性强,尤其对分配轴每转一周为一个机械运动循环的机构,非常方便。但是,当执行机构太多时,需将所有执行机构的运动循环图分别用不同直径的同心圆环来表示,看起来不很方便。直角坐标式运动循环图直观性最强,比上述两种运动循环图更能反映执行机构运动循环的运动特征。所以在设计机器的运动循环图时,大多采用直角坐标式运动循环图的表达方式。

在编制机械运动循环图时,必须从机械的执行构件(或输入构件)中选择一个构件作为运动循环图的定标件,以它的运动位置(转角或位移)作为确定各个执行构件的运动先后次序的基准,表达机械整个工艺动作过程的时序关系。对于固定运动循环的机械,当采用机械方式集中控制时,通常用分配轴或主轴作为定标件。

机械运动循环图的设计步骤包括① 确定执行机构的运动循环时间 T;② 确定组成执行构件运动循环的各个区段;③ 确定执行机构各区段的运动时间及相应的分配轴转角;

④ 初步绘制执行机构的运动循环图;⑤ 完成执行机构运动循环图的修正。

4.3.3 机械运动循环同步设计

如图 4-51 所示的自动打印机包含两个执行机构:打印机构和送料机构,其工艺过程为:送料机构把工件送到被打印的位置,打印机构的打印头向下运动,完成打印操作;在打印头退回原位时,送料机构推送另一工件向前,同时把打印好的工件顶走,然后打印头再落下;如此反复循环,完成自动打印的功能。自动打印机的曲柄轴每转一周,打印头往复摆动一次完成执行机构的一个工作循环。试制定自动打印机的运动循环图。

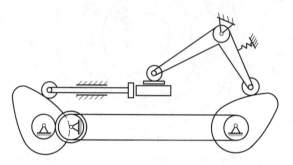

图 4-51　自动打印机机构简图

因为送料机构和打印机构对工件的动作顺序只是时间上的顺序关系,而在空间上不存在发生干涉的问题,所以只需进行时间同步化设计。

打印机构打印头执行构件的一个运动循环时间 T_{p1} 由以下四段组成:打印头前进运动时间 t_{k1}、在工件上停留时间 t_{o1}^1、退回工作时间 t_{d1} 以及打印头停歇时间 t_{o1}^2。

送料机构的一个运动循环时间 T_{p2} 由以下三段组成:送料机构前进时间 t_{k2}、退回工作时间 t_{d2} 以及停歇时间 t_{o2}。

由此,打印机构和送料机构的运动循环图如图 4-52 所示。

自动打印机的机械运动循环图即把打印机构的起点作为基准,将打印头和送料推头的运动循环图按同一时间(或分配轴)比例组合起来。此时可能出现以下两种极端情况:

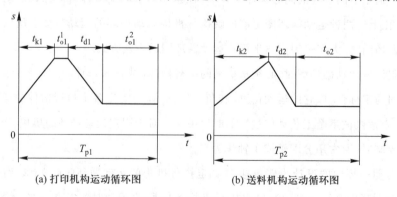

(a) 打印机构运动循环图　　　　(b) 送料机构运动循环图

图 4-52　打印机构和送料机构的运动循环图

一种情况是打印头完成一个工作循环后,送料机构才开始送料、退回、停歇,这样组成的机械运动循环即为最大运动循环,如图4-53所示。显然,这样的两个执行机构,一个工作完成后另外一个才开始工作,不会产生任何干涉,但这种运动循环图是极不经济的,机械的运动循环时间很长,而且其中很多时间是空等,生产效率极低。

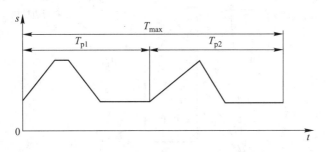

图 4-53 自动打印机的最大工作循环

另一种情况是当送料机构刚把产品送到打印工位时,打印头正好压在产品上,如图4-54所示,点1和点2在时间上重合,即可使机械获得最小的运动循环。这种循环图在时间顺序上能满足设计要求,但这仅仅是一种临界状态,实际上点1和点2不可能精确重合。因为实际执行机构的尺寸有误差、运动副之间存在间隙等,不可避免地存在运动规律误差,其结果势必影响产品的加工质量和机械的正常工作。

为了确保打印机能正常工作,应使点2超前点1一个Δt时间,即相应的分配轴转角也应根据实际情况超前$\Delta\varphi$,通常取$\Delta\varphi = 5° \sim 10°$,图4-55所示就是经过时间同步化设计后的机械运动循环图。这样的工作循环图既满足机械生产率的要求,又符合产品加工过程的实际情况,并且能保证机械正常可靠地运转。

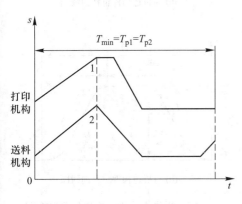

图 4-54 自动打印机的最小工作循环

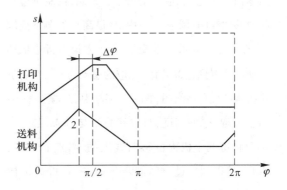

图 4-55 同步运动的自动打印机运动循环图

除了进行运动循环图的时间同步化设计外,有的机械因为其各执行构件会产生空间干涉,所以还必须进行运动循环图的空间同步化设计。如图4-56所示,在饼干自动包装机中,左右两个折边执行机构的运动轨迹交于M点,为了避免产生空间干涉,可以使左折边机构返回至初始位置后,右折边机构再压下去。但是这样会造成循环时间太长,被压下去已折过边的包装纸有可能会弹到虚线位置,影响包装质量。为了保证左、右两个折边构件在生产过程中运动循环时间最短,包装质量最好,同时又不发生干涉,必须进行两折边机构的空间同步化设计,使左、右两个折边执行机构的执行构件在运动空间上不产生干涉。

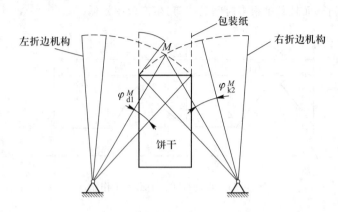

图 4-56　饼干自动包装机的运动协调

　　首先根据左、右折边机构的运动简图,绘制出折边构件顶端的运动轨迹,确定干涉点 M 的位置,如图 4-56 所示。由此可以确定左、右折边机构空间同步化的关键,是根据这两个机构的位移曲线图,求出当左折边机构返回 M 点时和右折边机构前进到 M 点时的分配轴转角。如图 4-57a、b 所示为左、右折边机构执行构件的位移曲线图。

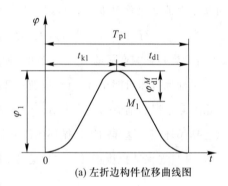

(a) 左折边构件位移曲线图

　　设左折边机构先摆动 φ_1 角把左侧边压下,然后返回至 M 点,相应摆动为 φ_{d1}^M,为此,在左折边机构位移曲线图(图 4-57a)中,从最高点处向下截取 φ_{d1}^M 的高度,与位移曲线交于 M_1 点。设右折边机构从初始位置到达 M 点时,相应的摆动为 φ_{k2}^M,在右折边机构的位移曲线图(图 4-57b)中,从横坐标轴向上截取 φ_{k2}^M 的高度,与位移曲线交于 M_2 点。

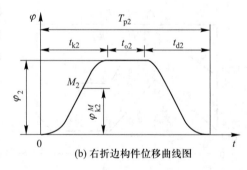

(b) 右折边构件位移曲线图

图 4-57　折边机构执行构件位移曲线图

　　将这两个机构位移曲线上的 M_1 点和 M_2 点重合,就得到经过空间同步化的左、右折边机构的同步图,得到最短的工作循环时间 $T_{\min}$,这时它们正好处于空间运动干涉的临界点。考虑机构实际上不可避免地存在制造误差,所以还需给以适当的安全余量,则两者再错开 Δt,于是可得到经过空间同步化的既合理又实用的运动循环时间 T,如图 4-58 所示。

　　把两折边机构经过空间同步化的运动循环图中的时间横坐标转换成主轴或分配轴上相应的转角,即可得到左、右折边机构以转角为横坐标的空间同步化运动循环图,如图 4-59 所示。

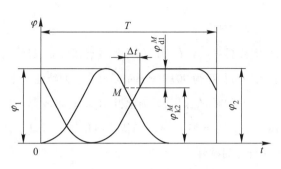

图 4-58 两折边机构空间同步化运动循环图

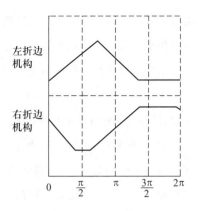

图 4-59 折边机构空间
同步化后的运动循环图

4.4 机构设计技法应用实例

用于瓷片电容器生产的干粉料压制成片坯的压片机压片工艺过程如图 4-60 所示。压片机的有关参数:片坯直径:34 mm,厚度:5 mm,圆形片坯;压力机的最大加压力:1.5×10^5 N;生产率:25 片/min;驱动电动机:1.7~2.8 kW、940~1 440 r/min。

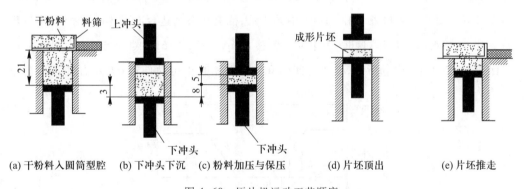

(a) 干粉料入圆筒型腔　(b) 下冲头下沉　(c) 粉料加压与保压　　(d) 片坯顶出　　(e) 片坯推走

图 4-60 压片机运动工艺顺序

下面以该压片机成形机构设计为例,给出机构设计技法的应用实例。

4.4.1 运动循环图设计技法应用

1. 粉料压片机的工艺动作分解

根据上述工艺过程,可以将压片功能分解为粉料的上料功能、加压功能和坯料的下料功能。

将这些功能进行运动化,发现加压功能可由上、下两个冲头的运动来实现;而上、下料功能可同时由料筛完成。于是可用料筛、上冲头和下冲头作为上述运动的执行构件,分别由三支机构来实现这三个执行构件的运动。

由此可得执行构件的运动形态、特征和操作方式如下。

① 上冲头需完成上、下往复直线运动;且下移至终点后有短时间停歇或近似停歇,起保压作用;因冲头上升后要留有料筛进入的空间,故冲头行程为 90~100 mm;最好有急回特性。

② 下冲头先下沉 3 mm,然后上升 8 mm(加压)停歇保压,继而上升 16 mm,将成形片坯顶到与台面平齐后停歇,待料筛将片坯推离冲头后再下移 21 mm 到待装料位置。所以下冲头也需完成上下直线运动,行程较小,且运动具有间歇性。

③ 料筛在台面上向右移到模具型腔上方时,作左右往复振动式料筛动作,然后向左退回;带坯料成形并被推出型腔后,料筛又向右移 45~50 mm,推卸成形片坯。

2. 运动循环图的设计

从上述工艺过程可以看出,由主动件到执行构件有三支机构系统顺序动作,是一种时序式组合机构系统,所以拟定运动循环图的目的是确定各机构执行构件动作的先后顺序、执行构件动作时相应主动件的位置。

上冲头为主加压机构,主动件每转一圈完成一个运动循环,所以拟定运动循环图时,以该主动件的转角作为横坐标,以机构执行构件的位移为纵坐标画位移线图。

料筛从推出片坯的位置经加料位置加料后退回最左边(起始位置)停歇,如图 4-61 中①所示;料筛刚退出,下冲头即开始下沉 3 mm,如图 4-61 中②所示;下冲头下沉完毕,上冲头可下移到型腔入口处,如图 4-61 中③所示,待上冲头到达台面下 3 mm 时,下冲头开始上升,对粉料两面加压,这时,上下冲头各移 8 mm,如图 4-61 中④所示,然后两冲头停歇保压,如图 4-61 中⑤所示,保压时间约 0.4 s,即相当于主动件转 60°左右;随后,上冲

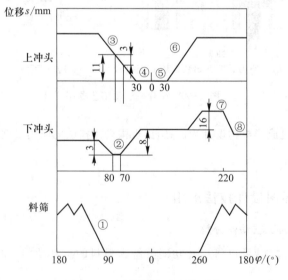

图 4-61 压片机的运动循环图

头先开始退出,下冲头稍后并稍慢地向上移动到与台面平齐,顶出成形片坯,如图4-61中⑥所示;下冲头停歇等待卸片坯时,料筛已推进到型腔上方推卸片坯,如图4-61中⑦所示;然后,下冲头下移21 mm,同时料筛振动使筛中粉料筛入型腔而进入下一循环,如图4-61中⑧所示。

在拟定运动循环图时需注意:料筛将粉料送至上、下冲头之间,通过上、下冲头加压把粉料压成片状。根据生产工艺路线方案,此粉料压片机在送料期间上冲头不能压到料筛,所以送料和上下冲头之间的运动在时间顺序上有严格的协调配合要求。

另外,虽然是时序式组合机构系统,但各执行构件的动作起讫位置可视具体情况而定,不一定一支机构的动作执行完毕再开始另一支机构的动作。例如,上冲头还未退到上顶点,料筛即可开始移动送进;而料筛尚未完全退回,上冲头可开始下行,只要保证料筛和上冲头不发生碰撞即可。这样安排可增长执行构件的运动时间,减小加速度,从而改善机构的运动和动力性能。

4.4.2 机构型综合设计技法应用

压片机机构有三个分支,实现上冲头上下运动的主加压机构,实现下冲头上下运动的辅助加压机构,以及实现料筛左右运动的上、下料机构。

实现上冲头运动的主加压机构应有下述基本功能。

① 因为机器生产率为25片/min,所以机构的主动件的转速应为25 r/min,若以电动机为原动力,则主加压机构应有运动缩小(减速)的功能;

② 因为上冲头是往复运动,所以机构要有运动方向交替变换的功能;

③ 电动机的输出运动是转动,上冲头是直线运动,所以机构要有运动方式转换的功能;

④ 因为有保压阶段,所以机构上冲头在下移行程末端有较长的停歇或近似停歇的功能,保压时间一般大于上冲头一个运动循环周期的1/10;

⑤ 因为要求冲头有较大的作用力,所以希望机构具有增力的功能,以增大有效作用力,减小电动机的功率。

其中功能①、②、③是与运动形态、运动变换有关的功能,是机构必须具备的功能,所以进行机构系统方案的综合必须先满足这三个功能。④、⑤是与运动特性有关的功能,在后续步骤中再考虑。实现以上五个功能的上加压机构设计需要用到机构设计的多种设计技法。首先利用机构选型技法和机构组合技法建立满足①~③三个分功能的初始机构方案,再在初始机构方案基础上利用机构变异以及组合技法实现④、⑤分功能。

1. 基于机构选型技法和机构组合技法的机构运动形态型综合设计

针对功能①、②、③的每一种功能,列出能实现该项运动功能的机构(在这里仅在三类基本机构或其变异机构中各选一个),将其按表排成形态学矩阵图后,从每项功能中各取一个机构组成机构方案,总共可组成 $3^3 = 27$ 种方案。

表 4-1　上冲头机构的形态学矩阵

机构分功能	分功能载体		
	齿轮机构	连杆机构	凸轮机构
运动缩小			
运动方向交替交换			
运动形式变换			

表 4-1 方案中的齿轮机构、连杆机构、凸轮机构兼有运动形式转换和运动方向交替变化的功能,这样有些机构的组合就显得烦琐而不合理。因此可以通过直观判断,舍弃一些不合理的方案。本例选出如图 4-62 所示的五个串接式组合方案作为基础方案,再根据其他功能要求通过变异和组合的方法进行增改。另外,由于主加压机构所加压力较大,用摩擦传动原理不太合适;而用液压力传动,又顾及系统漏油会污染产品,不宜采用,所以采用电动机驱动、刚体推压力传递运动的原理。故表 4-1 中只列出了依靠刚体推压原理进行传动的机构。

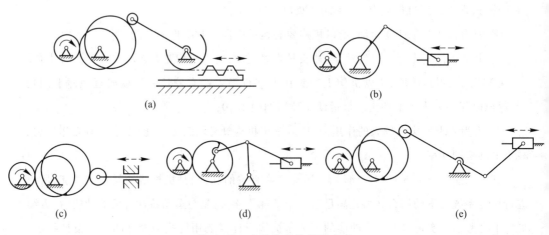

图 4-62　上冲头机构运动方案

图 4-62 中,a、c 所示机构采用转动凸轮推动从动件,当与从动件行程末端相应的凸轮廓线采用同心圆弧廓线时,从动件在行程末端停歇。b 图采用曲柄滑块机构,虽然结构简单,尺寸较小,但滑块在行程末端只做瞬间停歇,运动规律不理想。d 图采用曲柄摇杆机构和曲柄滑块机构串联可得到较好的运动规律。e 图为凸轮与摇杆滑块机构串联,结构简单、承载能力大,有缓和冲击且能满足较理想的运动规律,所以 d、e 两方案为上冲头机构比较好。

2. 基于机构变异技法的运动特性机构型综合设计

为全面达到压片机的功能要求,即运动规律④、⑤等特性有关的要求,上冲头在行程末端有一定时间的停歇保压和增力作用的要求,考虑变异或其他组合方式对图 4-62 的方案进行修改。

增力作用的实质是在主动件功率不变的情况下,从动件速度小则输出的力就大,所以减速就是增力;对于停歇,一种情况是从动件在一定时间内位移为零或速度在零点附近;另一种情况是运动副暂时脱离或运动副在主动件运动方向不起约束作用。按上述思路考虑,一般有以下几种方法。

在如图 4-62d 所示的方案中,保留齿轮机构和摇杆滑块机构,而将其中的曲柄摇杆机构变异为曲柄摆动导杆机构,如图 4-63a 所示,再将摇杆滑块机构 CDE 中的滑块调整到极限位置,即 CD、DE 成一直线时,AB 在垂直 CD 位置附近的 aa′ 段导轨做成以 A 为圆心、AB 为半径的圆弧,如图 4-63b 所示,则机构在此位置时,点 E 的速度减小到零,并有一段时间的停歇。

同样,若将图 4-63a 中的曲柄导杆机构 ABC 变异为槽轮机构,则可得到如图 4-63c 所示的机构,其中增加了一对齿轮机构,可使槽轮在转过一个槽间角时,曲柄正好转 180°。

也可将如图 4-62c 所示的凸轮机构变异为螺旋机构,如图 4-63d 所示,而在螺旋机

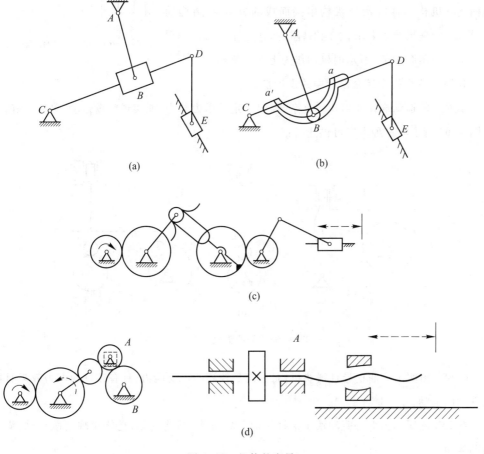

图 4-63　机构的变异

构和齿轮机构之间加换向轮和离合器,当换向轮在中间位置或离合器脱离啮合时,输出构件即停歇。

3. 基于机构组合技法的机构运动特性型综合设计

如图 4-62 所示的方案均为构件固接式串联组合方式,其运动特性为串接的各基本机构传动比的乘积。因此,两机构串接时的相位角对机构特性变化的影响很大,所以在确定方案后,必须按运动或传力特性的要求合理安排其串接相位角,如图 4-62a 所示为曲柄摇杆机构和摇杆滑块机构的串接,如果将两个机构均处于极限位置时串接起来,如图 4-64 所示,则在此位置附近(相当大的主动件转角范围内),执行构件(滑块)的速度接近于零,从而其位移也在运动副存在间隙的情况下可看作零,而且无论对主动件还是从动件来说,如图 4-64 所示的位置都处于最佳的传力位置。

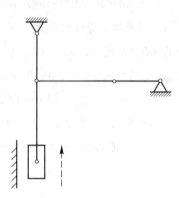

综上,考虑采用如图 4-64d、e 两方案为上冲头的机构,d 方案使用凸轮旋转带动滚子运动,使杆 1 与杆 2 运动,使上冲头上下往复运动,完全能达到保压要求。但上冲头行程为 90~100 mm,凸轮机构尺寸将会变得很大。而曲柄摇杆机构和摇杆滑块机构串接而成的方案 e,结构简单、轻盈,能满足保压要求,并能够轻松达到上冲头的行程要求。所以采用图 4-64 所示的机构作为上冲头机构。

图 4-64　最佳传力组合位置

4. 下冲头机构型综合设计中的设计技法

下冲头的运动规律相对比较复杂,需要一定的承力能力,能实现间歇运动,可靠性好,有如图 4-65 所示的三种方案可供选择:

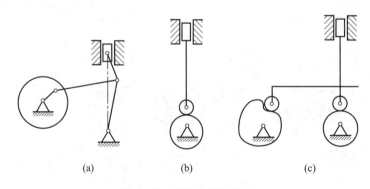

(a)　　　　　　　(b)　　　　　　　(c)

图 4-65　下冲头机构方案

4-65a 图所示为曲柄导杆滑块机构,可满足较高的承受能力,具有较好的增力效果且能实现间歇运动。

4-65b 图所示为对心直动滚子推杆盘形凸轮机构,结构简单,且能实现间歇运动,满足运动规律。

4-65c 图所示为两个盘形凸轮推动同一个从动件方式,可实现预定的运动规律。

故以上三种方案均可作为下冲头运动的机构,考虑凸轮机构可以实现各种复杂的运动要求,而且结构简单紧凑,所以本例选用 b 方案——对心直动滚子推杆盘形凸轮机构作为下冲头机构。

4.4.3 机构尺寸综合及运动学分析

1. 上加压机构的尺寸综合

(1) 上冲头摇杆滑块机构尺寸综合

如图 4-66 所示,首先设定摇杆长度为 $l_3 = 130$,设 $\lambda = l_4/l_3$ 为摇杆滑块机构中连杆与摇杆长度之比,一般取 1~2。根据曲柄滑块机构特性,λ 越小,在行程 $s = 0$ 处位移变化越大,则在最下端保压时位移就越容易超过 0.4 mm,所以宜取较大的 λ 值。但 λ 值越大,从 $s = 0$ 到 $s = 100$ 的行程中,所需摇杆 3 的转角也越大,而摇杆 3 是另一套机构——曲柄摇杆机构的摇杆,其转角应小于 $180°$,且希望越小越好,取摇杆 l_3 的转角为 $60°$ 左右,即最大摆角为 $60°$。同时在摇杆 3 在从 0 摆动到 $-\phi$,再从 $-\phi$ 摆动到 ϕ 的过程中,滑块(上冲头)在最下端的位移不大于 0.4 mm,取 ϕ 值为 $2°$ 可以满足要求。

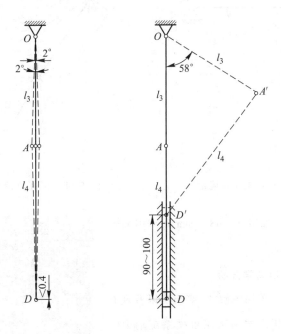

图 4-66 摇杆滑块机构设计

为满足滑块有 90~100 mm 的行程,根据机构的封闭多边形,有如下关系式

$$\begin{cases} l_3 \sin \theta_3 = l_4 \sin \theta_4 \\ 90 \leqslant l_3 + l_4 - l_3 \cos \theta_3 - l_4 \cos \theta_4 \leqslant 100 \end{cases}$$

求得 $1.35 \leqslant \lambda \leqslant 1.73$,即 $176 \leqslant l_4 \leqslant 225$,取 $l_4 = 180$。

（2）上冲头曲柄摇杆机构尺寸综合

设计曲柄摇杆机构时,在压片位置机构应有较好的传动角,所以,如图 4-67 所示,当摇杆在 OA 位置时,曲柄摇杆机构的连杆 AB 与 OA 的夹角应接近 90°,而此时 OA 和 AD 正好接近 0°,而为了"增力",曲柄的回转中心可在过摇杆铰链、垂直于摇杆铅垂位置的直线上适当选取,以改善机构在冲头下极限位置附近的传力性能,由此可得摇杆的一个极限位置。再根据摇杆摆角为 60°,得到摇杆的另一极限位置;由于曲柄回转中心距摇杆铅垂位置越远,机构行程速比系数越小,此时机构的尺寸虽然会变大,但上冲头在下极限位置附近的位移变化越小,所以取机构的行程速比系数 $K=1.34$,由曲柄摇杆机构的作图设计法(如图 4-68 所示),根据曲柄摇杆机构的摇杆长度 $l_3=130$,摇杆摆角为 60°,$K=1.34$,曲柄和连杆拉直共线时 AB 与 OA 的夹角应接近 90° 的条件,确定连杆和曲柄的长度。

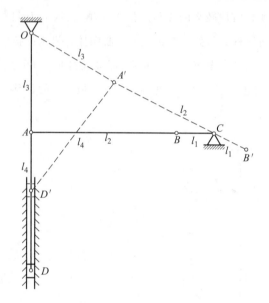

图 4-67　摇杆极限位置确定

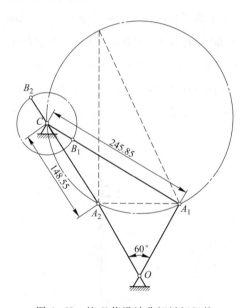

图 4-68　按 K 值设计曲柄摇杆机构

可得出各杆长尺寸如下:$l_1=48.7$ mm,$l_2=197$ mm,$l_3=130$ mm,$l_4=180$ mm。

2. 上加压机构的运动学分析

机构运动学分析可采用图解法、解析法以及现有的商品化软件进行分析。本书采用机械系统动力学分析软件 MSC.ADAMS 对机构进行运动学分析,如图 4-69 所示为在 ADAMS 软件中建立的上加压机构仿真模型。

图 4-70 为通过对上述上加压机构进行运动仿真分析后,得到的上冲头的位移、速度和加速度仿真曲线及摇杆 3 的角度曲线图。

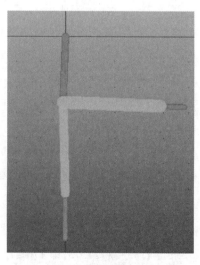

图 4-69　上加压机构仿真模型

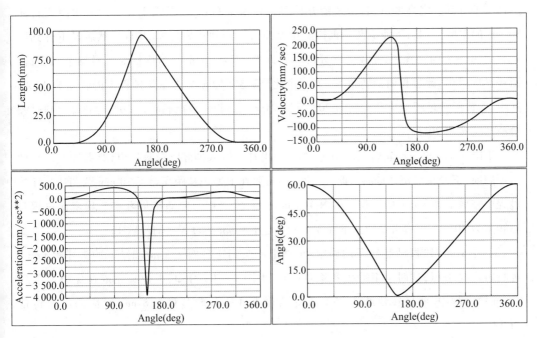

图 4-70　上加压机构位移、速度、加速度及摇杆 3 的转角曲线图

从图 4-70 可以看出,机构满足运动行程和保压时间的要求。根据上述计算分析结果设计的压片机结构合理,运动可满足生产工艺要求。

3. 下冲头运动规律与凸轮廓线设计

下加压机构为辅助加压机构,采用凸轮机构,由于整个机构系统采用一个电动机集中驱动,所以要注意上加压机构曲柄和凸轮机构起始位置间的相位关系,否则机器将不能正常工作。为了与上加压机构以及料筛机构运动协调,根据上冲头的位移曲线图来确定下加压机构从动件的运动规律。

(1) 从动件的运动规律

为避免产生振动和冲击,传动平稳,取下加压机构从动件(下冲头)上升和下降阶段的运动规律都为正弦加速度运动规律,总升程 $H = 24$ mm。

保压阶段凸轮转角的确定:由图 4-70a 可得到,上冲头在最下端的位移不大于 0.4 mm 范围时,曲柄转角为 74°,为了避免保压完毕后上、下冲头同时上升时发生碰撞,要求上冲头先开始退出,下冲头稍后并稍慢地向上移动 16 mm 到与台面平齐,为此等上冲头从型腔退出后即上升 11 mm 后,下冲头再开始退出,由图 4-70a 可知,上冲头上升 11 mm,主动件转角 38°,由此确定下加压机构在凸轮转角 112°范围内为保压阶段。

上升 16 mm 阶段凸轮转角的确定:上冲头上升到与台面平齐后,下冲头开始上升 16 mm 过程;上冲头上升到台面上约 30 mm 时,下冲头上升 16 mm 过程结束;由图 4-70a 确定此过程凸轮转角为 36°。

卸料、下降 21 mm 以及上料阶段凸轮转角的确定:因料筛具有一定的高度,所以必须等上冲头上升到一定高度后,料筛才能开始下料以及上料功能,假设上冲头须留出距离台面30 mm的空间,由此,下冲头凸轮机构要在上冲头上升到距离台面30 mm,然后又下降到距离台面30 mm的过程中,完成停歇等料筛卸料,下降21 mm,等待料筛上料三个过程;由图4-70a可得,此过程曲柄转角为122°,由此,确定下冲头凸轮在此过程中的转角为120°。其中,等待卸料过程对应凸轮转角20°,下降21 mm过程对应凸轮转角30°,待料筛上料过程对应凸轮转角70°。

下降3 mm阶段凸轮转角的确定:为防止上冲头进入型腔时粉料扑出,要保证上冲头到达型腔前,下冲头下沉3 mm;由此,下冲头凸轮要在上冲头从距离台面30 mm到到达台面的过程中完成下降3 mm的过程。由图4-70a可知,此过程为曲柄转角为47°,确定此过程凸轮转角为40°;由此给出上冲头下降3 mm到上升8 mm的过程之间停歇15°。

上升8 mm阶段凸轮转角的确定:根据上冲头到达台面下3 mm时,下冲头开始上升,对粉料两面加压,这时上下冲头各移8 mm。由图4-70a可知,上冲头完成在保压前下降8 mm的过程中,曲柄转角约为37°,由此给定下冲头凸轮升程为8 mm对应的凸轮转角为37°。

根据上述分析过程,上冲头上升阶段运动规律方程为

$$s_1 = 8 \times \left[\frac{150t}{37} - \frac{1}{2\pi} \sin\left(\frac{2\pi}{37} 150t \right) \right]$$

$$s_2 = 16 \times \left[\frac{150t}{36} - \frac{1}{2\pi} \sin\left(\frac{2\pi}{36} 150t \right) \right]$$

上冲头下降阶段运动规律方程为

$$s_3 = 21 \times \left[1 - \frac{150t}{30} + \frac{1}{2\pi} \sin\left(\frac{2\pi}{30} 150t \right) \right]$$

$$s_4 = 3 \times \left[1 - \frac{150t}{40} + \frac{1}{2\pi} \sin\left(\frac{2\pi}{40} 150t \right) \right]$$

(2)凸轮基圆半径与滚子半径的确定

在实际设计中规定了凸轮机构压力角的许用值$[\alpha]$,对于直动从动件通常取$[\alpha] = 30° \sim 38°$。由于机械系统要求下冲头的承载能力较大,且系统结构紧凑,因而凸轮机构在运动的某一位置出现的最大压力角$\alpha_{max} \leqslant [\alpha]$的前提下,基圆半径尽可能小。下冲头为对心直动滚子推杆盘形凸轮机构。

由其压力角公式

$$\alpha = \arctan \frac{\left| \dfrac{ds}{d\varphi} - \eta \delta e \right|}{s + \sqrt{r_0^2 - e^2}}$$

并根据推杆为正弦加速度运动规律的许用压力角与基圆半径关系的诺模图,确定下加压机构凸轮基圆半径$r_0 = 60$ mm。

通常取滚子半径$r_r = (0.1 \sim 0.15) r_0$,在此取$r_r = 8$ mm。

（3）凸轮轮廓线设计

利用 ADAMS 软件的"Create Trace Spline(生成跟踪样条曲线)"功能生成凸轮廓线。为此需要在下冲头(从动件推杆)与地面的移动副上设置移动驱动函数如下。

IF(time−37.0/150.0:8 * ((150 * time)/37−1.0/(2.0 * PI) * sin(2.0 * PI * (150 * time)/37)),8,

IF(time−149.0/150.0:8,8,

IF(time−37.0/30.0:8.0+16 * ((150 * time−149)/36−1.0/(2.0 * PI) * sin(2.0 * PI * (150 * time−149)/36)),24,

if(time−41.0/30.0:24,24,

if(time−47.0/30.0:

3.0+21 * (1.0−(150 * time−205)/30+1.0/(2.0 * PI) * sin(2 * PI * (150 * time−205)/30)),3,

if(time−61.0/30.0: 3,3,

if(time−69.0/30.0:

3 * (1.0−(150 * time−305)/40+1.0/(2.0 * PI) * sin(2 * PI * (150 * time−305)/40)),0,

0)))))))

仿真后得到的凸轮廓线如图 4-71 所示。

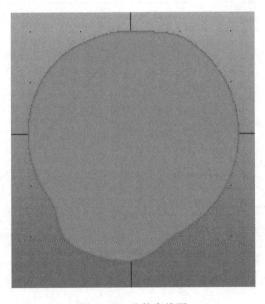

图 4-71　凸轮廓线图

4. 下冲头运动分析

仿真分析后,进入后处理模块,绘制出下冲头的位移、速度、加速度位移曲线,如图 4-72 所示。图 4-73 为调整好相位的上冲头和下冲头的位移曲线图。

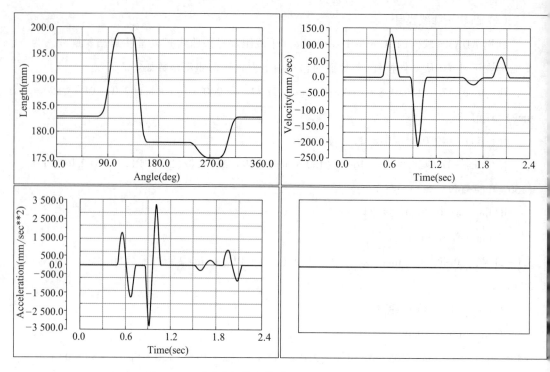

图 4-72　下冲头机构的位移、速度、加速度位移曲线图

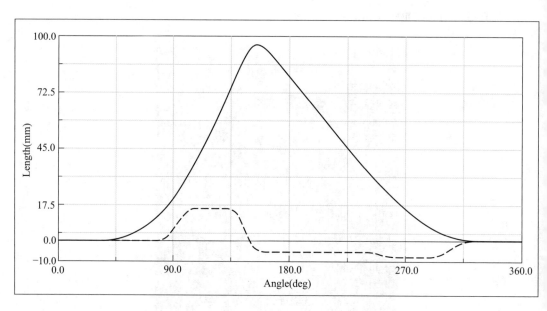

图 4-73　调整好相位的上冲头和下冲头的位移曲线图

第5章

机械结构设计

5.1 结构设计的内容和步骤

5.1.1 机械结构设计的内容

机械结构是功能的载体,机械结构设计的任务是在功能原理方案设计与总体设计的基础上,将原理设计方案结构化,将抽象的工作原理具体化为构件及零部件,确定构件及零部件的布置、构形与尺寸参数,以承载所要求的功能,并绘出结构图(装配图和零件图)和编写设计计算文档。

具体内容为在确定零部件的材料、热处理方式、形状、尺寸、公差和表面状况的同时,还须考虑其加工工艺、强度、刚度、精度、寿命、可靠性以及零部件间相互关系等问题。所确定的结构不但要保证功能实现的可能性,而且要保证功能实现的可靠性,使机械装置在工作中具有足够的工作能力和工作性能。技术图纸虽是结构设计的直接产物,但结构设计工作却不仅是简单的机械制图,图纸只是表达设计方案的语言,综合各种技术对设计方案的具体化才是结构设计的基本内容。

机械结构设计的主要特点有如下三点。

① 集思考、分析、绘图、计算(有时进行必要的实验)于一体,是机械设计中涉及问题最多、最具体和工作量最大的阶段,在整个机械设计过程中,平均约80%的时间用于结构设计,对机械设计的成败起着举足轻重的作用。

② 机械结构设计问题具有多解性,满足同一设计要求的机械结构方案并不是唯一的。

③ 机械结构设计通常是一个迭代循环和交叉进行的过程,在进行机械结构设计时,需要清楚从机器整体出发对机械结构的基本要求。

5.1.2 机械结构设计的步骤

不同类型机械结构设计的具体情况差别很大,设计步骤也并非一成不变,通常是确定实现既定功能的各个零部件的几何形状、尺寸及彼此间相对位置关系布局等,其过程大致如下。

① 分清主次、统筹兼顾:明确待设计结构件的主要任务和限制,将其功能分解成几个分功能,确定承担主要功能(指机器中对实现输入输出流转换起关键作用的基本功能)的各个零部件。对每个零件,先从其实现功能的结构表面(功能表面,通常是与其他零部件表面直接接触的表面)设计开始,再考虑功能表面之间的连接表面的设计,其中零件的功能表面是决定机械功能的重要因素,功能表面的设计是零部件结构设计的核心问题。描述功能表面的主要几何参数有表面的几何形状、尺寸大小、表面数量、位置、顺序等,通过对功能表面参数的变异设计,可以得到为实现同一技术功能的多种结构方案。各表面间连接在一起形成零件的几何结构,再将这个零件与其他零件连接形成部件,最终组合成实现机器主要功能的机械结构。而后,再确定次要的、补充或支持主要零部件的零部件,如:密封、润滑及维护保养等。

任何零件都不是孤立存在的,因此在结构设计中除了研究零件本身的功能和其他特征外,还必须研究零件之间的相互关系。零件之间的相互关系分为直接相关和间接相关,若两零件有直接装配关系则为直接相关,没有直接装配关系的相关则为间接相关。间接相关又分为位置相关和运动相关两类,位置相关是指两零件间在相互位置上有要求,如圆柱齿轮减速器中两相邻的传动轴,其中心距必须保证一定的精度,两轴线必须平行,以保证齿轮的正常啮合;运动相关是指一个零件的运动轨迹与另一零件有关,如车床刀架的运动轨迹必须平行于主轴的中心线,这是靠床身导轨和主轴轴线相平行来保证的。零件若有直接相关零件,则在进行结构设计时,两零件间直接相关部位必须同时考虑,以便合理地选择材料的热处理方式、形状、尺寸、精度及表面质量等。同时还必须考虑满足间接相关条件,以进行尺寸链和精度计算等。一般来说,若某零件直接相关零件愈多,其结构就愈复杂;零件的间接相关零件愈多,其精度要求愈高。

另外,零件设计可以选择不同的材料,不同的材料具有不同的性质,不同的材料对应不同的加工工艺,结构设计中既要根据功能要求合理地选择适当的材料,又要根据材料的种类确定适当的加工工艺,并根据加工工艺的要求确定适当的结构,只有通过适当的结构设计才能使所选择的材料最充分地发挥优势。设计者要做到正确地选择材料就必须充分地了解所选材料的力学性能、加工性能和使用成本等信息。结构设计中应根据所选材料的特性及其所对应的加工工艺而遵循不同的设计原则。

② 绘制草图:在初定结构方案的同时,粗略估算零部件结构的主要尺寸并按一定的比例绘制草图。草图中应表示出零部件的基本形状、主要尺寸、运动构件的极限位置、空间限制、安装尺寸等。同时结构设计中要充分注意标准件、常用件和通用件的应用,以减少设计与制造的工作量。

③ 对初定的结构进行综合分析,确定结构方案:综合是指找出实现功能的各种可供选择结构的过程,分析则是评价、比较并最终确定结构的过程。可通过改变工作面的大小、方位、数量、构件材料、表面特性和连接方式等,系统地产生新方案。人的感觉和直觉、多年积

累的经验不自觉地产生判断能力,在设计中起着较大的作用。通过对多种结构方案进行分析评价和比较后确定选用的结构方案。

④ 结构方案的计算与改进:对承载零部件的结构进行载荷分析,必要时计算其承载强度、刚度和耐磨性等,并通过完善结构使结构更加合理地承受载荷,提高承载能力及工作精度;同时考虑零部件装拆、材料和加工工艺等要求,对结构进行改进。

⑤ 结构设计的完善:技术、经济和社会指标不断变化,据此寻找所选方案中的缺陷和薄弱环节,对照各种要求和限制,反复改进。考虑零部件的通用化、标准化,减少零部件的品种,降低生产成本。在结构草图中注出标准件和外购件。重视安全与劳保,检查操作、观察、调整是否方便省力,发生故障时是否易于排查,噪声是否在允许范围内等,对结构进行完善。

5.2 结构设计的基本原则

确定和选择结构方案时应遵循三项基本原则:明确、简单和安全可靠。

1. 明确

(1) 功能明确

对于设计任务规定实现的每一项功能都必须对应某些具体的结构要素,同时每一项结构要素要对应某一项或多项功能要求。这项原则保证所有的功能要求都能够实现,同时不存在多余的结构要素,如图 5-1 所示。

(2) 工作原理明确

在功能原理设计中需要通过某种(或某些)物理过程(行为)来实现给定的功能要求。实际使用的机械装置在工作中必然同时经历多种物理过程,例如由于受力引起零部件变形

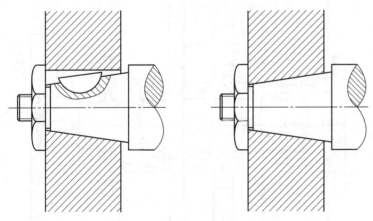

图 5-1 功能明确

左:传递转矩是键还是圆锥面,零件的轴向定位是轴的台阶面还是圆锥面,两者均不明确。

这是一种功能不明确的结构

右:传递转矩、零件的轴向定位两种功能都由圆锥面承担,是一种好结构

和断裂,由于受热引起的零部件形状、尺寸、位置变化等,还有电、磁、光、化学等过程,设计中应充分考虑这些物理过程对机械装置的工作和环境的影响,对可能影响主要功能实现的物理现象要采取必要的应对措施,如图5-2所示。

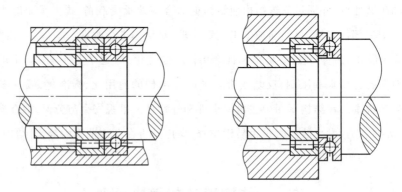

图5-2 工作原理明确

左:设计者原意是滚针轴承担径向力,向心球轴承受轴向力。实际上,两个轴承都能承受径向力,各自受力大小因两种滚动体不同而不确定,故容易导致某个轴承过载而损坏

右:滚针轴承担径向力,推力球轴承受轴向力,径向力和轴向力承受者都很清楚,因此功能和作用原理都明确

(3)工作状态明确

在结构设计中,零件的材料选择及工作能力分析均根据结构的工作状态进行。设计中应避免出现可能造成某些要素的工作状态不明确的结构。

如图5-3所示的轴系结构中,轴系工作中会因发热而使轴伸长,轴承端盖与滚动轴承外圈应不接触,否则端盖可能参与轴向力的传递,使工作状态不明确。

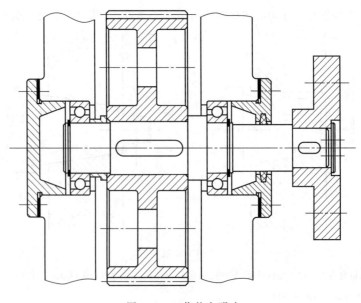

图5-3 工作状态明确

2. 结构简单

在结构设计中,在同样可以完成功能要求的条件下,应优先选用结构更简单的方案。结构简单体现为结构中包含的零部件数量较少,专用零部件数量较少,零部件的种类较少,零件的形状简单,加工面数量较少,所需加工工序较少,结构的装配关系较简单。

结构简单通常有利于加工和装配,有利于缩短制造周期,有利于降低制造与运行成本;简单的结构还有利于提高装置的可靠性,有利于提高工作精度。如图 5-4 所示的右侧图体现了结构简单的优点。

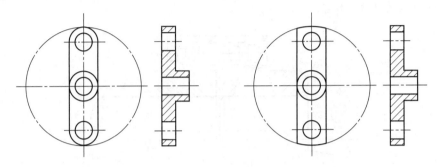

图 5-4　右侧图为减少加工表面数量的结构设计

3. 安全可靠

机械装置的工作安全可靠包括三个方面的内容。

① 设计要求的功能要可靠地实现。

② 在工作中,特别是在出现故障的情况下,保证操作机器的人员的安全。

③ 在工作中,特别是在出现故障的情况下,保证机器设备本身及相关设备的安全。

为保证机械装置的安全一般通过直接安全技术、间接安全技术和提示性安全技术法来实现。

(1)直接安全技术

通过设计,保证装置在工作中不出现危险,满足安全性要求的设计技术,称为直接安全技术,又称固有安全性。

① 这种方法应保证机械装置具有足够的工作能力,不但保证静强度,而且应保证疲劳强度和寿命,保证结构在发生磨损、因受力及受热而发生变形的情况下不失效。当装置发生过载时应实现自我保护,使零部件不发生损坏,过载工况解除后系统可自行恢复正常工作状态。

② 直接安全技术还应避免由于错误操作而引起事故,当操作者发生错误操作时,控制装置能自动关闭设备或使设备无法启动。

应用直接安全技术保证机械设备的安全虽然可靠,但在很多情况下这是不经济的方法,在有些情况下由于技术条件限制,无法应用直接安全技术。

（2）间接安全技术

① 间接安全技术使得当系统发生故障时所造成的损失较小，系统的工作状态较容易恢复。

② 间接安全技术可以在传动链中设置安全保护装置，当系统发生过载时，安全保护装置中的某些结构损坏，使传动链中断，保护传动链中的其他零件（特别是重要零件）不受损坏。让零件损坏造成的影响范围尽量小。

如图 5-5 所示的剪切销安全离合器就是对传动链起保护作用的安全装置。设计中使销的承载能力小于系统中其他零件的承载能力，发生过载时销被剪断，使传动链中断。通过更换销可恢复传动链工作。

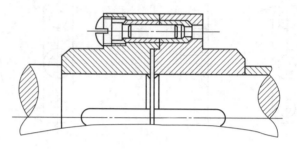

图 5-5　剪切销安全离合器

（3）提示性安全技术法

当由于技术或经济原因不适合采用前面两种技术的情况下，可以采用提示性安全技术。当故障发生时，采用文字、图像、灯光和声音等提示使用者，使其排除故障或避险。提示信息应准确、及时，并尽可能全面。

5.3　减速器的结构设计

一个机械系统通常由原动机、传动系统和执行系统所组成。原动机一般为电动机，根据工作情况从标准中选用。传动系统一般由带传动、齿轮传动和链传动等组成，减速器为传动系统常用的型式之一和组成部分，下面传动系统结构设计主要以减速器的结构设计来进行叙述。执行系统由机构系统组成，机构的基本组成要素为运动副、机架和活动构件，下面平面机构为对象讨论这些基本组成要素的结构设计问题。

5.3.1　减速器的结构简介

如图 5-6 所示为二级展开式圆柱齿轮减速器，由传动零件（齿轮等）、轴系零件（轴、轴承等）、减速器箱体和附件、润滑密封装置等组成。

（1）传动零件和轴系零件

传动零件包括齿轮、带轮、蜗杆、蜗轮等，其中，齿轮、带轮、蜗杆、蜗轮安装在轴上，而轴通过安装在箱体轴承孔中的滚动轴承来支撑。轴承盖固定和调整轴承，其具体尺寸依轴承和轴承孔的结构尺寸而定，设计时可以参考相关的推荐尺寸确定。

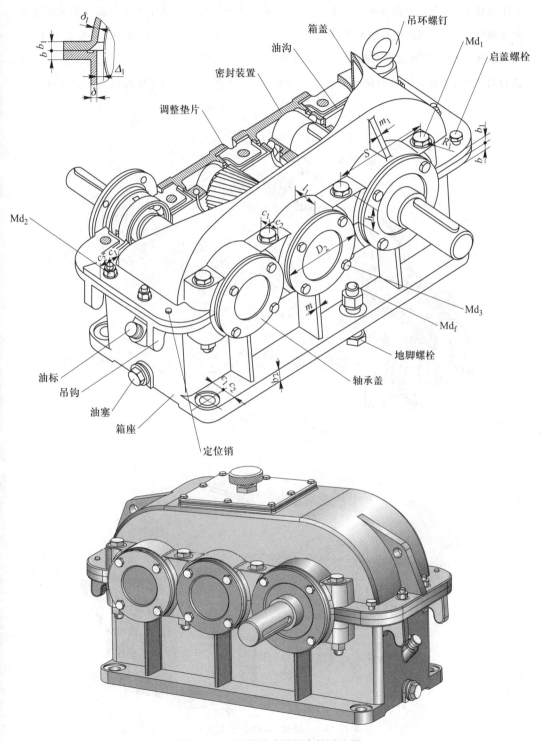

图 5-6　二级展开式圆柱齿轮减速器

（2）箱体结构

箱体的结构如图 5-6、图 5-7、图 5-8 所示。箱体为铸造剖分式,箱体上设有定位销孔以安装定位销,箱盖和箱座之间由两个定位销精确定位;设有螺栓孔以安装连接上下箱体的螺栓,通过一些普通螺栓连接将箱盖和箱座连成一体;设有地脚螺钉孔以将箱体用地脚螺栓固定在机架或地基上;为了提高轴承座的支撑刚度,通常在上下箱体的轴承座上下与箱体的连接处设有加强肋;为防止润滑油渗漏和箱外杂质侵入,在轴的伸出处、箱体接合面处以及检查孔盖、油塞与箱体的接合面处采取密封措施。箱体的结构和受力情况较为复杂,目前尚无完整的理论设计方法,主要按经验数据和经验公式来确定,减速器箱体结构的推荐尺寸见表 5-1。

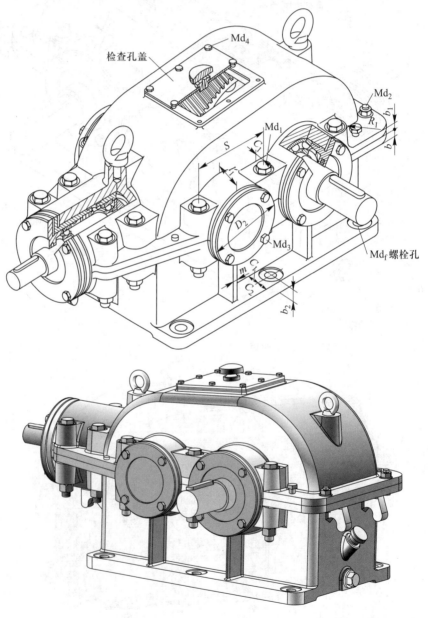

图 5-7　圆锥-圆柱齿轮减速器

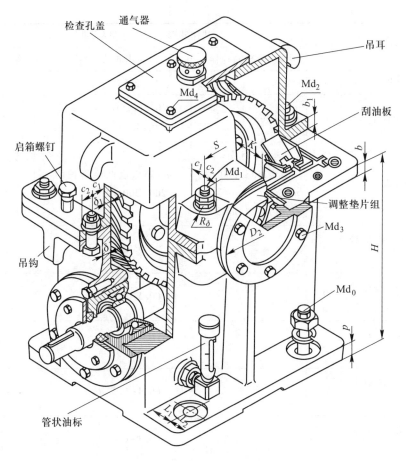

图 5-8　蜗杆减速器

表 5-1　减速器箱体结构的推荐尺寸（代号含义参见图 5-6~图 5-8）

名称	符号	减速器形式及尺寸关系,单位:mm			
			圆柱齿轮减速器	锥齿轮减速器	蜗杆减速器
箱座壁厚	δ	一级	$0.025a+1 \geqslant 8$	$0.025(d_{1m}+d_{2m})+1 \geqslant 8$ 或 $0.01(d_{d1}+d_{d2})+1 \geqslant 8$ d_{d1}、d_{d2}——小大锥齿轮的大端直径 d_{1m}、d_{2m}——小大锥齿轮的平均直径	$0.04a+3 \geqslant 8$
		二级	$0.025a+3 \geqslant 8$		
		三级	$0.025a+5 \geqslant 8$		
		考虑铸造工艺,所有壁厚都不应小于 8			
箱盖壁厚	δ_1	一级	$0.02a+1 \geqslant 8$	$0.01(d_{1m}+d_{2m})+1 \geqslant 8$ 或 $0.0085(d_{d1}+d_{d2})+1 \geqslant 8$	蜗杆在上:$\approx \delta$ 蜗杆在下: $0.85\delta \geqslant 8$
		二级	$0.02a+3 \geqslant 8$		
		三级	$0.02a+5 \geqslant 8$		
箱座凸缘厚度	b	1.5δ			
箱盖凸缘厚度	b_1	$1.5\delta_1$			

名称	符号	减速器形式及尺寸关系,单位:mm		
		圆柱齿轮减速器	锥齿轮减速器	蜗杆减速器
箱座底凸缘厚度	b_2	2.5δ		
地脚螺栓直径	d_f	$0.036a+12$	$0.018(d_{1m}+d_{2m})+1\geqslant 12$ 或 $0.015(d_{d1}+d_{d2})+1\geqslant 8$	$0.036a+12$
地脚螺栓数目	n	$a\leqslant 250$ 时,$n=4$ $a>250\sim 500$ 时,$n=6$ $a>500$ 时,$n=8$	$n=$ 箱座底凸缘周长的一半$/200\sim 300\geqslant 4$	4
轴承旁连接螺栓直径	d_1	$0.75d_f$		
箱盖与箱座连接螺栓直径	d_2	$(0.5\sim 0.6)d_f$		
连接螺栓 d_2 的间距	l	$\leqslant 150\sim 200$		
轴承端盖螺钉直径	d_3	$(0.4\sim 0.5)d_f$		
检查孔盖螺钉直径	d_4	$(0.3\sim 0.4)d_f$		
定位销直径	d	$(0.7\sim 0.8)d_f$		

螺栓扳手空间与凸缘宽度	安装螺栓直径		M8	M10	M12	M16	M20	M24	M30
	d_f、d_1、d_2 至外箱壁距离	C_{1min}	13	16	18	22	26	34	40
	d_f、d_2 至凸缘边距离	C_{2min}	11	14	16	20	24	28	34
	沉头座直径	D_{emin}	20	24	26	32	40	48	60

名称	符号	尺寸关系
轴承旁凸台直径	R_1	C_2
凸台高度	h	根据 d_1 位置及低速轴轴承座外径确定,以便于扳手操作为准
外箱壁至轴承座端面高度	l_1	$C_1+C_2+(5\sim 10)$ mm
大齿轮顶圆(蜗轮外圆)与内箱壁距离	Δ_1	$>1.2\delta$

名称	符号	减速器形式及尺寸关系,单位:mm		
		圆柱齿轮减速器	锥齿轮减速器	蜗杆减速器
齿轮(锥齿轮或蜗轮轮毂)端面与内箱壁距离	Δ_2	$>\delta$		
箱盖、箱座肋厚	m_1、m	$m_1 \approx 0.85\delta_1$,$m \approx 0.85\delta$		
轴承端盖外径	D_2	$D+(5\sim5.5)d_3$;对嵌入式端盖 $D_2 = 1.25D+10$;D 为轴承外径		
轴承端盖凸缘厚度	e	$(1\sim1.2)d_3$,一般可以取 10 mm		
轴承旁连接螺栓距离	S	尽量靠近,以 M_{d1} 和 M_{d3} 互不干涉为准,一般取 $S \approx D_2$		

注:对多级传动,a 取低速级中心距;对圆锥—圆柱齿轮减速器,按圆柱齿轮传动中心距 a 来计算

(3)减速器附件

减速器附件及其功用见表 5-2。

表 5-2　减速器附件及其功用

名称	功用
窥视孔和视孔盖	为了便于检查箱内传动零件的啮合情况以及将润滑油注入箱体内,在减速器箱体的箱盖顶部设有窥视孔。为防止润滑油飞溅出来及污物进入箱体内,在窥视孔上应加设视孔盖。位置应开在传动件啮合区的上方,并应有适宜的大小(能放进一只手去),以便检查。具体结构和尺寸参见附表 8-1
通气器	减速器工作时箱体内温度升高,气体膨胀,箱内气压增大。为了避免由此引起密封部位的密封性下降,造成润滑油向外渗漏,大多在视孔盖上设置通气器,使箱体内的热膨胀气体能自由逸出,保持箱内外气压平衡,从而保证箱体的密封性。通气器分通气螺塞和网式通气器两种。清洁环境场合可选用构造简单的通气螺塞,多尘环境应选用有过滤灰尘作用的网式通气器。各种通气器的结构和尺寸请参见参考文献 12 中的 87 号图,通气器与视孔盖间的连接见附表 8-4
油面指示器	用于检查箱内油面高度,以保证传动件的润滑。一般设置在箱体上便于观察、油面较稳定的部位。种类有油标尺(杆式油标)、圆形油标、长形油标和管状油标等。在难以观察到的地方应采用油标尺,设计时要注意放置在箱体的适当部位并有适当倾斜角度(与水平面角度应大于等于45°)。在不与其他零件干涉并保证顺利装拆和加工的前提下,油标尺的放置位置应尽可能高一些,以免油面浸没油标尺刻度。各种油标尺的结构和尺寸请参见参考文献 12 中的 86 号图
定位销	为了保证每次拆装箱盖时,仍保持轴承座孔的安装精度,需在箱盖与箱座的连接凸缘上配装两个定位销,定位销的相对位置越远越好,一般安装在对角线位置。要在箱盖和箱座之间由两个定位销精确定位后,再来镗制轴承孔。若箱盖是对称形状,注意两个定位销应安装在非对称位置(如使两定位销到箱体对称轴线的距离不等),以免箱盖装反。此外还要装拆方便,避免与其他零件(如上下箱连接螺栓、油标尺、吊耳、吊钩等)相干涉。定位销直径一般为箱体凸缘连接螺栓直径 d_2 的 0.8 倍,长度应大于箱盖与箱座凸缘厚度之和。具体结构和尺寸参见附表 2-15

名称	功用
启盖螺钉	为了保证减速器的密封性,常在箱体剖分接合面上涂水玻璃或密封胶。为便于拆卸箱盖,在箱盖凸缘上设置 1~2 个启盖螺钉。拆卸箱盖时,拧动启盖螺钉,便可顶起箱盖。启盖螺钉的直径一般与箱体凸缘连接螺栓直径 d_2 相同,其长度应大于箱盖连接凸缘的厚度 b_1。启盖螺钉的钉杆端部应有一小段制成无螺纹的圆柱端或锥端,以免反复拧动时将杆端螺纹损坏。具体结构参见附表 8-3
起吊装置	为了搬运和装卸箱盖,在箱盖上装有吊环螺钉,或铸出吊耳或吊钩。为了搬运箱座或整个减速器,在箱座两端连接凸缘处铸出吊钩。相关结构和尺寸请参见参考文献 12 中的 86 号图(为了保证能容纳起重吊钩,箱座凸缘处的吊钩尺寸 B_1 应大于等于 40 mm)
放油孔及螺塞	为了排出油污,在减速器箱座最底部设有放油孔,并用放油螺塞和密封垫圈将其堵住。为保证油污排泄干净,放油孔最低位置应低于箱座底座内表面的位置。螺塞有圆柱细牙螺纹和圆锥螺纹两种,圆柱螺纹螺塞自身不能防止漏油,因此在螺塞与箱体之间要放置一个封油垫片,垫片用石棉橡胶纸板或皮革制成。圆锥螺纹螺塞能形成密封连接,无需附加密封。相关结构和尺寸请参见参考文献 12 中的 86 号图及附表 8-2

(4)减速器润滑

减速器中的传动零件和轴承等都需要有良好的润滑,其目的是为了减少摩擦、磨损,提高效率,防锈,有利于冷却和散热。

减速器润滑对减速器的结构设计有直接影响,油面高度和所需油量影响箱体高度,轴承润滑方式影响轴承的轴向位置和阶梯轴的轴段尺寸等。因此,在设计减速器结构前,应先考虑与减速器润滑有关的问题,见表 5-3。

表 5-3　减速器的润滑

| 传动零件润滑 | 浸油润滑 | 浸油润滑是将传动零件一部分浸入油中,传动零件回转时,附在其上的润滑油被带到啮合区进行润滑。同时,传动零件将油池中的油甩到箱壁上,使润滑油加速散热,并可用于轴承润滑。这种润滑方式适用于齿轮圆周速度 $v \leqslant 12$ m/s、蜗杆圆周速度 $v \leqslant 10$ m/s 的场合。
　为了避免大齿轮回转时将油池底部的沉积物搅起,大齿轮齿顶圆到油池底面的距离应大于 30~50 mm,为保证传动零件充分润滑且避免搅油损失过大,传动零件应有合适的浸油深度(各种减速器的浸油深度见下述),由此可确定减速器内的油面高度 h_0。
　箱体内应有足够的润滑油,以保证润滑及散热的需要,油池中的油量 V 应大于传递功率所需的油量 V_0。对于一级减速器,每传递 1 kW 的功率需油量为 350~700 cm³(润滑油黏度高时取大值)。对于多级减速器,应按传动的级数成比例地增加油量。若 $V < V_0$,则应适当增大减速器中心高 H |

传动零件润滑	浸油润滑	减速器类型	传动零件浸油深度
		一级圆柱齿轮减速器	h 约为一个齿高,但不小于 10 mm 油面 H h_0 h >30~50
		二级圆柱齿轮减速器	高速级大齿轮 h_1 约为 0.7 个齿高,但不小于 10 mm。 低速级大齿轮 h_2 约为一个齿高~$(1/6 \sim 1/3)$齿轮半径 油面 H h_0 h_1 h_2 >30~50
		锥齿轮减速器	大锥齿轮整个齿宽浸入油中(至少半个齿宽)但不小于 10 mm 油面 H h h_0 >30~50

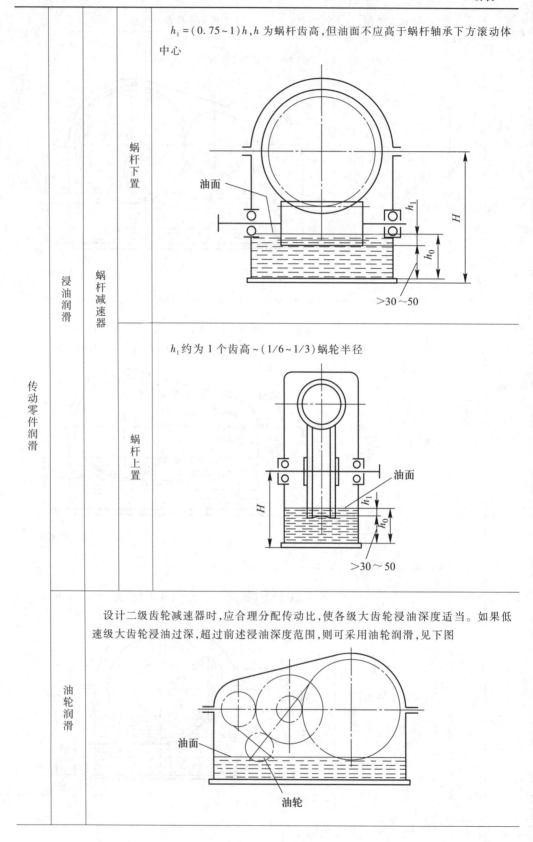

$h_1 = (0.75 \sim 1)h$，h 为蜗杆齿高，但油面不应高于蜗杆轴承下方滚动体中心

蜗杆下置

油面

h_1

H

h_0

$> 30 \sim 50$

h_1 约为 1 个齿高~$(1/6 \sim 1/3)$蜗轮半径

蜗杆上置

油面

h_1

H

h_0

$> 30 \sim 50$

传动零件润滑

浸油润滑

蜗杆减速器

油轮润滑

设计二级齿轮减速器时，应合理分配传动比，使各级大齿轮浸油深度适当。如果低速级大齿轮浸油过深，超过前述浸油深度范围，则可采用油轮润滑，见下图

油面

油轮

续表

传动零件润滑	喷油润滑	当齿轮圆周速度 $v>12$ m/s 或蜗杆圆周速度 $v>10$ m/s 时,附在传动零件上的油由于离心力作用易被甩掉,使得啮合区得不到可靠供油,而且搅油使油温升高,传动效率降低。此时宜用喷油润滑,即利用液压泵将润滑油加压,通过油嘴喷到啮合区对传动零件进行润滑,见下图 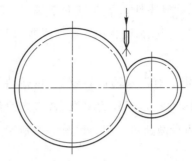
滚动轴承润滑	油润滑	当任何一个浸油齿轮的圆周速度 $v\geq2$ m/s 时,齿轮能将较多的油飞溅到箱壁上,此时滚动轴承可采用油润滑 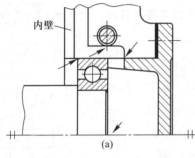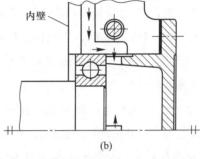 (a)　　　　　　(b) 在图 a 中,油沟在轴承左侧处和螺栓孔处会漏油;轴承盖端部缺少下部缺口(通常开设四个缺口,以保证润滑油能流进轴承室);轴承盖部缺少环形阶梯(环形阶梯是为了使轴承端盖上的缺口在偏离分箱面时,仍能保证轴承室可靠进油)。 图 b 所示为正确的采用油润滑的轴承结构。飞溅到箱壁上的油流入分箱面油沟中,通过油沟和缺口将油引入轴承室,对轴承进行润滑
	脂润滑	当浸油齿轮的圆周速度 $v<2$ m/s 时,齿轮不能有效地把油飞溅到箱壁上,因此滚动轴承通常采用脂润滑 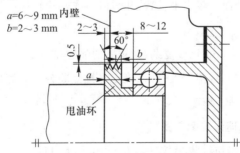 如图所示为采用脂润滑的轴承结构。轴承室内加润滑脂,轴承室与箱体内部被甩油环隔开,甩油环端面与箱体内壁不在同一平面上(有 2~3 mm 的距离),以使得箱体壁面流下的油能被甩掉,从而阻止箱体内的润滑油进入轴承室而稀释润滑脂。轴承采用脂润滑,需要定期检查和补充润滑脂

5.3　减速器的结构设计　　109

5.3.2 减速器装配图的绘制

减速器装配图表达了减速器的结构、工作原理和装配关系,以及各零部件间的相互位置、尺寸和结构形式,是绘制零件工作图、部件组装、安装、调试及维护等工作的技术依据。需要综合考虑工作要求、材料、强度、刚度、加工、装拆、调整、润滑、密封、维护及经济等因素,需用足够的视图来表达清楚。

由于设计装配工作图所涉及的内容较多,包括结构设计和校验计算,因此,设计过程较为复杂,常常是边绘图,边计算,边修改。设计减速器装配图按图5-9所示步骤进行。

1. 绘制准备

在装配草图绘制之前,认真阅读一张相关典型减速器的装配图,参观并装拆实际减速器,了解减速器各零部件的功用、结构和相互关系,并完成以下几方面工作。

① 在电动机、传动件选定和设计计算完成后,应该选择联轴器的类型、轴承类型,确定轴承的润滑方式和箱体的结构方案,记录齿轮传动的中心距、分度圆、齿顶圆的直径和齿轮宽度以及电动机的轴伸直径 D、轴伸长度 E、中心高度 H 等有关参数备用(电动机参数参见附表1-11)。

② 主要考虑齿轮传动的圆周速度来初步确定滚动轴承的润滑方式,见表5-3。

③ 减速器的箱体是支承齿轮等传动零件的基座,必须具有很好的刚性,以免产生过大变形而引起齿轮上载荷分布的不均。为此,在轴承座凸缘的下部设有加强肋。箱体多制成剖分式,剖分面一般水平设置,并与齿轮或蜗轮轴线平面重合。

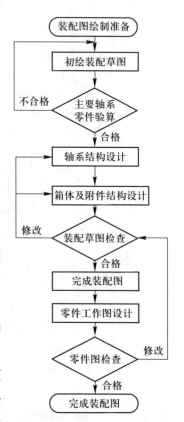

图5-9 减速器装配图设计步骤

由于箱体的结构形状比较复杂,对箱体的强度和刚度进行计算很困难,故箱体的各部分尺寸多借助于经验公式(见表5-1)来确定。按经验公式计算出尺寸后应将其圆整,有些尺寸应根据结构要求适当修改。

2. 圆柱齿轮减速器装配草图

圆柱齿轮减速器初绘装配草图见图5-10、图5-11。

1) 选择比例,合理布置图面

用A0号图纸,采用合适的比例尺(优先采用1:1的比例)绘制,并且应符合机械制图的国家标准。

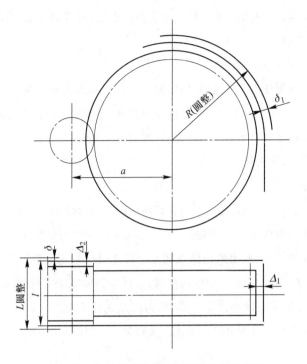

图 5-10　单级圆柱齿轮减速器初绘装配草图

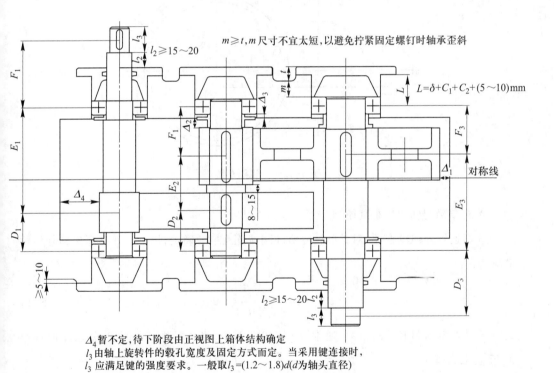

$m \geqslant t, m$ 尺寸不宜太短,以避免拧紧固定螺钉时轴承歪斜

$L = \delta + C_1 + C_2 + (5 \sim 10) \text{mm}$

Δ_4 暂不定,待下阶段由正视图上箱体结构确定

l_3 由轴上旋转件的毂孔宽度及固定方式而定。当采用键连接时,
l_3 应满足键的强度要求。一般取 $l_3 = (1.2 \sim 1.8) d (d$ 为轴头直径)

图 5-11　展开式两级圆柱齿轮减速器初绘装配草图

　　根据减速器内传动零件的特性尺寸(如中心距 a)类比已有类似减速器来估算减速器的
轮廓尺寸,并考虑标题栏、零件明细表、零件序号、尺寸标注及技术条件等所需空间,做好图

面的合理布局。减速器装配图一般多用三个视图来表达(必要时另加剖视图或局部视图)。布置好图面后,将中心线(基准线)画出。

2)传动零件位置及轮廓的确定

对于展开式两级圆柱齿轮减速器,根据齿顶圆直径和齿轮宽度在俯视图上画出中间轴上两齿轮的轮廓,为保证全齿宽啮合并降低安装要求,通常取小齿轮比大齿轮宽5~10 m,且保证中间轴上两齿轮之间有足够大的距离,一般取8~15 mm。

如果是单级传动,则先从小齿轮画起。

3)画出箱体内壁线

在俯视图上,先按二个小齿轮端面与箱壁间的距离 $\Delta_2 \geq \delta$ 的关系(对于单级传动,按小齿轮端面与箱壁间的距离 $\Delta_2 \geq \delta$ 的关系),画出沿箱体长度(与轴线垂直)方向的两条内壁线,再按 $\Delta_1 \geq 1.2\delta$ 的关系,画出沿箱体宽度方向低速级大齿轮一侧的内壁线(对于单级传动,画出沿箱体宽度方向大齿轮一侧的内壁线)。而沿箱体宽度方向高速级小齿轮一侧(对于单级传动,沿箱体宽度方向小齿轮一侧)的内壁线在初绘草图阶段的俯视图中不能直接确定,暂不画出,留待画主视图时结合俯视图来确定。主视图草图如图5-12所示。

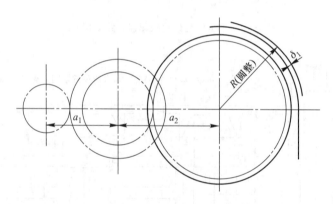

图 5-12　主视图草图

4)初步确定轴的最小直径

① 高速轴外伸段直径(对于单级传动,指小齿轮轴)的确定,用下式计算高速轴外伸段最细处直径

$$d \geq C\sqrt[3]{\frac{P}{n}} \qquad (5-1)$$

式中:C 为与轴材料有关的系数,通常取 $C = 106 \sim 160$。当材料好、轴伸处弯矩较小时取小值,反之取大值;

P——轴传递的功率(kW);

n——轴的转速(r/min)。

当轴上有键槽时,应适当增大轴径。单键增大 3% ~ 5%,双键增大 7% ~ 10%,并圆整成标准直径,然后进行该轴的结构设计。若轴与电动机轴相连,与电动机轴相连的轴段直径大

约为电动机轴径的 0.8 倍。

② 低速轴外伸段轴径(对于单级传动,指大齿轮轴)的确定:也按式 5-1 初步确定,并按上述方法加以圆整并取标准值。其长度应该根据该段轴上安装的轴上零件的轴向尺寸来确定。若在该外伸段上安装联轴器,则根据计算转矩及初定的直径选出合适的联轴器型号,然后进行该轴的结构设计。

③ 中间轴最小轴径的确定:中间轴最小轴径等于中间轴轴承内径,其不应小于高速轴轴承内径(对于单级传动,没有中间轴)。

5)轴的结构设计

① 轴的结构形状:主要取决于轴上零件的装拆工艺性和定位固定,以及轴的加工工艺性等因素,多做成阶梯轴。图 5-13 为轴的两种结构设计方案,方案一中除了右轴承从轴右端装,其余零件都从左端装拆。方案二中齿轮、套筒和右轴承从轴右端装,其余零件都从左端装拆。轴肩的设置考虑轴上零件的装拆方便和定位固定可靠,以及各轴段的加工精度不同等。阶梯轴台阶数量应少些,以减少刀具调整次数,使之具有良好的加工工艺性。方案二需要一个用于轴向定位的长套筒,给加工带来麻烦,质量也有所增大,不如方案一好。

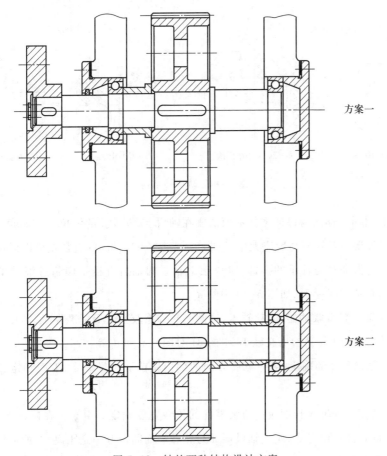

图 5-13　轴的两种结构设计方案

轴上零件的装配方案对轴的结构形式有很大的影响。

② 轴的径向尺寸的确定:在初定的轴最细处直径的基础上进行。当相邻两轴段直径发生变化形成定位轴肩以便固定轴上零件或承受轴向力时,其直径变化值要大些(一般相差 $6\sim10$ mm),如图 5-14 中直径 d 和 d_1、d_3 和 d_4、d_4 和 d_5 的变化。当两相邻轴段直径发生变化形成非定位轴肩(仅仅是为了轴上零件装拆方便或区分不同加工表面)时其直径变化值应较小(一般相差 $1\sim3$ mm),甚至采用同一公称直径而取不同的公差值来实现,如图 5-14 中直径 d_1 和 d_2、d_2 和 d_3 的变化。

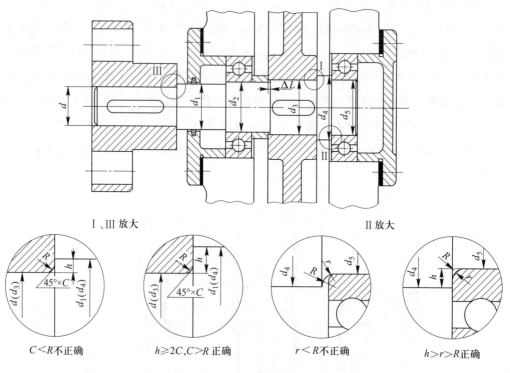

Ⅰ、Ⅲ 放大   Ⅱ 放大

C<R不正确　　　h≥2C,C>R 正确　　　r<R不正确　　　h>r>R正确

图 5-14　阶梯轴结构

当采用定位轴肩时,为保证零件端面能靠在轴肩上,零件孔的倒角 C 或圆角 r 应大于轴肩圆角 R,另外要注意轴肩高度应大于 C 或 r(一般按 $6\sim10$ mm 的直径差可以保证这一点),见图 5-14。为保证滚动轴承的拆卸,定位滚动轴承的轴肩直径不应超过滚动轴承内圈厚度,具体值可以查轴承手册,如图 5-14 中的 d_4。

另外,当轴上装有联轴器、滚动轴承、毡圈密封和橡胶密封等标准件时,轴径应取相应的标准值,如直径 d、d_1(参见参考文献 12 中的 81 号图)、d_2 和 d_5 等。

③ 轴的轴向尺寸的确定:箱体宽度方向两侧内壁前面已经确定,下面确定其他部分的长度。

轴上安装零件的轴段长度应由所装零件的轮毂宽度确定。由于存在制造误差,为了保证零件轴向固定和定位可靠,应使轴段端面与轮毂端面间留有一定距离,一般取该轴段的长度略小于轮毂宽度($\Delta L = 1\sim3$ mm)。

安装键的轴段,键的长度应略小于轴上零件(齿轮、蜗轮、带轮、链轮、联轴器等)对应的轴段长度,一般平键长度比该段轴的长度短 5~10 mm,放在该段轴的中间(或使轴上键槽靠近轴段端部,以便在装配时,使轮毂上的键槽与轴上的键容易对准),并圆整为标准值。

根据上述轴的径向尺寸设计,可初步选定(试选)轴承型号及具体尺寸,同一根轴上的两轴承型号一般应相同,以保证两轴承座孔尺寸相同,加工时应在镗床上一次加工完成,保证两轴承孔有较高的同轴度。减速器箱体内壁至轴承内侧之间的距离为 Δ_3(见图 5-11),是根据轴承润滑方式来确定。轴承采用箱体内润滑油润滑时 $\Delta_3 = 3 ~ 5$ m;采用润滑脂润滑时,需要装甩油环,$\Delta_3 = 8 ~ 12$ mm。在轴承位置确定后,画出轴承轮廓。

轴承座孔的宽度(轴向尺寸)取决于轴承旁连接螺栓所要求的扳手空间尺寸,扳手空间尺寸即为安装螺栓所需要的凸台宽度。由于轴承座孔外端面要进行切削加工,应有再向外突出 5~10 mm 的凸台,则轴承座孔轴向总长度为:$L = \delta + c_1 + c_2 + (5 ~ 10)$ mm(见图 5-11)。

根据轴承尺寸由相关手册或图册可查得轴承盖的结构尺寸,图 5-11 中凸缘式轴承盖的尺寸 m 由轴承孔长度 L 及轴承位置确定,一般取 $m > e$(t 为凸缘式轴承盖的凸缘厚度,计算方法参见表 5-1),但不宜太长或太短,以免拧紧连接螺钉时使轴承盖倾斜。

轴的外伸段长度与伸出段外接零件及轴承端盖的结构有关,使用联轴器时必须留有足够的装配空间,以保证外伸段轴上零件的装拆。例如图 5-15a 中长度 l_2 就是为了保证联轴器弹性柱销的拆装而留出的,这时尺寸应根据 A 确定。采用不同的轴承端盖结构将影响轴外伸的长度。当用凸缘式端盖(图 5-15b)时,轴外伸段长度 l_2 还需考虑拆卸端盖螺钉所需的足够空间,以便在不拆卸联轴器的情况下可以打开减速器箱盖。如果外接零件的轮毂不影响螺钉的拆卸(图 5-15c)或采用嵌入式端盖,则 l_2 值可取小些,满足相对运动表面间的距离要求即可。一般 l_2 可初取 15~20 mm(见图 5-11)。

6)轴上传动零件受力点及轴承支点的确定

按以上步骤初步绘制草图后,即可从草图上确定出轴上传动零件受力点位置和轴承支点间的距离 D_1、E_1、F_1,D_2、E_2、F_2 及 D_3、E_3、F_3(见图 5-11)。传动零件的受力点一般取为齿轮、蜗轮、带轮、链轮等宽度的中点,柱销联轴器的受力点取为柱销受力宽度的中点,齿轮联轴器的受力点取为结合齿宽的中点,各类轴承的支点按轴承标准确定。

7)轴的校核计算

根据初绘装配草图阶段定出的结构和支点及轴上零件的力作用点,便可进行轴的受力分析,绘制弯矩图、转矩图及当量弯矩图,然后确定危险截面进行强度校核。

如果强度不足,应加大轴径;如强度足够且计算应力或安全系数与许用值相差不大,则保持轴的结构设计时确定的轴径不变;如计算应力或安全系数与许用值相距甚远,即强度裕度过大,则在综合考虑结构设计相关因素后再确定是否要减小轴径。

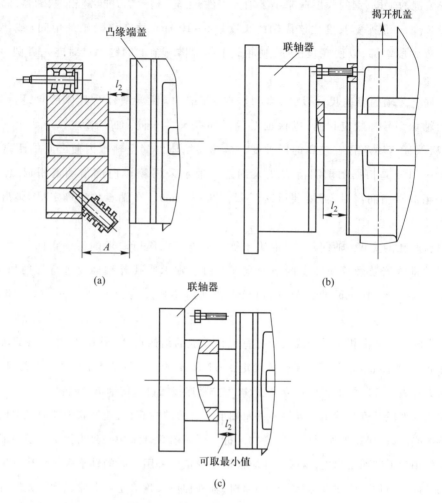

图 5-15 轴上外装零件与端盖间距离

8）滚动轴承寿命的校核计算

滚动轴承的寿命最好与减速器的寿命或减速器的检修期（一般为 2~3 年）大致相符，如果算得的寿命不能满足规定的要求（寿命太短或过长），一般先考虑选用另一种直径系列或宽度系列的轴承，其次再考虑改变轴承类型。

9）键连接强度的校核计算

键连接强度的校核计算主要是验算它的挤压应力，使计算应力小于材料的许用应力。许用挤压应力按键、轴、轮毂三者材料强度最弱的选取，一般是轮毂材料最弱。

如果计算应力超过许用应力，可通过加大键长，改用双键或花键，加大轴径改选较大剖面的键等途径来满足强度要求。

3. 完成二级圆柱齿轮减速器装配草图设计

这一阶段的主要工作内容是设计轴系部件、箱体及减速器附件的具体结构。其设计步骤大致如下。

（1）轴系部件的结构设计

1）画出箱内齿轮的具体结构

齿轮是否做成齿轮轴可根据齿根圆与轮毂孔键槽底部间的距离 x 来判断,见图 5-16a、b,当 x 小于图示距离时则做成齿轮轴。根据齿根圆直径 d_f 与相邻轴段直径 d_2 间的大小关系不同,选用的加工刀具不同,齿轮轴结构亦不同,见图 5-16c、d。

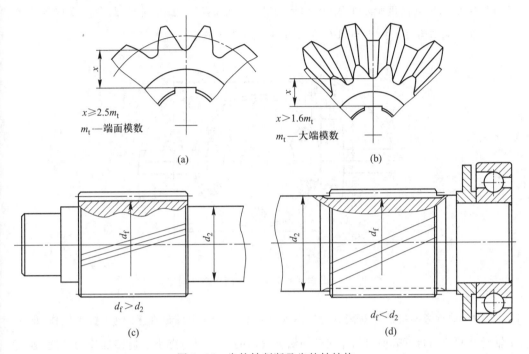

$x \geqslant 2.5m_t$
m_t—端面模数

(a)

$x > 1.6m_t$
m_t—大端模数

(b)

$d_f > d_2$

(c)

$d_f < d_2$

(d)

图 5-16　齿轮轴判断及齿轮轴结构

其他各种齿轮具体结构和尺寸请参见参考文献 12 的图册中的 74 号和 75 号图等。

2）画出滚动轴承的具体结构

参见附录三或相关滚动轴承标准手册。轴承调整方法和给油装置参见参考文献 12 的图册中的 83 号图。

3）画出轴承端盖的具体结构

参见参考文献 12 的图册中的 81 号和 85 号图等,注意非穿通式端盖和穿通式端盖的区别。穿通式端盖在密封毛毡处的最小厚度 B_{min} 的值参见附表 5-3 或参考文献 12 的图册中 81 号图中的子图(12),穿过穿通式端盖通孔处的轴段的轴径参见参考文献 12 的 81 号图中的表。

4）画出挡油板和密封装置的具体结构

参见参考文献 12 的图册中的 81 号图和 82 号图等,其中毛毡密封结构简单,价格低廉,适用于密封处轴段表面圆周速度 $v \leqslant 3 \sim 5$ m/s 的场合。

（2）减速器箱体的结构设计

① 轴承旁连接螺栓凸台高度 h 的确定如图 5-17 所示,为增大剖分式箱体轴承座的刚度,轴承旁两个连接螺栓间的距离 S 应尽可能靠近。对于无油沟箱体(轴承采用油脂润

滑），在保证与轴承盖连接螺钉及轴承孔不相干涉（距离为一个壁厚左右）的前提下，可取$S<D_2$；对于有油沟箱体（轴承采用润滑油润滑），在保证与轴承盖连接螺钉不相干涉，以及与油沟不相通（否则会引起漏油）的前提下，通常取$S \approx D_2$即可满足要求，其中D_2为轴承盖的外径。在轴承尺寸最大（低速级轴承）的那个轴承旁螺栓中心线确定后，随着轴承旁螺栓凸台高度的增加，C_1值也在增加，当满足扳手空间的C_1值时（可以通过平移量尺来度量），就确定了凸台高度h，以此高度画水平线，各轴承旁螺栓凸台高度即随之确定，凸台高度取为一致是为了加工制造方便。扳手空间C_1和C_2值由螺栓直径确定。

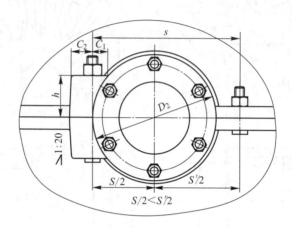

图 5-17 轴承旁连接螺栓凸台高度确定

另外，轴承旁连接螺栓安装方向见图 5-18，图 5-18a 中螺母在上，便于扳手操作，但限于轴承旁螺栓凸台下表面与箱座底部凸缘上表面间的空间距离小于连接螺栓的长度，连接螺栓无法从下方装入和取出，宜采用图 5-18b 所示的从上方装入、螺母在下的方式。还有，轴承盖螺钉的布置也不宜如图 5-18a 那样在分箱面上，这样布置，加工的螺纹孔会破坏箱盖和箱座连接的接合面，影响接合面的密封性，而宜采用图 5-18b 所示的布置方式。

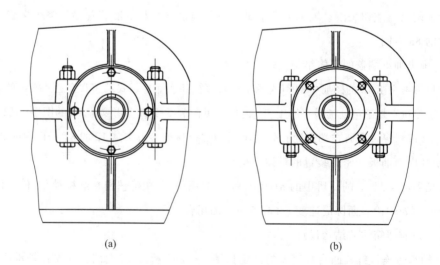

(a)   (b)

图 5-18 轴承旁连接螺栓安装方向

② 箱盖外表面圆弧半径 R。大齿轮所在一侧箱盖的外表面圆弧半径等于齿顶圆半径加齿顶圆到内壁距离再加上箱盖壁厚，即：$R = (d_a/2) + \Delta_1 + \delta_1$。而小齿轮所在一侧的箱盖外表面圆弧半径往往不能用公式计算，需根据结构作图确定，最好使小齿轮轴承旁螺栓凸台位于外表面圆弧之内，即 $R > R'$。在主视图上小齿轮端箱盖结构确定之后，将有关部分再投影到俯视图上，便可画出俯视图箱体内壁、外壁和箱缘等结构，如图 5-19 所示。

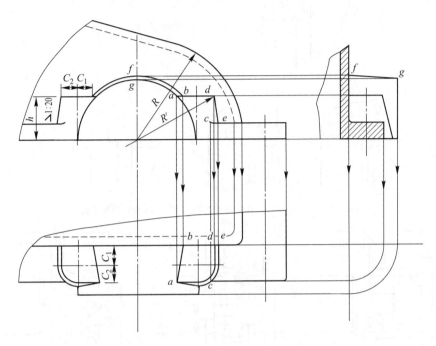

图 5-19　小齿轮端箱盖圆弧 R 的确定

③ 箱体凸缘连接螺栓的布置。为保证上、下箱体连接的紧密性，箱体凸缘连接螺栓的间距不宜过大。中小型减速器连接螺栓间距一般不大于 150 mm；大型减速器可取 150~200 mm。在布置上尽量做到均匀对称，满足螺栓连接的结构要求，另外注意不要与吊耳、吊钩和定位销等干涉。

④ 油面及箱座高度 H，见表 5-3。

⑤ 箱体凸缘输油沟的结构形式和尺寸。当任何一级齿轮传动的圆周速度大于等于 2 m/s 时，轴承利用齿轮飞溅起来的润滑油进行润滑，为此应在箱座凸缘上开设输油沟，使溅起来的油沿箱盖内壁斜面流入输油沟里，再经轴承盖上的导油槽流入轴承室润滑轴承（见图 5-20）。

输油沟分为机械加工油沟（见图 5-20b、c）和铸造油沟（见图 5-20a）两种。机械加工油沟制造容易，工艺性好，应用较多；铸造油沟由于工艺性不好，用得较少。机械加工油沟的宽度最好与刀具的尺寸相吻合，以保证在宽度上一次加工就可以达到要求的尺寸。

如图 5-20d 所示，输油沟要保证润滑油流入轴承座孔内，再经过轴承内外圈间的空隙回流箱座内部，而不应有漏油现象发生，这要注意输油沟与轴承的相对位置。

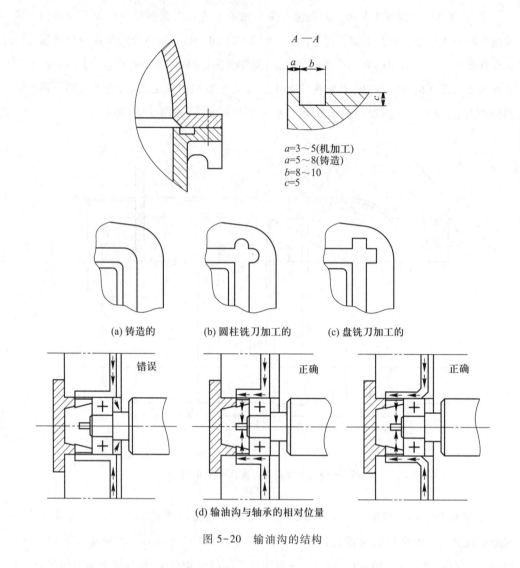

$a=3\sim5$(机加工)
$a=5\sim8$(铸造)
$b=8\sim10$
$c=5$

(a) 铸造的　　　　(b) 圆柱铣刀加工的　　　　(c) 盘铣刀加工的

(d) 输油沟与轴承的相对位量

图 5-20　输油沟的结构

⑥ 箱体结构的工艺性。箱体多用铸造方法制造。设计铸造箱体时,应注意铸造生产中的工艺要求,力求外形简单、壁厚均匀、过渡平缓,避免出现大量的金属局部积聚等。箱体上铸造表面相交处应设计成圆角过渡,以便于液态金属的流动和减小铸件应力集中;还应注意起模方向和起模斜度,便于起模。相关数值可查阅有关标准。

在考虑铸造工艺的同时,应尽可能减少机械加工面,以提高生产率和降低加工成本。同一轴心线上的轴承座孔的直径、精度和表面粗糙度尽可能一致,以便一次镗出。这样既可缩短工时,又能保证精度。箱体上各轴承座的端面应位于同一平面内,且箱体两侧轴承座端面应与箱体中心平面对称,以便加工和检验。箱座底面应区分支撑面和非支撑面,以减少加工面。箱体上任何一处加工表面与非加工表面必须严格分开,不要使它们处于同一表面上,凸出或凹入应根据加工方法而定。

设计减速器箱体结构时的一些注意点见表 5-4。

表 5-4　设计减速器箱体结构的一些注意点

箱座的内壁应设计在底部凸缘之内。 地脚螺栓孔应开在箱座底部凸缘与地基接触的部位,不能悬空	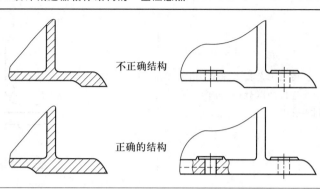
按铸造工艺性的要求,箱壁不宜太薄,最小壁厚不小于 8 mm,以免浇铸时铁水流动困难,出现充不满型腔的现象。 壁厚应均匀和防止金属积聚,避免产生缩孔、裂纹等缺陷	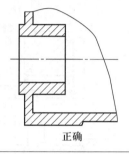 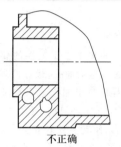

当箱壁的厚度变化较大时,应采用平缓过渡的结构,尺寸如下表所示

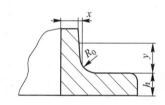

壁厚 h	x	y	R_0
10~15	3	15	5
>15~20	4	20	5
>20~25	5	25	5

避免出现狭缝结构,因为这种结构的砂型易碎裂,正确的做法应连成整体。 箱壁沿拨摸方向应有 1:10~1:20 的拨模斜度	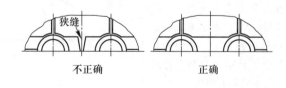
同一侧的各种加工端面尽可能一样平齐,以便于一次调整刀具进行加工	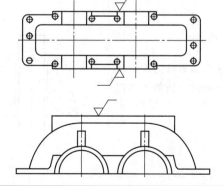

从铸造工艺性上来看,箱盖和箱座连接凸缘处内、外圆弧应是同心圆弧

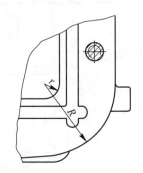

机械加工工艺性的要求轴承座孔应为通孔,最好两端孔径一样以利于加工。两端轴承外径不同时,可以在座孔中安装衬套,使支座孔径相同,利用衬套的厚度不等,形成不同的孔径以满足两端轴承不同外径的配合要求

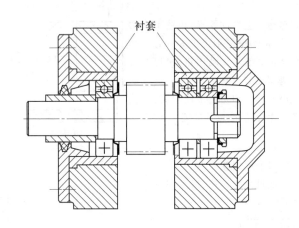

加工表面与非加工表面必须严格区分,并尽量减少加工面积。因此,轴承座的外端面、观察孔、透气塞、吊环螺钉、油标尺和油塞以及凸缘连接螺栓孔等处均应制出凸台(凸出非加工面3~5 mm)以便加工。右图为轴承座凸缘的外端面与凸台之间的合理与不合理的结构

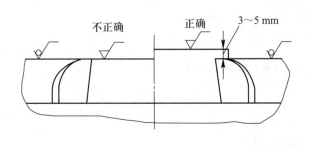

支撑螺栓头和螺母的支撑面通过锪鱼眼坑的方法加工局部平面

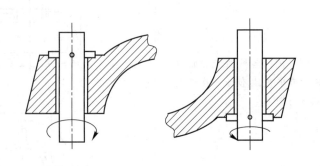

箱座底部应采用挖空或开槽的结构。图 a 的结构不合理,既难支撑平稳,加工面积又大,很不经济	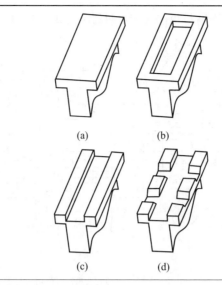
当出现中心距偏小,两个轴承盖相碰时,在不影响轴承盖安装固定的情况下,可将轴承盖切去一部分来避免相碰,相应的轴承座凸缘形状也要与轴承盖形状相适应	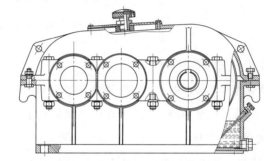

（3）减速器附件的选择和设计

见表 5-2。

4. 圆锥-圆柱齿轮减速器装配草图

圆锥-圆柱齿轮减速器装配草图的设计与绘图步骤与两级圆柱齿轮减速器类似,在此只介绍与两级展开式圆柱齿轮减速器装配草图设计的不同之处。

设计圆锥-圆柱齿轮减速器时,有关箱体的结构尺寸查表 5-1 并参见图 5-8。表 5-1 中的传动中心距取低速级(圆柱齿轮传动)中心距。圆锥-圆柱齿轮减速器的箱体采用以小锥齿轮的轴线为对称线的对称结构,以便大齿轮调头安装时可改变出轴方向。

（1）俯视图的绘制

与两级圆柱齿轮减速器一样,一般先画俯视图,画到一定程度后再与其他视图同时进行。如图 5-21 所示,在齿轮中心线的位置确定后,应首先将大、小锥齿轮的外廓画出,然后画出小锥齿轮处内壁位置,小锥齿轮大端轮毂的端面线与箱体内壁线距离 $\Delta_1 \geq \delta$(一般可取 10~15 mm),大锥齿轮轮毂端面与箱体内壁距离 $\Delta_2 \geq \delta$,再以小锥齿轮的轴线为对称线,画出箱体与小锥齿轮轴线对称的另一侧内壁。低速级小圆柱齿轮的齿宽通常比大齿轮宽 5~10 mm,中间轴上小圆柱齿轮端面与内壁距离 $\Delta_2 \geq \delta$。在画出大、小圆柱齿轮轮廓时应保证大锥齿轮与小圆柱齿轮的间距≥8~15 mm,若小于5 mm,应将箱体适当加宽。在主视图中应使大圆柱齿轮的齿顶圆与箱体内壁之间的距离 $\Delta_1 \geq 1.2\delta$。

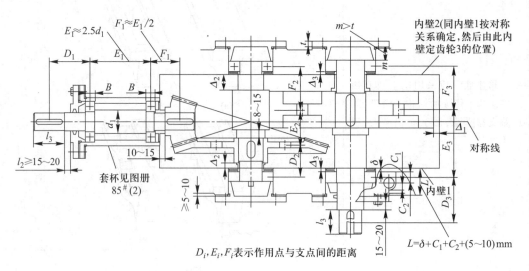

D_i, E_i, F_i 表示作用点与支点间的距离

图 5-21　圆锥-圆柱齿轮减速器装配草图

（2）锥齿轮的固定与调整

为保证锥齿轮传动的啮合精度,装配时两个锥齿轮的锥顶点必须重合,因此有时大、小锥齿轮的轴向位置需要调整。为便于调整,小锥齿轮通常放在套杯内,用套杯凸缘端面与轴承座外端端面之间的一组垫片 m 调节小锥齿轮的轴向位置(见图5-22)。采用套杯结构也便于固定轴承,固定轴承外圈的凸肩尺寸 D_a 应满足轴承的安装尺寸,套杯厚度可取 8~12 mm。

小锥齿轮轴上轴承的布置分为正装(见图5-22)和反装(见图5-23)。

正装轴承(见图5-22),如果采用齿轮轴(轴线上部结构),考虑到装拆问题,轴的中间部位比较细,用套筒将两轴承内圈分开并作单方向轴向固定,而轴承的另外两端分别用轴肩和弹性挡圈固定,两轴承外圈则分别利用套杯和轴承端盖(见图5-22上半部分 a 所示)固定,当小锥齿轮大端齿顶圆直径小于套杯凸肩孔径 D_a 时可采用这种结构。当小锥齿轮大端齿顶圆直径大于套杯孔径时,应采用齿轮与轴分开的结构,轴承的固定方法如图5-22下半部分 b 所示,此时,轴上零件可以在套杯外安装在轴上,然后整体装入或推出套杯,装拆方便。轴承游隙借助轴承盖与套杯间的垫片进行调整。

反装轴承如图5-23所示。图5-23a 为齿轮轴结构,左轴承内圈左端借助圆螺母加以固定,右轴承内圈右端借助轴肩加以固定,两轴承外圈均借助套杯凸肩加以固定。图5-23b 为齿轮与轴分开的结构。反装结构小齿轮悬臂短,受力好,轴的刚性好,但轴承安装不便,轴承游隙靠圆螺母调整也较麻烦。

（3）小锥齿轮悬臂长与相关支承距离的确定

小锥齿轮多采用悬臂安装结构,如图5-24所示,悬臂长 F_1 根据结构定出,$F_1 = M + \Delta + C + a$,其中 M 为锥齿轮宽度中点到大端最远处距离,$\Delta = 10 \sim 15$ mm,C 为轴承外圈宽边一侧到内壁距离(即套杯凸肩厚取 $8 \sim 12$ mm),支点距离 a 值可根据轴承型号手册中查得。跨距 E_1 值的确定应考虑支撑刚度和结构的大小,通常取 $E_1 = 2.5d_1$ 或 $E_1 = (2 \sim 2.5)d_1$,式中 d_1 为轴径。知道了 E_1,也可近似取 $F_1 = E_1/2$(见图 5-21)。

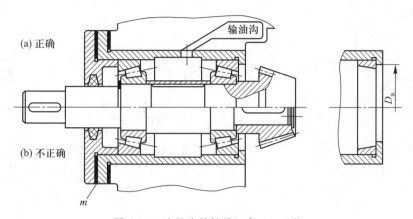

图 5-22　小锥齿轮轴承组合——正装

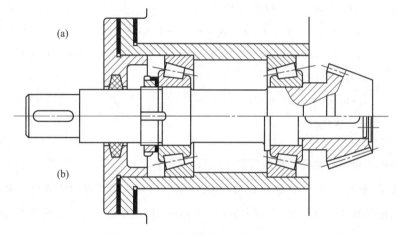

图 5-23　小锥齿轮轴承组合——反装

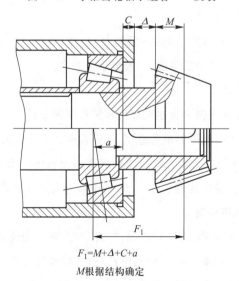

$$F_1 = M + \Delta + C + a$$

M 根据结构确定

图 5-24　小锥齿轮悬臂长 F_1 的确定

（4）轴承套杯及轴承盖轮廓尺寸的确定

小锥齿轮处的轴承套杯及轴承盖的轮廓尺寸由轴承尺寸确定,如图 5-25 所示。套杯内径与轴承外径相同,套杯上固定轴承的凸肩孔径 D_1 由轴承的安装尺寸确定,套杯的壁厚由强度确定。

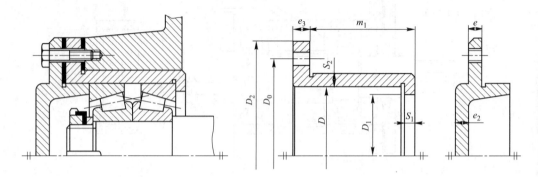

图 5-25　轴承套杯及轴承盖轮廓尺寸

$e \approx e_2 = 1.2d_3$, d_3 ——轴承盖螺钉直径;

$D_2 = D + (5 \sim 5.5)d_3$(无套杯时); $D_2 = D + (5 \sim 5.5)d_3 + 2S_2$(有套杯时);

$D_0 = 0.5(D_2 + D)$(无套杯时); $D_0 = 0.5(D_2 + D + 2S_2)$(有套杯时); D——轴承外径

D_1 由轴承尺寸确定;

$e_3 \approx S_1 \approx S_2 \approx (0.08 \sim 0.1)D \approx 8 \sim 12$ mm;

m_1 由结构确定。

（5）小锥齿轮轴外伸段长度的确定

如图 5-21 所示,画出小锥齿轮轴的结构,根据外伸端所装零件的轮毂尺寸和该零件与箱体的距离定出轴的外伸长度(可取 $l_2 \geqslant 15 \sim 20$ mm),同时确定出外伸端所装零件作用于轴上力的位置(可取 l_3 段的中点)。

（6）轴上受力点与支点的确定

从初绘草图中量取支点间和受力点间的距离 D_1、E_1、F_1,D_2、E_2、F_2 及 D_3、E_3、F_3(见图 5-21),并圆整成整数。然后校核轴和键的强度,以及轴承的寿命。

（7）完成装配草图设计

可参见两级圆柱齿轮减速器中所述内容完成装配草图设计。

在画主视图时,若采用圆弧形的箱盖造型,还需检验一下小锥齿轮与箱盖内壁间的距离 Δ_1 是否大于 1.2δ(见图 5-26)。如果 $\Delta_1 < 1.2\delta$,则需修改箱体内壁的位置直到满足要求为止。图 5-27 为单级圆锥齿轮减速器装配草图,其中 d 为大圆锥齿轮的轴孔直径。

5. 蜗杆减速器装配草图设计

蜗杆和蜗轮的轴线空间交错,需同时绘制主视图和左视图来反映蜗杆和蜗轮轴的结构。蜗杆减速器箱体的结构尺寸可参看图 5-9,利用表 5-1 的经验公式确定。设计蜗杆-齿轮或两级蜗杆减速器时,应取低速级中心距计算有关尺寸。现以单级蜗杆减速器为例说明其绘图步骤。

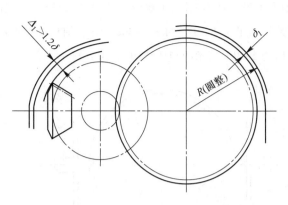

图 5-26　小锥齿轮与箱壁间隙

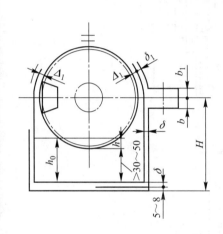 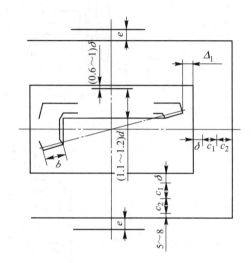

图 5-27　单级圆锥齿轮减速器装配草图

（1）传动零件位置及轮廓的确定

如图 5-28 所示,在各视图上定出蜗杆和蜗轮的中心线位置,蜗杆的节圆、齿顶圆、齿根圆、长度,蜗轮的节圆、外圆、蜗轮的轮廓,以及蜗杆轴的结构。

（2）蜗杆轴轴承座位置的确定

为了提高蜗杆轴的刚度,应尽量缩小两支点间的距离。为此,轴承座体常伸到箱体内部,如图 5-29 所示。内伸部分的端面位置应由轴承座孔壁厚和轴承座端部与蜗轮齿顶圆的最短距离($\Delta_1 = 12 \sim 15$ mm)确定,内伸部分的外径 D_1 一般近似等于螺钉连接式轴承盖外径 D_2,即 $D_1 \approx D_2$,确定出轴承座内伸部分端面的位置及主视图中箱体内壁的位置。为了增加轴承座的刚度,应在轴承座内伸部分的下面加支撑肋。

（3）轴上受力点与支点位置的确定

通过轴及轴承组合的结构设计,可定出蜗杆轴上受力点和支点间的距离 l_1、l_2、l_3 等尺寸,如图 5-28 所示,a 为轴承支点位置,具体数值需查轴承标准。

蜗轮轴受力点间的距离,在左视图中通过结构设计绘图确定。箱体宽度 B 的确定与二级圆柱齿轮减速器的宽度设计基本相同,由蜗轮尺寸、蜗轮到箱体内壁的距离、轴和轴承组合的结构确定,一般最终结果是 $B \approx D_2$,如图 5-30a 所示。有时为了缩小蜗轮轴的支点距离和提高刚度,也可采用图 5-30b 所示的箱体结构,此时 B 略小于 D_2。

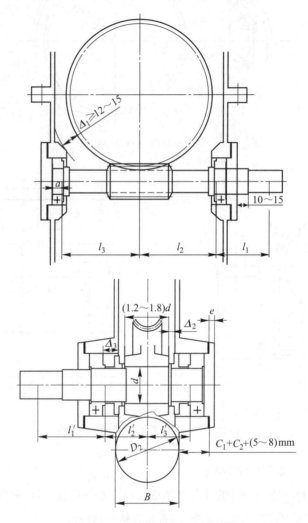

图 5-28 单级蜗杆减速器装配草图

在箱体宽度确定之后,在侧视图上进行蜗轮轴及轴承组合结构设计。首先定出箱体外表面,然后画出箱壁内表面,使蜗轮轮毂端面至箱体内壁的距离 $\Delta_2 \approx 10 \sim 15$ mm。

轴承端面与箱体内壁间的距离 Δ_3,当轴承采用油润滑时,轴承端面与箱体内壁间的距离取 $3 \sim 5$ mm,脂润滑时取 $10 \sim 15$ mm。轴承位置确定后,画出轴承轮廓。

(4) 蜗杆传动及其轴承的润滑

蜗杆减速器轴承组合的润滑与蜗杆传动的布置方案有关。当蜗杆圆周速度小于 10 m/s 时,通

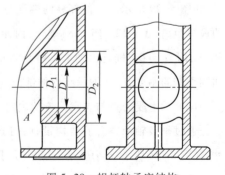

图 5-29 蜗杆轴承座结构

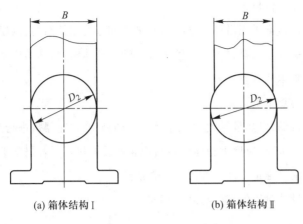

(a) 箱体结构Ⅰ   (b) 箱体结构Ⅱ

图 5-30 蜗杆减速器箱体宽度

常采用蜗杆布置在蜗轮的下面,称为蜗杆下置式。这时蜗杆轴承组合靠油池中的润滑油润滑,比较方便。蜗杆浸油深度为$(0.75\sim1.0)$h,h 为蜗杆的齿高。当蜗杆轴承的浸油深度已达到要求,蜗杆浸油深度不够时,可在蜗杆轴上设溅油环,如图 5-31 所示。利用溅油环飞溅的油来润滑传动零件及轴承,这样也可防止蜗杆轴承浸油过深。

当蜗杆圆周速度大于 10 m/s 时,采用蜗杆置于蜗轮上面的布置方式,称为上置式。其蜗轮速度低,搅油损失小,油池中杂质和磨料进入啮合处的可能性小。

（5）轴承游隙的调整

轴承游隙的调整通常由调整箱体轴承座与轴承盖间的垫片或套杯与轴承盖间的垫片来实现,如图 5-31 所示。

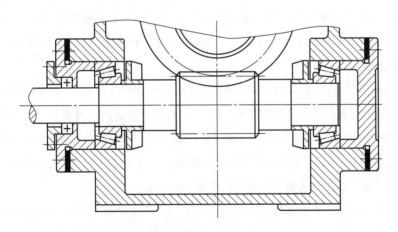

图 5-31 轴承游隙调整及溅油环结构

（6）蜗杆传动的密封

对于蜗杆下置式减速器,由于蜗杆轴承下部浸在润滑油中,易漏油,因此,蜗杆轴承应采用较可靠的密封装置,例如橡胶圈密封或混合密封;而蜗杆在上,其轴承组合的润滑比较困难,此时可采用脂润滑或设计特殊的导油结构。

（7）蜗杆减速器箱体形式

大多数蜗杆减速器都采用沿蜗轮轴线的水平面剖分的箱体结构，以便蜗轮轴的安装、调整。中心距较小的蜗杆减速器也可采用整体式大端盖箱体结构，其结构简单、紧凑、质量小，但蜗轮及蜗轮轴的轴承调整不便。

（8）蜗杆传动的热平衡计算

蜗杆传动效率较低，发热量较大，对于连续工作的蜗杆减速器需进行热平衡计算。当热平衡计算满足不了要求时，应增大箱体散热面积和增设散热片。若仍不满足要求，可考虑在蜗杆轴端部加设风扇等强迫冷却的方法来加强散热。

完成装配草图设计阶段的工作与之前相同。

5.3.3　完成减速器装配图

完整的装配工作图应包括表达减速器结构的各个视图、主要尺寸和配合、技术特性和技术要求、零件编号、明细栏和标题栏等。在完成减速器装配草图设计，并经过修改、审查后，即可进行装配图的绘制。

1. 绘制减速器装配图

① 在装配草图完成之后，加深时应选择硬度合适的铅笔，削成矩形按照制图要求选择合适线宽，进行加深，也可以利用 CAD 软件来绘制减速器装配图。

② 在完整、准确地表达减速器零部件结构形状、尺寸和各部分相互关系的前提下，视图数量应尽量少。应尽量把减速器的工作原理和主要装配关系集中表达在一个基本视图上。对于齿轮减速器，尽量集中在俯视图上；对蜗杆减速器，则可在主视图上表示。装配图上尽量避免用虚线表示零件结构，必须表达的内部结构（如附件结构）可采用局部剖视图或局部视图来表达清楚。

③ 画剖视图时，对于相邻的不同零件，其剖面线的方向应不相同，以示区别，而一个零件在各剖视图中剖面线方向和间距则应一致。为了防止画剖面线时出错，同一零件三视图中剖面线同时进行。对于很薄的零件（如垫片）其剖面尺寸较小，可涂黑，不打剖面线。

④ 装配图上某些结构可以采用机械制图国家标准中规定的简化画法，如螺纹连接件、滚动轴承等。也可以按机械制图中规定的投影关系绘制。

⑤ 同一视图的多个配套零件，如螺栓、螺母等，允许只详细画出一个，其余用中心线表示。

⑥ 齿轮轴和斜齿轮的螺旋线方向应表达清楚，螺旋角应与计算相符。

2. 标注尺寸

装配图上应标注的尺寸有以下四类。

① 特性尺寸：影响减速器性能的尺寸，如传动零件中心距及其偏差（查表 5-11）。

② 外形尺寸：指减速器大小尺寸，供包装运输及安装时参考，如减速器的总长、总宽和总高。

③ 安装尺寸:减速器在安装时,与基础、机架和其他外接件联系的尺寸,如箱座底面尺寸(包括底座的长、宽、高),地脚螺栓孔中心的定位尺寸,地脚螺栓孔的直径和彼此间的中心距,减速器中心高,外伸轴端部段的配合长度和直径等。

④ 配合尺寸:主要零件的配合尺寸、配合性质和公差等级。配合性质和公差等级的选择对减速器的工作性能、加工工艺及制造成本等有很大影响,也是选择装配方法的依据,应根据手册中有关资料认真确定,表 5-5 给出减速器主要零件配合的推荐配合,供设计时参考。

表 5-5　减速器主要零件配合的推荐配合

配合零件	推荐配合	装拆方法
大中型减速器的低速级齿轮(蜗轮)与轴的配合,轮缘与轮芯的配合	$\dfrac{H7}{r6},\dfrac{H7}{s6}$	用压力机或温差法(中等压力的配合,小过盈配合)
一般齿轮、蜗轮、带轮、联轴器与轴的配合	$\dfrac{H7}{r6}$	用压力机(中等压力的配合)
要求对中性良好及很少装拆的齿轮、蜗轮、联轴器与轴的配合	$\dfrac{H7}{n6}$	用压力机(较紧的过渡配合)
小锥齿轮及较常装拆的齿轮、联轴器与轴的配合	$\dfrac{H7}{m6},\dfrac{H7}{k6}$	手锤打入(过渡配合)
滚动轴承内孔与轴的配合(内圈旋转)	j6(轻负荷) k6,m6(中等负荷)	用压力机(实际为过盈配合)
滚动轴承外圈与机体的配合(外圈不转)	H7,H6(精度要求高时)	木锤或徒手装拆
轴套、挡油盘、溅油轮与轴的配合	$\dfrac{D11}{k6},\dfrac{F9}{k6},\dfrac{F9}{m6},\dfrac{H8}{h7},\dfrac{H8}{h8}$	
轴承套杯与机孔的配合	$\dfrac{H7}{js6},\dfrac{H7}{h6}$	
轴承盖与箱体孔(或套杯孔)的配合	$\dfrac{H7}{d11},\dfrac{H7}{h8}$	
嵌入式轴承盖的凸缘厚与箱体孔凹槽之间的配合	$\dfrac{H11}{h11}$	
与密封件相接触轴段的公差带	F9;h11	

标注尺寸时应使尺寸排列整齐、标注清晰,多数尺寸应尽量布置在反映主要结构的视图上,并尽量布置在视图的外面。

3. 零件编号

为便于读图、装配及生产准备工作(备料、订货及预算等),需对装配图上的所有零件进行编号。装配图中零件序号的编排应符合机械制图国家标准的规定,序号按顺时针或逆时针方向依次排列整齐,避免重复或遗漏。对于不同种类的零件(如尺寸、形状、材料不同),均应单独编号,相同零件共用一个编号。对于独立组件,如滚动轴承、垫片组、油标、通气器等,可用一个编号。对于装配关系清楚的零件组,如螺栓、螺母、垫圈,可共用一条引线再分别编号,如图 5-32 所示。零件引线不得交叉,尽量不与剖面线平行,编号数字应比图中数字大 1~2 号。标准件和非标准件可以混合编号也可以分开编号。

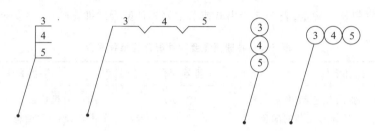

图 5-32　零件编号

4. 编写标题栏及零件明细表

标题栏布置在图纸右下角,其格式、线型及内容应按国家标准规定完成,允许根据实际需要增减标题栏中的内容,包括减速器的名称、图号、比例和件数等。

明细表是装配图中所有零件的详细目录,填写明细表的过程也是对各零、部、组件的名称、品种、数量、材料进行审查的过程。明细表布置在标题栏的上方,从下而上顺序填写。零件较多时,允许紧靠标题栏左边自下而上续表,必要时可另页单独制。应按序号完整地写出零件的名称、数量、材料、规格和标准等。其中,标准件必须按照相应国家标准的规定标记,完整地写出零件名称、材料牌号、主要尺寸及标准代号。

课程设计时推荐采用简化的明细表和标题栏,其格式见附表 1-1。

5. 减速器技术特性

减速器的技术特性包括输入功率、输入转速、传动效率、总传动比及各级传动比、传动特性(如各级传动件的主要几何参数、公差等级)等。减速器的技术特性可在装配图上适当位置列表表示。两级圆柱斜齿轮减速器技术特性示范见表 5-6。

表 5-6　技 术 特 性

输入功率/ kW	输入转速/ (r/min)	效率 η	总传动比 i	传动特性							
				第一级				第二级			
				m_n	z_2/z_1	β	公差等级	m_n	z_2/z_1	β	公差等级

6. 编写技术要求

装配工作图的技术要求是用文字说明在视图上无法表达的关于装配、调整检验、润滑、维护等方面的内容,以保证减速器的工作性能,主要包括以下几方面。

（1）减速器的润滑与密封

润滑剂对减少运动副间的摩擦,降低磨损,加强散热和冷却方面起着重要作用,技术要求中应写明传动件及轴承的润滑剂牌号、用量及更换周期。

选择传动件的润滑剂时,应考虑传动特点、载荷性质、大小及运转速度。重型齿轮传动可选用黏度高、油性好的齿轮油;蜗杆传动由于不利于形成油膜,可选用既含有极压添加剂又含有油性添加剂的工业齿轮油;对轻载、高速、间歇工作的传动件可选黏度较低的润滑油;对开式齿轮传动可选耐腐蚀、抗氧化及减磨性好的开式齿轮油。

当传动件与轴承采用同一润滑剂时,应优先满足传动件的要求,并适当兼顾轴承要求。

对多级传动,应按高速级和低速级对润滑剂要求的平均值来选择润滑剂。对于圆周速度 $v<2$ m/s 的开式齿轮传动和滚动轴承,常采用润滑脂。具体牌号根据工作温度、运转速度、载荷大小和环境情况选。

润滑剂的选择参见附表 5-1,对于新机器,跑合后应立即更换润滑油,正常工作期间半年左右更换。

为了防止灰尘等杂质进入减速器内部和润滑油泄漏,箱体剖分面、各接触面均应密封。剖分面上允许涂密封胶或水玻璃,但不允许塞入任何垫片或填料,否则会改变轴承与轴承孔间的配合性质。轴伸处密封方法见前述,且轴伸处密封应涂上润滑脂。

（2）滚动轴承轴向游隙及其调整方法

为保证轴承正常工作,在安装和调整滚动轴承时,必须保证一定的轴向游隙。对可调游隙的轴承(如角接触球轴承和圆锥滚子轴承),其轴向游隙值查附表 3-5。对于不可调游隙的深沟球轴承,则要注明轴承端盖与轴承外圈端面之间留有轴向间隙 Δ,一般 $\Delta = 0.25 \sim 0.4$ m 的轴向间隙。

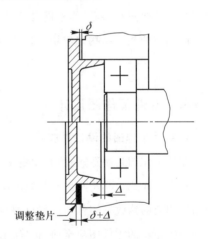

图 5-33　滚动轴承轴向游隙调整方法

如图 5-33 所示的是用垫片调整轴向间隙。先用端盖将轴承完全顶紧,此时端盖与箱体端面之间有间隙 δ,然后再用厚度为 $\delta+\Delta$ 的一组垫片置于端盖与箱体端面之间即可得到需要的间隙 Δ。也可用螺纹件来调整轴承游隙,将螺钉或螺母拧紧至基本消除轴向游隙,然后再退转到留有轴向游隙 Δ 的位置,再锁紧螺纹即可。

（3）接触斑点

检查接触斑点的方法是在主动轮齿面上涂色后转动,观察从动轮齿面的着色情况,由此分析接触区位置及接触面积大小。若不符合要求,可调整传动件的啮合位置或对齿面进行跑合。对于锥齿轮减速器,可通过垫片调整大、小锥齿轮位置,使两轮锥顶重合;对于蜗杆减速器,可调整蜗轮轴承端盖与箱体轴承座之间的垫片,使蜗轮中间平面与蜗杆中心面重合,以改善接触状况。接触斑点值查附表 7-4。

（4）减速器的实验

减速器装配好后应做空载实验，正反转各一小时，要求运转平稳、噪声小，连接固定处不得松动。做负载实验时，油池温升不得超过 35℃，轴承温升不得超过 40℃。

（5）外观、包装和运输的要求

箱体表面应涂灰色油漆，外伸轴及零件需涂油并包装严密，运输及装卸时不可倒置。

7. 检查装配图

装配图绘制完成后，应对此阶段的设计再进行一次检查。其主要内容包括如下几点。

① 视图的数量是否足够，是否能清楚地表达减速器的工作原理和装配关系；

② 尺寸标注是否正确，配合和精度的选择是否适当；

③ 技术条件和技术性能是否完善、正确；

④ 零件编号是否齐全，标题栏和明细栏是否符合要求，有无多余或遗漏；

⑤ 所有文字和数字是否清晰，是否按制图规定书写。

一些减速器装配图的参考图例参见附录九，更多的参考图例请参见参考文献 12 的图册中的相关图，一级圆柱齿轮减速器见 7 号、12 号和 13 号图等，二级圆柱齿轮减速器见 16 号、18 号和 19 号图等，一级锥齿轮减速器见 29 号和 30 号图等，二级圆柱—锥齿轮减速器见 32 号、33 号和 34 号图等，蜗杆减速器见 36 号、37 号、38 号、39 号和 40 号图等。要说明的是，图例中的结构只是参考，要根据自己设计的减速器情况和前述内容来选用和修改，可以综合多个图例中的相关结构来应用于自己减速器的结构设计中。

5.3.4 零件工作图设计

1. 零件工作图的设计要求

零件工作图是制造、检验和制定零件工艺规程的基本技术文件，在装配工作图的基础上拆绘和设计而成。其基本尺寸与装配图中对应零件尺寸必须一致，如果必须改动，则应对装配图做相应的修改。零件图既要反映设计者的意图，又要考虑制造、装拆方便和结构的合理性。一张完整的零件图应全面、正确、清晰地表达零件的内外结构、制造和检验时的全部尺寸和应达到的技术要求。零件图的设计要点如下。

（1）视图选择

每个零件应该单独绘制在一张标准幅面图纸上。应合理地选用一组视图（包括剖视图、断面图、局部视图等），完全、正确和清楚地表明零件的结构形状和相对位置关系。

零件图优先选用 1∶1 的比例。布置视图时，要合理利用图纸幅面，若零件尺寸较小或较大时，可按规定的放大或缩小比例画出图形。细部结构可以采用局部放大图。

（2）尺寸及其公差的标注

零件图上的尺寸是加工与检验的依据。尺寸标注要符合机械制图的规定，尺寸既要足够又不多余；同时尺寸标注应考虑设计要求，并便于零件的加工和检验，因此在设计中要注意以下几点。

① 为保证设计要求及便于加工制造,正确选择尺寸基准。

② 图面上应有供加工测量用的足够尺寸,尽量避免加工时做任何计算。

③ 大部分尺寸应尽量集中标注在最能反映零件特征的视图上。

④ 对配合尺寸及要求精确的几何尺寸,如轴孔配合尺寸、键配合尺寸、箱体孔中心距等,均应注出尺寸的极限偏差。

⑤ 零件工作图上应标注必要的几何公差,它是评定零件加工质量的重要指标之一。不同零件的工作要求不同,所需标注的几何公差项目及等级也不同。其具体数值及标注方法见附录六,亦可参考有关手册和图册。

⑥ 零件的所有表面都应注明表面粗糙度的数值,如较多平面具有同样的表面粗糙度,可在图纸上统一标注,但只允许就其中使用最多的一种表面粗糙度作标注。粗糙度的选择应根据设计要求确定,在保证技术要求的前提下,尽量取较大的粗糙度数值。

⑦ 对于传动零件,要列出主要参数、精度等级和误差检验项目表。

⑧ 零件工作图上的尺寸必须与装配图中的尺寸一致。

(3) 编写技术要求

对于零件在制造时必须保证的技术要求,但又不便用图形或符号表示时可用文字简明扼要地书写在技术要求中,主要包括对零件材料力学性能和化学成分的要求,对材料的表面力学性能的要求(如热处理方法、热处理表面硬度等),对加工的要求(如是否保留中心孔,是否需要与其他零件组合加工等),对未注倒角、圆角的说明,个别部位的修饰加工要求以及长轴毛坯的校直等。其内容根据不同零件和不同加工方法的要求而定。

(4) 标题栏

在图纸的右下角画出标题栏,用来说明零件的名称、图号、数量、材料、比例以及设计者姓名等,其格式见附表1-1。

对不同类型的零件,其零件图的具体内容也有各自的特点,下面就轴与齿轮两种典型零件分别叙述。

2. 轴类零件工作图设计

(1) 视图选择

一般轴类零件只需绘制主视图即可基本表达清楚,视图上表达不清的键槽和孔等,可用断面图或剖视图辅助表达。对轴的细部结构,如螺纹退刀槽、砂轮越程槽、中心孔等,必要时可画出局部放大图。

(2) 尺寸标注

轴类零件几何尺寸主要有各轴段的直径和长度尺寸、键槽尺寸和位置、其他细部结构尺寸(如螺纹退刀槽、砂轮越程槽、倒角、圆角)等。

标注直径尺寸时各段直径都要逐一标注。凡有配合要求处,应标注尺寸及偏差值。各段之间的过渡圆角或倒角等结构的尺寸也应标出(或在技术条件中加以说明)。

标注轴向长度尺寸时,为了保证轴上所装零件的轴向定位和固定,应根据设计和工艺要求确定主要基准和辅助基准(通常选取齿轮、轴承的定位轴肩端面或轴端作为基准面),并选择合理的标注形式。标注的尺寸应反映加工工艺及测量的要求,避免出现封闭的尺寸链。长度尺寸精度要求较高的轴段应直接标注。通常取加工误差不影响装配要求的最不重要的轴段作为封闭环而不标注。此外在标注键槽尺寸时,除标注键槽长度尺寸外,还应注意标注键槽的定位尺寸。

图 5-34a 为齿轮减速器输出轴的直径和长度尺寸的正确的标注示例。图中基准面 Ⅰ 是齿轮与轴的定位面,为主要基准,图中 L_2、L_3、L_4、L_5 和 L_7 等尺寸都是以基准面 Ⅰ 作为基准注出,以减少加工误差。标注 L_2 和 L_4 是考虑齿轮及右轴承的可靠性,而 L_3 控制左轴承的固定定位。轴端面作为辅助基准面,通过辅助基准面标注 L_6 是考虑开式齿轮的固定定位。L_8 为次要尺寸。密封毡圈轴段和装左轴承轴段的长度误差不影响装配精度及使用,故作为封闭环不注尺寸,使加工误差累积在这些轴段上,以保证主要尺寸的加工精度,避免了封闭的尺寸链。

图 5-34b、c、d 则为常见的错误的轴长度尺寸标注示例。图 5-34b 的标注使各段尺寸的首尾相接,无法保证轴总长度的尺寸精度;图 5-34c 的标注与实际加工顺序不相符合,既不便于测量,又降低了要求较高的轴段长度(见图 5-34a 中 L_2、L_3、L_4、L_5 和 L_7 等)的精度;图 5-34d 的标注为封闭尺寸链,难以把握哪些尺寸是主要的,哪些尺寸是一般的,使每个轴段尺寸精度都受到其他轴段尺寸精度的影响,影响加工精度在整个工序中的分配,难以保证精度。

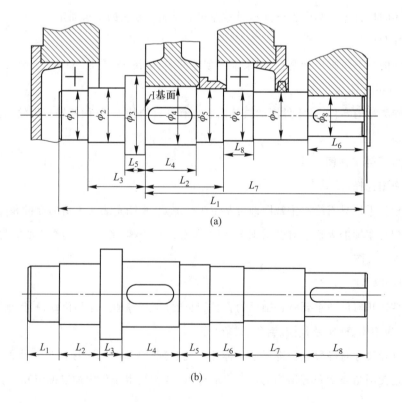

(a)

(b)

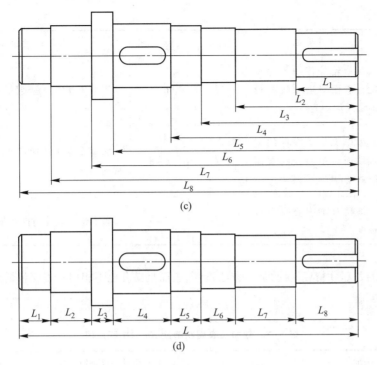

图 5-34　轴的直径和长度尺寸的标注

（3）公差及表面粗糙度的标注

轴的重要尺寸,如安装齿轮、轴承、带轮及联轴器部位的直径,均应依据装配工作图上所选定的配合性质,查出公差值,标注在零件图上;键槽尺寸及公差按键连接公差的规定进行标注。

轴类零件图除需标注尺寸公差外,还需标注必要的形位公差,以保证轴的加工精度和装配质量。当某一轴段上同时标注有尺寸公差、位置公差(径向圆跳动公差)和形状公差(圆度或圆柱度公差)时,一般应满足以下关系:尺寸公差>位置公差>形状公差。表 5-7 列出了轴的形位公差的推荐标注项目和公差等级。形位公差的具体数值及标注方法见附录六,亦可参考有关手册和图册。

表 5-7　轴的几何公差推荐标注项目

类别	标注项目	符号	公差等级	对工作性能的影响
形状公差	与滚动轴承、传动零件相配合直径的圆柱度	⌭	5~8	影响轴承、传动零件与轴配合的松紧及对中性,也会改变轴承内圈滚道的几何形状,影响轴承寿命
位置公差	与滚动轴承相配合的轴颈表面对中心线的径向圆跳动	↗	5~6	影响轴和轴承的运转同心度
	轴承的定位端面相对轴心线的端面圆跳动(轴向圆跳动)	↗	6~7	影响轴承的定位和受载的均匀性

类别	标注项目	符号	公差等级	对工作性能的影响
位置公差	与齿轮等传动零件相配合表面对中心线的径向圆跳动	⌯	6~8	影响传动件的运转同心度
	齿轮等传动零件的定位端面对中心线的端面圆跳动(轴向圆跳动)	⌯	6~8	影响齿轮等传动零件的定位及受载均匀性
	键槽对轴中心线的对称度	═	7~9	影响键受载均匀性及装拆的难易

由于轴的各部分精度不同,加工方法不同,表面粗糙度也不相同。表面粗糙度参考数值的选择见表 5-8。

表 5-8　轴加工表面粗糙度 *Ra* 的推荐用值

加工表面	表面粗糙度 *Ra* 值		
与传动件及联轴器等轮毂相配合的表面	3.2,1.6~0.8,0.4		
与滚动轴承相配合的表面	1.0(轴承内径 $d \leqslant 80$ mm) 1.6(轴承内径 $d > 80$ mm)		
与传动件及联轴器相配合的轴肩端面	6.3,3.2,1.6		
与滚动轴承相配合的轴肩端面	2.0($d \leqslant 80$ mm);2.5($d > 80$ mm)		
平键键槽	6.3,3.2,1.6(工作面);12.5,6.3(非工作面)		
密封处的表面	毡圈式	橡胶密封式	油沟及迷宫式
	与轴接触处的圆周速度/(m/s)		6.3,3.2,1.6
	≤3	>3~5	>5~10	
	3.2,1.6,0.8	1.6,0.8,0.4	0.8,0.4,0.2	

(4)技术条件

轴类零件图上的技术条件包括以下内容。

① 对材料和表面性能的要求,如所选材料牌号及热处理方法、热处理后应达到的硬度值等。

② 对加工的要求,如是否要求保留中心孔。若要保留,应在零件图上画出或按国家标准要求加以说明(在技术条件中注明中心孔的类型及国标代号,或在图上作指引线标出)。与其他零件配合一起加工(如配钻或配铰等)也应说明。

③ 图中未注明的圆角、倒角尺寸及其他特殊要求的说明等。

轴的零件工作图例参见图 5-35。

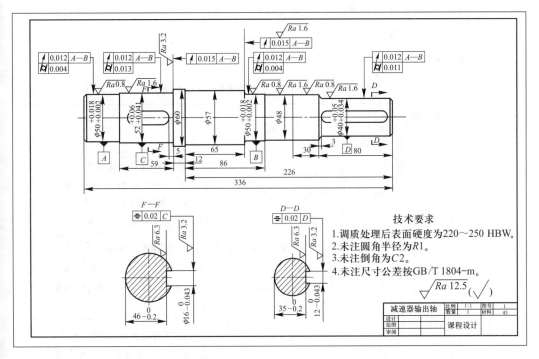

图 5-35　轴的零件工作图例

3. 齿轮类零件工作图设计

（1）视图选择

齿轮、蜗轮等盘类零件的图样一般绘制 1~2 个视图,主视图轴线水平布置,并用全剖或半剖视图画出孔、键槽、轮毂、轮辐及轮缘等内部结构,侧视图只绘制主视图表达不清的键槽与孔。左视图可以全部画出,也可以只绘制主视图表达不清的键槽与孔的局部视图。对于组合式的蜗轮结构,则应画出齿圈及轮芯的零件图和蜗轮的组件图。齿轮轴与蜗杆轴的视图与轴类零件图相似。为了表达齿形的有关特征及参数,必要时应画出局部剖面图。

（2）标注尺寸

齿轮类零件图的径向尺寸以轮毂孔轴线为基准标出,宽度方向尺寸则以轮毂孔的端面为基准标出。另外,圆柱齿轮的齿顶圆柱面(锥齿轮的锥顶圆锥面)也常作为工艺基准和测量的定位基准。分度圆是设计的基本尺寸,必须标注。齿顶圆直径、轮毂直径、轮辐(或腹板)等尺寸,是加工中不可缺少的尺寸,都应标注。

锥齿轮的锥距和锥角是保证啮合的重要尺寸,标注时,锥距应精确到 0.01 mm,锥角应精确到秒,还应注出轮毂孔基准端面到锥顶的距离,它会影响锥齿轮的啮合精度,因而必须在加工时予以控制。

画蜗轮组件图时,应注出齿圈和轮芯的配合尺寸、精度及配合性质。

（3）齿轮精度设计

齿轮零件工作图上所有配合尺寸和精度要求较高的尺寸,均应标注尺寸公差、形位公差及表面粗糙度,归属于齿轮精度设计,主要包括以下内容。

1）齿轮的精度等级

国家标准规定了13个精度等级(0,1,2,…,12),通用减速器用齿轮精度等级为6~9级。

表 5-9　齿轮平稳性精度等级的选用(供参考)

精度等级	圆周速度/(m/s)		面的加工	工作条件
	直齿	斜齿		
6级(高精密)	到16	到30	精密磨齿或剃齿	要求最高效率且无噪声的高速下平稳工作的齿轮传动或分度机构的齿轮传动,特别重要的航空、汽车齿轮,读数装置用特别精密传动的齿轮
7级(精密)	到10	到15	无需热处理仅用精确刀具加工的齿轮,淬火齿轮必须精密加工(磨齿、挤齿、珩齿等)	增速和减速用齿轮传动,金属切削机床送刀机构用齿轮,高速减速器用齿轮,航空、汽车用齿轮,读数装置用齿轮
8级(中等精密)	到6	到10	不磨齿,必要时光整加工或对研	无需特别精密的一般机械制造用齿轮,包括在分度链中的机床传动齿轮,飞机、汽车制造业中的不重要齿轮,起重机构用齿轮,农业机械中的重要齿轮,通用减速器齿轮

接着计算齿轮圆周线速度,由表5-9确定其平稳性精度,例如若 $v=5$ m/s 查表5-9得平稳性精度为8级;运动精度要求不高,故也选8级;载荷分布均匀性精度一般不低于平稳性精度,可选7级或8级。

2）单个齿轮检验项目及偏差

① 运动平稳性:单个齿距偏差 $\pm f_{pt}$、齿廓总偏差 F_α,具体数值查附录中附表7-2。

② 运动准确性:齿距累积总偏差 F_p,具体数值查附表7-2。

③ 载荷分布均匀性:螺旋线总偏差 F_β,具体数值查附表7-1。

④ 径向跳动公差:径向跳动公差 F_r 查附表7-2。

3）齿轮副最小法向侧隙

齿轮副侧隙是为了防止齿轮副因制造、安装误差和工作热变形而使齿轮卡死,也是为了齿面间能形成润滑油膜。

① 最小法向侧隙 j_{bnmin} 确定

根据中心距 a 查表5-10。例如若 $m=2$, $a=100$,由表5-10查得 $j_{bnmin}=0.12$ mm(若中心距 a 值没有在表中列出,可用插值法计算得出 j_{bnmin} 的值)。

表 5-10　对于中、大模数齿轮 j_{bnmin} 的推荐数据　　　　　（单位:mm）

模数 m_{n}	最小中心距 a					
	50	100	200	400	800	1 600
1.5	0.09	0.11	—	—	—	—
2	0.10	0.12	0.15	—	—	—
3	0.12	0.14	0.17	0.24	—	—
5	—	0.18	0.21	0.28	—	—
8	—	0.24	0.27	0.34	0.47	—
12	—	—	0.35	0.42	0.55	—
18	—	—	—	0.54	0.67	0.94

也可按下面公式进行计算:

$$j_{\mathrm{bnmin}} = \frac{2}{3}(0.06+0.000\ 5a+0.03m_{\mathrm{n}})$$

② 齿厚上、下极限偏差的计算

对于大模数的齿轮,测量齿厚比较方便,故齿轮工作图上标注分度圆弦齿厚及其偏差和分度圆弦齿高。

测量齿厚时通常用齿厚游标卡尺,测量时,以齿顶圆作为测量基准,通过调整纵向游标卡尺来确定分度圆弦齿高 h_{an},再从横向游标卡尺上读出分度圆弦齿厚 S_{n},分别用下式计算

$$h_{\mathrm{an}} = m_{\mathrm{n}} + \frac{z_{\mathrm{v}}m_{\mathrm{n}}}{2}\left(1-\cos\frac{90°}{z_{\mathrm{v}}}\right)$$

$$S_{\mathrm{n}} = z_{\mathrm{v}}m_{\mathrm{n}}\sin\frac{90°}{z_{\mathrm{v}}}$$

式中:m_{n} 为齿轮法面模数,z_{v} 为当量齿数。

齿厚上极限偏差:$E_{\mathrm{sns}} = -\left(\dfrac{j_{\mathrm{bnmin}}+J_{\mathrm{bn}}}{2\cos\alpha_{\mathrm{n}}}+f_{a}\tan\alpha_{\mathrm{n}}\right)$

加工、安装误差对侧隙减少的补偿 $J_{\mathrm{bn}} = \sqrt{0.88(f_{\mathrm{pt1}}^{2}+f_{\mathrm{pt2}}^{2})+\left[2+0.34\left(L/b\right)^{2}F_{\beta}^{2}\right]}$

其中,b 为齿宽,L 为较大的轴承跨距(当有关轴承跨距不同时),中心距极限偏差查表 5-11。

表 5-11　中心距极限偏差 $\pm f_{a}$　　　　　（单位:μm）

齿轮精度等级	f_{a}	齿轮副的中心距/mm												
		>6~10	10 18	18 30	30 50	50 80	80 120	120 180	180 250	250 315	315 400	400 500	500 630	630 800
														800 1 000
5~6	$\frac{1}{2}$IT7	7.5	9	10.5	12.5	15	17.5	20	23	26	28.5	31.5	35	40	45
7~8	$\frac{1}{2}$IT7	11	13.5	16.5	19.5	28	27	31.5	36	40.5	44.5	48.5	55	62	70
9~10	$\frac{1}{2}$IT7	18	21.5	26	31	37	43.5	50	57.5	65	70	77.5	87	100	115

齿厚下极限偏差 $E_{sni} = E_{sns} - T_s$

其中 $T_s = \sqrt{b_r^2 + F_r^2} \times 2\tan \alpha_n$，$b_r$ 查表 5-12。IT 值按分度圆直径查附表 6-1。

表 5-12　切齿径向进刀公差 b_r 值

齿轮精度等级	4	5	6	7	8	9
b_r 值	1.26IT7	IT8	1.26IT8	IT9	1.26IT9	IT10

齿厚极限偏差值可参考表 5-13 和表 5-14。

表 5-13　齿厚极限偏差参考值

Ⅱ组精度	法面模数	分度圆直径					
		≤80	>80~125	>125~180	>180~250	>250~315	>315~400
7	>1~3.5	HK	HK	HK	HK	JM	KM
	>3.5~6.3	GJ	GJ	GJ	HK	HK	HK
8	>1~3.5	GJ	GJ	GK	HL	HL	HL
	>3.5~6.3	FH	GJ	GJ	GJ	GJ	GJ

表 5-14　齿厚极限偏差参考值

$C = +1f_{pt}$	$G = -6f_{pt}$	$L = -16f_{pt}$	$R = -40f_{pt}$
$D = 0$	$H = -8f_{pt}$	$M = -20f_{pt}$	$S = -50f_{pt}$
$E = -2f_{pt}$	$J = -10f_{pt}$	$N = -25f_{pt}$	
$F = -4f_{pt}$	$K = -12f_{pt}$	$P = -32f_{pt}$	

③ 公法线长度及其上、下极限偏差的计算

对于中、小模数的齿轮，测量公法线长度比测量齿厚方便，故常用公法线长度上、下极限偏差代替齿厚上、下极限偏差，齿轮工作图上标注公法线长度及其上、下极限偏差和公法线跨测齿数。

对于标准齿轮，公法线长度按下式计算

$$W_k = m_n \cos \alpha_n [\pi(k-0.5) + z' \mathrm{inv}\alpha_n]$$

式中，假想齿数 $z' = z \dfrac{\mathrm{inv}\alpha_t}{\mathrm{inv}\alpha_n}$，端面压力角 $\tan \alpha_t = \dfrac{\tan \alpha_n}{\cos \beta}$，渐开线函数 $\mathrm{inv}\alpha_k = \tan \alpha_k - \alpha_k$

跨齿数 $k = \dfrac{z'}{9} + 0.5$（四舍五入成整数）

公法线长度上偏差 $E_{bns} = E_{sns} \cos \alpha_n$

公法线长度下偏差 $E_{bni} = E_{sni} \cos \alpha_n$

4）齿坯精度

齿坯公差包括轴和孔的尺寸、几何公差、基准面的跳动等,具体公差值查表 5-15。

表 5-15　齿　坯　公　差[①②]

齿轮精度等级	孔		轴		齿顶圆尺寸公差		基准面的径向跳动[③]和基准面的端面圆跳动/μm			
	尺寸公差	几何公差	尺寸公差	几何公差	齿顶圆作测量基准	齿顶圆不作测量基准	分度圆直径/mm			
							≤125	>125~400	>400~800	>800~1 000
6	IT6	IT5		IT8	精度要求低,可取为T11,但不大于 $0.1m_n$		11	14	20	28
7,8	IT7	IT6		IT8			18	22	32	45
9,10	IT8	IT7		IT9			28	36	50	71

注：① 本表为推荐值,供课程设计参考;
　　② 齿轮的三项精度等级不同时,齿轮的孔、轴尺寸公差按最高精度等级确定;
　　③ 以齿顶圆为测量基准时,基准面的径向跳动指齿顶圆的径向圆跳动。

5）齿轮副精度

① 齿轮副中心距极限偏差的确定:查表 5-11;

② 轴线平行度偏差的确定:轴线平面上的平行度偏差最大值为 $f_{\Sigma\delta}=(L/b)F_\beta$,垂直平面上的平行度偏差最大值为 $f_{\Sigma\delta}=0.5(L/b)F_\beta$。$F_\beta$ 按大齿轮的分度圆直径查附表 7-1。

③ 齿轮装配后的齿面接触斑点的确定:查附表 7-4。

6）齿轮孔键槽尺寸及其极限偏差

齿轮孔与轴结合采用普通平键正常连接。键槽尺寸及其极限偏差查附表 2-14,几何公差主要确定键槽侧面对孔轴线的对称度,见表 5-16 及附表 6-8。

表 5-16　同轴度、对称度、圆跳动和全跳动公差值　　　　　（单位:μm）

主参数 $d(D)$、B、L/mm	公　差　等　级											
	1	2	3	4	5	6	7	8	9	10	11	12
≤1	0.4	0.6	1.0	1.5	2.5	4	6	10	15	25	40	60
>1~3	0.4	0.6	1.0	1.5	2.5	4	6	10	20	40	60	120
>3~6	0.5	0.8	1.2	2	3	5	8	12	25	50	80	150
>6~10	0.6	1.0	1.5	2.5	4	6	10	15	30	60	100	200
>10~18	0.8	1.2	2	3	5	8	12	20	40	80	120	250
>18~30	1.0	1.5	2.5	4	6	10	15	25	50	100	150	300
>30~50	1.2	2	3	5	8	12	20	30	60	120	200	400
>50~120	1.5	2.5	4	6	10	15	25	40	80	150	250	500
>120~250	2	3	5	8	12	20	30	50	100	200	300	600
>250~500	2.5	4	6	10	15	25	40	60	120	250	400	800

注：1. 主参数 $d(D)$ 为给定同轴度时轴直径,或给定圆跳动、全跳动时轴(孔)直径;
　　2. 圆锥体斜向圆跳动公差的主参数为平均直径;
　　3. 主参数 B 为给定对称度时槽的宽度;
　　4. 主参数 L 为给定两孔对称度时的孔心距。

综上,齿轮的几何公差推荐项目见表 5-17。

表 5-17 齿轮的几何公差推荐项目及其与工作性能的关系

内容	推荐项目	符号	精度等级	对工作性能的影响
形状公差	与轴配合的孔的圆柱度	⌭	7~8	影响传动零件与轴配合的松紧及对中性
位置公差	圆柱齿轮以顶圆为工艺基准时,顶圆的径向圆跳动	↗	按圆柱齿轮、蜗杆、蜗轮和锥齿轮的精度等级确定	影响齿厚的测量精度,并在切齿时产生相应的齿圈径向跳动误差,使零件加工中心位置与设计位置不一致,引起分齿不均;同时会引起齿向误差,影响齿面载荷分布及齿轮副间隙的均匀性
位置公差	锥齿轮顶圆的径向圆跳动	↗	按圆柱齿轮、蜗杆、蜗轮和锥齿轮的精度等级确定	影响齿厚的测量精度,并在切齿时产生相应的齿圈径向跳动误差,使零件加工中心位置与设计位置不一致,引起分齿不均;同时会引起齿向误差,影响齿面载荷分布及齿轮副间隙的均匀性
位置公差	蜗轮顶圆的径向圆跳动	↗	按圆柱齿轮、蜗杆、蜗轮和锥齿轮的精度等级确定	影响齿厚的测量精度,并在切齿时产生相应的齿圈径向跳动误差,使零件加工中心位置与设计位置不一致,引起分齿不均;同时会引起齿向误差,影响齿面载荷分布及齿轮副间隙的均匀性
位置公差	蜗杆顶圆的径向圆跳动	↗	按圆柱齿轮、蜗杆、蜗轮和锥齿轮的精度等级确定	影响齿厚的测量精度,并在切齿时产生相应的齿圈径向跳动误差,使零件加工中心位置与设计位置不一致,引起分齿不均;同时会引起齿向误差,影响齿面载荷分布及齿轮副间隙的均匀性
位置公差	基准端面对轴线的轴向圆跳动	↗	按圆柱齿轮、蜗杆、蜗轮和锥齿轮的精度等级确定	加工时引起齿轮倾斜或心轴弯曲,对齿轮加工精度有较大影响
位置公差	键槽对孔轴线的对称度	=	7~9	影响键与键槽受载的均匀性及其装拆时的松紧

7) 确定齿轮各部分的表面粗糙度参数值

要标注齿轮所有表面相应的表面粗糙度参数值,参见表 5-18。

表 5-18 齿(蜗)轮加工表面粗糙度 *Ra* 的参数值　　　　　（单位：μm）

加工表面		表面粗糙度 *Ra* 值			
加工表面		齿轮第 II 公差组公差等级			
加工表面		6	7	8	9
齿轮工作面	圆柱齿轮	1.6~0.8	3.2~0.8	3.2~1.6	6.3~3.2
齿轮工作面	锥齿轮	1.6~0.8	1.6~0.8	3.2~1.6	6.3~3.2
齿轮工作面	蜗杆及蜗轮	1.6~0.8	1.6~0.8	3.2~1.6	6.3~3.2

齿顶圆	12.5~0.8
轴孔	3.2~1.6
与轴肩相配合的端面	6.3~3.2
平键键槽	6.3~3.2(工作面)　12.5~6.3(非工作面)
其他加工表面	12.5~6.3

（4）啮合特性表

齿轮类零件的主要参数（模数 m_n、齿数 z、压力角 α 及斜齿轮螺旋角 β 等）、公差等级和相应的各误差检验项目，应在齿轮（蜗轮）啮合特性表中列出。啮合特性表布置在图纸的右上角（啮合特性表的格式项目见表 5-19）。齿轮的精度等级和相应的误差检验项目的极限偏差或公差值见其上。标注齿轮精度等级时，若各检验项目为同一精度等级，则统一标注（例如，若齿轮各检验项目的精度等级均为 7 级，则标注为 7GB/T 10095.1—2008）；若各检验项目为不同精度等级，则分开标注（例如，若螺旋线总偏差 F_β 的精度等级为 7 级，单个齿距偏差 f_{pt}、齿廓总偏差 F_α、齿距累积总偏差 F_p 的精度等级为 8 级，则标注为 $7(F_\beta)$、$8(F_p$、f_{pt}、$F_\alpha)$ GB/T 10095.1—2008）。

表 5-19　啮合特性表

齿廓		渐开线	齿顶高系数		h_a^*	1
齿数	z	19	顶隙系数		C^*	0.25
法向模数	m_n	3	径向变位系数		X	0
螺旋角	β	11°28′42″	中心距		a	150
螺旋角方向	—	左	配对齿轮	图号		
压力角	α	20°		齿数	z	79
公法线长度及其偏差		$W_k = 22.985\,^{-0.101}_{-0.156}$		跨齿数		
				K	3	

精度等级 7GB/T 10095.1—2008

检测项目

	单个齿距偏差	f_{pt}	±0.012
允许值	齿距积累总偏差	F_p	0.038
	齿廓总偏差	F_α	0.016
	螺旋线总偏差	F_β	0.020

表中公法线长度及其偏差等的计算过程如下。

查附表 7-2 得：$F_r = 0.03$ mm，$f_{pt1} = 0.012$ mm，$f_{pt2} = 0.013$ mm，$F_\beta = 0.020$ mm

查表 5-11 得：$f_a = 0.0315$ mm

查表 5-12 和附表 6-1 得：$b_r = 0.074$ mm

最小法向侧隙：

$$j_{bnmin} = \frac{2}{3}(0.06 + 0.000\,5a + 0.03m_n) = \frac{2}{3}(0.06 + 0.000\,5 \times 150 + 0.03 \times 3) \text{ mm}$$

$$= 0.150 \text{ mm}$$

齿厚公差：

$$T_{sn} = \sqrt{F_r^2 + b_r^2} \times 2 \tan \alpha_n = \sqrt{0.03^2 + 0.074^2} \times 2 \times \tan 20° \text{ mm} = 0.058 \text{ mm}$$

侧隙减少量：

$$J_n = \sqrt{0.88(f_{pt1}^2 + f_{pt2}^2) + 2.104F_\beta^2} = \sqrt{0.88 \times (0.012^2 + 0.013^2 + 2.104 \times 0.020^2)} \text{ mm}$$
$$= 0.032 \text{ mm}$$

齿厚上极限偏差：

$$E_{sns} = -\left(f_a \tan \alpha_n + \frac{j_{bnmin} + J_n}{2\cos \alpha_n}\right) = -\left(0.031\ 5 \times \tan 20° + \frac{0.150 + 0.032}{2 \times \cos 20°}\right) \text{ mm} = -0.108 \text{ mm}$$

齿厚下极限偏差：

$$E_{sni} = E_{sns} - T_{sn} = (-0.108 - 0.058) \text{ mm} = -0.166 \text{ mm}$$

公法线长度上极限偏差：

$$E_{bns} = E_{sns}\cos \alpha_n = -0.108 \times \cos 20° \text{ mm} = -0.101 \text{ mm}$$

公法线长度下极限偏差：

$$E_{bni} = E_{sni}\cos \alpha_n = -0.166 \times \cos 20° \text{ mm} = -0.156 \text{ mm}$$

$$\tan \alpha_t = \frac{\tan \alpha_n}{\cos \beta} = \frac{\tan 20°}{\cos 11°28'42''} = 0.371\ 398, \text{得到 } \alpha_t = 20°22'29.63'' = 20.375°$$

$$\alpha_t^* = \frac{\pi \alpha_t}{180°} = \frac{3.14 \times 20.375°}{180°} = 0.355\ 431$$

$$z' = z\frac{\tan \alpha_t - \alpha_t^*}{0.014\ 9} = 19 \times \frac{0.371\ 398 - 0.355\ 431}{0.014\ 9} = 20.361$$

公法线跨测齿数：

$$k = \frac{\alpha_n z'}{180°} + 0.5 = \frac{20° \times 20.361}{180°} + 0.5 = 2.762$$

取 $k = 3$，

公法线长度：

$$W_{kn} = m_n \cos \alpha_n[\pi(k-0.5) + 0.014\ 9z']$$
$$= 3 \times \cos 20°[3.14 \times (3-0.5) + 0.014\ 9 \times 20.361] \text{ mm} = 22.985 \text{ mm}$$

（5）技术要求

齿轮类零件图的技术要求包括以下几个方面。

① 对铸件、锻件或其他类型毛坯的要求，如要求不允许有氧化皮及飞边等。

② 对材料的力学性能和化学成分的要求及允许代用的材料。

③ 对零件材料表面性能的要求，如热处理方法、热处理后的硬度等。

④ 对未注明倒角、圆角半径的说明。

齿轮零件图例见图 5-36。

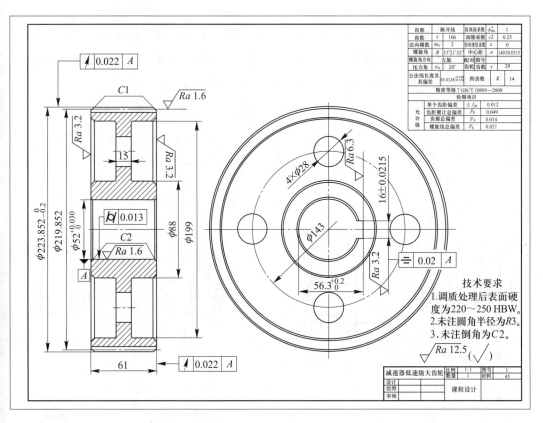

图 5-36 齿轮零件图例

5.4 常用平面机构的结构设计

常用平面机构包括连杆机构、凸轮机构、齿轮机构、间歇运动机构等。在这些平面机构中,机构的基本组成要素为运动副(转动副、移动副、高副等)、活动构件(杆类、盘类等)和机架,下面讨论它们的结构设计问题。

5.4.1 运动副(转动副、移动副、平面高副等)结构设计

1. 转动副的结构

转动副有滑动轴承式转动副结构和滚动轴承式转动副结构。

滑动轴承式转动副结构特点:结构简单,径向尺寸较小,减振能力较强,但滑动表面摩擦较大,应考虑润滑或采用减磨材料。滑动轴承式转动副常用的一些结构形式如图 5-37 所示。

滚动轴承式转动副结构特点:摩擦小,换向灵活,润滑和维护方便,但对振动敏感,易产生噪声,径向尺寸较大。滚动轴承式常用的一些结构形式如图 5-38 所示。

设计成对称结构的铰链可以根据需要进一步优化结构,提高性能。图 5-39 中,图 5-39a 所示结构将销轴的轴向固定结构设置在孔内,使铰链两端更整齐。图 5-39b 所示结构在杆

端面之间加了垫圈,可以减小杆端面之间的摩擦。图 5-39c 所示结构在销轴与铰链孔之间加入了滚动轴承,可以减小摩擦力矩,使铰链的转动更灵活。图 5-39d 所示结构在销轴与铰链杆之间设置了紧定螺钉,可以实现销轴与杆件的轴向固定。

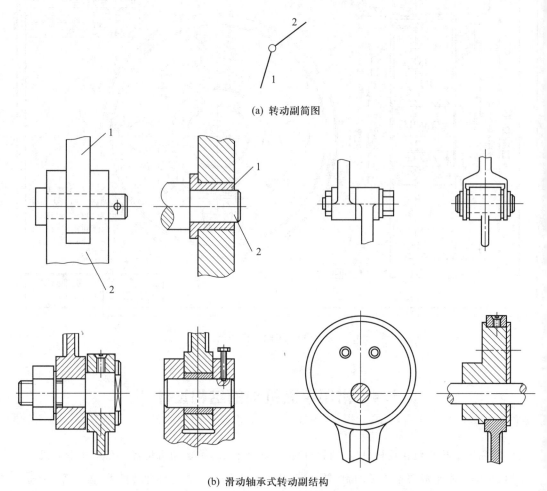

(a) 转动副简图

(b) 滑动轴承式转动副结构

图 5-37   滑动轴承式转动副结构

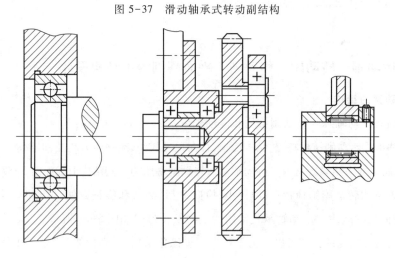

图 5-38   滚动轴承式转动副结构

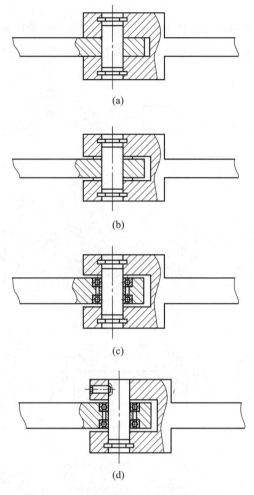

图 5-39　销轴的轴向的固定结构设置

在结构设计中除应考虑功能要求外,还必须考虑加工、装配、调整、运输、维修、拆卸等工艺过程的需要,使工艺过程方便可行。如图 5-40 所示为几种无法实现的铰链结构。

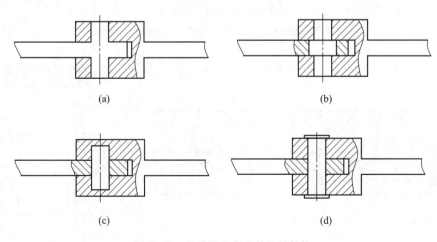

图 5-40　几种无法实现的铰链结构

2. 移动副的结构

按滑块和导路相对移动的摩擦性质的不同,移动副结构有滑动导轨式和滚动导轨式,其中滑动导轨式又可分为棱柱面滑动导轨(图 5-41)和圆柱面滑动导轨(图 5-42)。

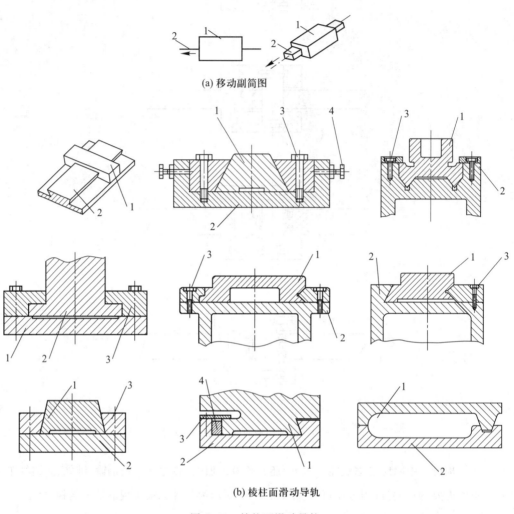

(a) 移动副简图

(b) 棱柱面滑动导轨

图 5-41　棱柱面滑动导轨

1—滑块;2—导轨;3—紧定螺钉、调整板;4—调节螺钉、调整板

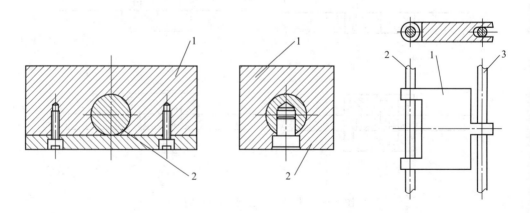

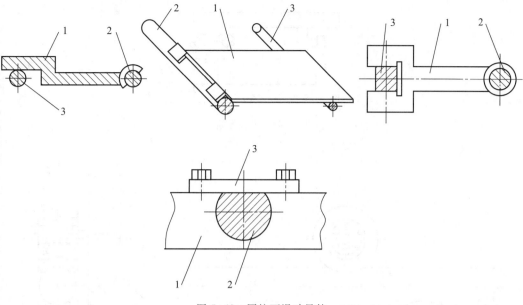

图 5-42 圆柱面滑动导轨

1—滑块；2—导轨；3—辅助导轨

如图 5-41 所示，可通过调节螺钉和调整板来调整导路间隙。

当需要移动副有较高的运动灵活度和较小的摩擦时，可选用滚动导轨。但滚动导轨结构复杂，尺寸较大，且接触面小，其刚性不如滑动导轨。如图 5-43、图 5-44、图 5-45 和图 5-46 所示为不同的滚动导轨结构示例。

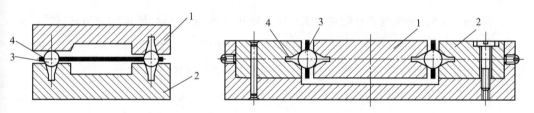

图 5-43 不可循环式滚珠导轨

1—滑块；2—导轨；3—滚珠；4—保持器

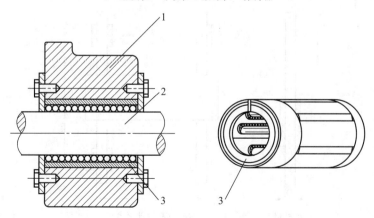

图 5-44 循环式滚珠导轨

1—滑块；2—导轨；3—直线轴承

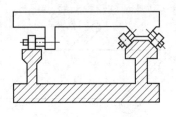

图 5-45 滚柱导轨

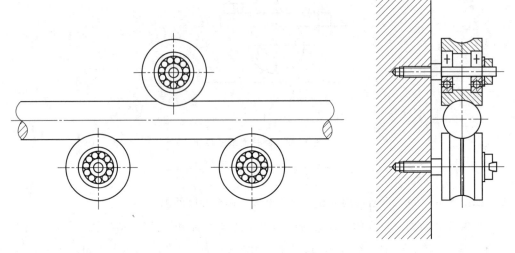

图 5-46 圆柱面滚柱导轨

在进行移动副的结构设计时应特别注意支承比参数,否则机构的运动会出现问题。支承比 BR 定义为滑块的有效长 L 与支承的有效横断面宽度 D 之比,即 $BR = L/D$。BR 一般大于 1,甚至大于 1.5,总之,在结构和工艺允许的条件下越大越好。

图 5-47 反映由轴和轴套组成的移动副中的滑块有效长度 L(或 L_{eff})和有效横断面宽度 D(或 D_{eff})。图 5-47a 是一根轴和一个轴套的情况。图 5-47b 是两根轴和多个轴套的情况,这种情况若不注意选择合适的支承比大小,常导致卡死或过低的运动直线性。

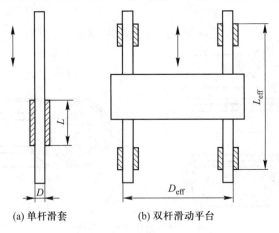

(a) 单杆滑套   (b) 双杆滑动平台

图 5-47 移动副支承比

3. 平面高副结构

平面高副的结构设计要结合构成高副的高副构件的结构设计来进行,比如凸轮机构中凸轮与从动件的接触形成高副,高副的结构是与凸轮和从动件的结构相关的,在后面相应构件的结构设计中再述及。

5.4.2 活动构件(杆类构件、盘类构件、其他活动构件等)结构设计

1. 带转动副的杆类构件

当构件上两转动副间距较大时,一般做成杆状。带两个转动副的双副杆结构如图 5-48 所示,杆状结构的构件应尽量做成直杆,但有时为了避免构件之间的运动干涉,也可将杆状构件做成弯折等其他结构。

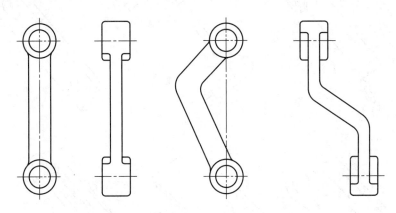

图 5-48 带两个转动副的双副杆结构

图 5-49 为带三个转动副的三副杆,其结构设计较为灵活,与三个转动副的相对位置和构件加工工艺有关,图 5-50 为八种典型结构形式。

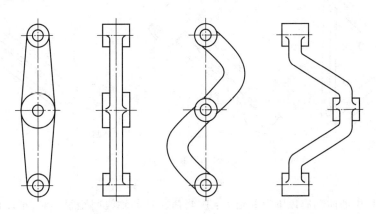

图 5-49 带三个转动副的三副杆结构

另外,根据对构件强度、刚度等要求的不同,可以将构件的横截面设计成不同的形状,如图 5-51 所示。

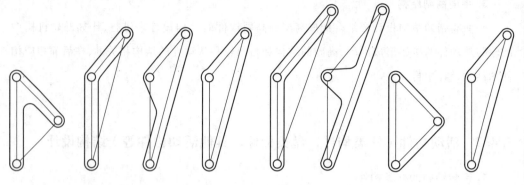

图 5-50　三副杆的典型结构形式

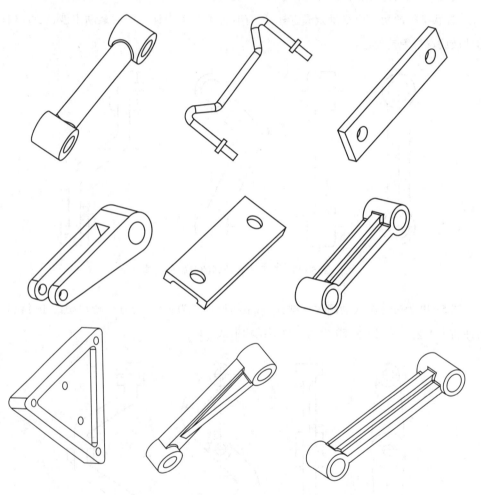

图 5-51　构件结构

连杆机构中的曲柄有以下一些情况:① 当两转动副轴线间距很小时,难以在一个构件上设置两个紧靠的轴销或轴孔,具体如图 5-52 所示,曲柄 1 的长度 R 较短,且小于传动轴和销轴半径($r_A + r_B$)之和;② 曲柄需安装在直轴的两支承之间时,为避免连杆与曲柄轴的运动干涉;③ 对冲床、压力机等工作机械来说,曲柄销 B 处的冲击载荷很大,必须加大曲柄销尺寸,常采用偏心轮或偏心轴结构,分别如图 5-53 的 a 和 b 所示,其中的偏心轮或偏心轴相当于连杆机构中的曲柄,偏心距即曲柄的长度。图 c 为偏心轮和偏心轴综合应用的结构实例,可以实现曲柄长度在一定范围内的连续调节。当曲柄较长且需装在轴的中间时,若采用偏心轮或偏心轴形式,则结构必然庞大。这种情况下常用图 d 所示的曲轴式曲柄,它能承受较大的工作载荷。

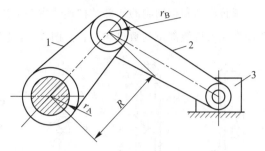

图 5-52　机构示意图

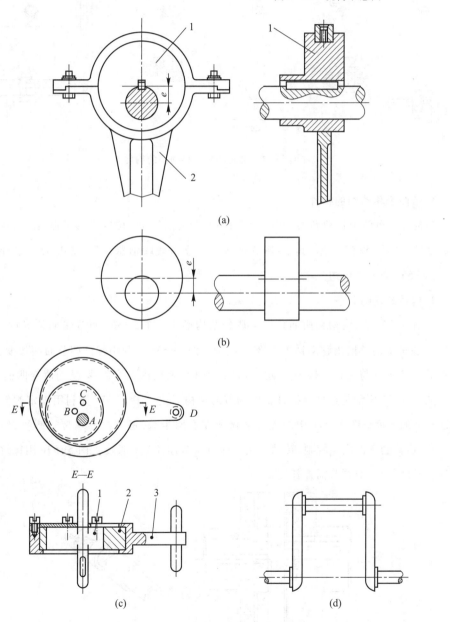

图 5-53　两转动副轴线间距很小情况

1—曲柄;2—连杆;3—摇杆

2. 带转动副和移动副的构件

带转动副和移动副的构件结构形式主要取决于转动副轴线与移动副导路的相对位置及移动副元素接触部位的数目和形状。图 5-54 为带转动副和移动副构件的几种结构形式。

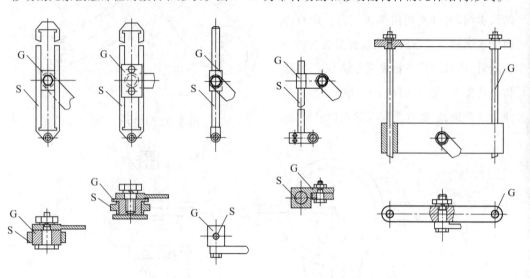

图 5-54　带转动副和移动副的构件

3. 带两个移动副的构件

当构件带有两个移动副时,其结构与移动副导路的相对位置及移动副元素形状有关。其典型结构如图 5-55 所示,其中:图 5-55a 为十字滑块联轴器,图 5-55b 为十字滑槽椭圆仪,图 5-55c 为正弦机构。

4. 构件长度的调节

如图 5-56 所示为两种曲柄长度可调的结构形式。图 5-56a 调节曲柄长 R 时,可松开螺母 4,在杆 1 的长槽内移动销子 3,然后固紧。图 5-56b 为利用螺杆调节曲柄长度,转动螺杆 4,滑块 2 连同与它相固接的曲柄销 3 即在杆 1 的滑槽内上下移动,从而改变曲柄长度 R。

如图 5-57 所示是连杆及摇杆长度调节的结构形式。图 5-57a 为利用固定螺钉 3 来调节连杆 2 的长度。图 5-57b 中的连杆 2 做成左右两半截,每节的一端带有螺纹,但旋向相反,并与连接套 3 构成螺旋副,转动连接套即可调节连杆 2 的长度。图 5-57c 用螺纹连接调节连杆长度,用长槽调节摇杆长度。

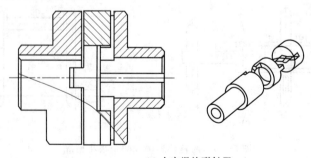

(a) 十字滑块联轴器

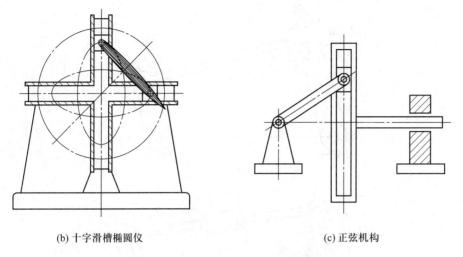

(b) 十字滑槽椭圆仪   (c) 正弦机构

图 5-55 带两个移动副的构件

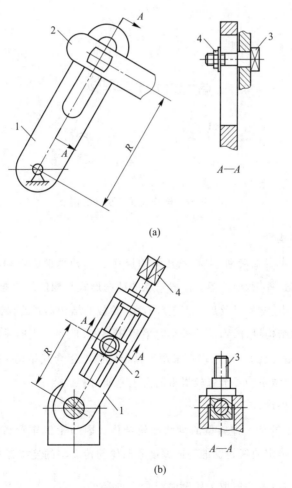

图 5-56 曲柄长度的调节

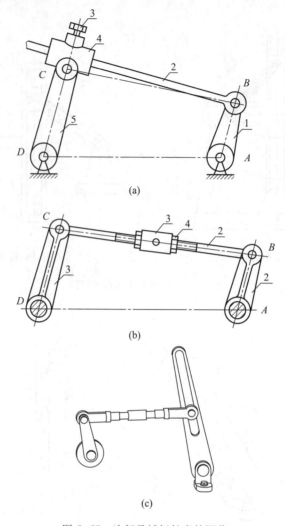

图 5-57 连杆及摇杆长度的调节

5. 盘类构件结构

此类构件大多作定轴转动,中心毂孔与轴连接后与轴承形成转动副。如盘状凸轮、齿轮、蜗轮、带轮、链轮、棘轮、槽轮等。一般轮缘的结构形式与构件的功能有关,轮辐的结构形式与构件的尺寸大小、材料以及加工工艺等有关,轮毂的结构形式要保证与轴形成可靠的轴毂连接。如齿轮的结构设计,当尺寸较小时采用实心式,尺寸较大时采用腹板式,尺寸很大时采用轮辐式(铸造毛坯)。对于蜗轮采用轮缘与轮毂的组合式结构,是由于轮缘与轮毂的材料往往不同,这样做是为了节省较贵重的有色金属材料。

(1)凸轮的结构设计

如图 5-58 所示的是一种典型的盘状凸轮结构。因凸轮工作轮廓已经确定,所以凸轮的结构设计主要是确定曲线轮廓的轴向厚度和凸轮与传动轴的连接方式。当工作载荷较小时,曲线轮廓的轴向厚度一般取为轮廓曲线最大向径的 $\frac{1}{10} \sim \frac{1}{5}$;对于受力较大的重要场合,需按凸轮轮廓面与从动件间的接触强度进行设计。

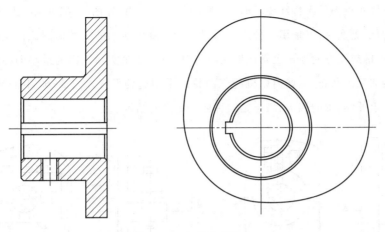

图 5-58 盘状凸轮结构

在确定凸轮与传动轴的连接方式时,应综合考虑凸轮的装拆、调整和固定等问题。对于执行机构较多的设备,其各执行构件之间的运动协调性通常由运动循环图确定,因此在装配凸轮机构时,凸轮轮廓曲线起始点(推程开始点)的相对位置需按运动循环图进行调整,以保证各执行构件能按预定程序协调动作。为此,在结构设计上要求凸轮能相对传动轴沿圆周方向进行调整。对于整体式凸轮往往根据设计要求刻出起始线,或其他特殊位置的标记线,作为装配定位基准。在试调过程中若凸轮与轴作相对转动,就需要采用适当的固定方法进行可靠固定。凸轮在轴上的固定方法,可以螺钉、键、销和紧定螺钉等固定。如图 5-59a 所示结构初调时用紧定螺钉定位,然后用锥销固定,装配后不能调整。如图 5-59b 所示结构用开槽锥形套筒固定,调整灵活性大,但不能用于受力大的场合。

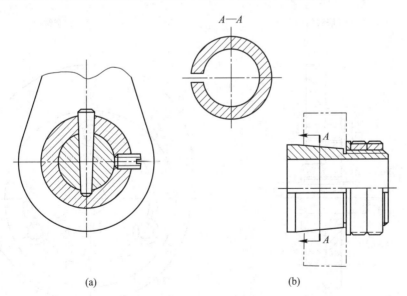

(a)   (b)

图 5-59 凸轮在轴上的固定

如图 5-60 所示为工程中实现凸轮周向调整的一些结构型式。

根据凸轮尺寸大小、加工工艺及调整和更换的方便性等,可将凸轮设计成整体式或剖分式。当凸轮尺寸较小且无特殊要求时,一般采用整体结构,如图 5-61 所示;当凸轮尺寸较大,且要求便于更换时,可采用剖分式结构,如图 5-60 中所示的法兰加圆弧槽结构,只要拧下螺钉,即可迅速而方便地换上其他形状的凸轮片;当凸轮实际轮廓的最小向径较小时,可在轴上直接加工出凸轮,例如内燃机配气凸轮即采用这种形式。图 5-60 中的牙嵌式结构因安装于支承外侧、轴的端部,故也是一种便于更换的结构。

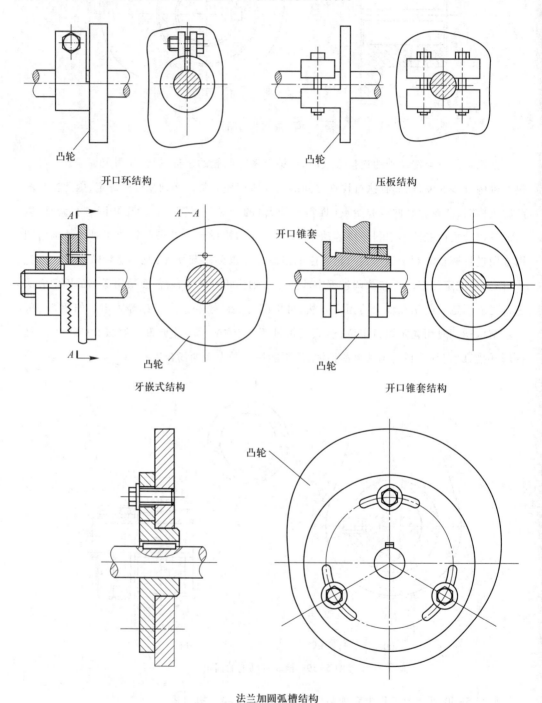

图 5-60 工程中实现凸轮周向调整的结构型式

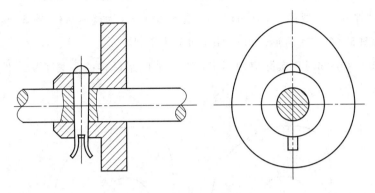

图 5-61 整体式凸轮结构

凸轮结构设计应有利于加工,凸轮工作表面与轴表面的表面粗糙度要求不同时,两表面之间必须有明确的分界线,这样不但加工方便,而且形状美观。如图 5-62a 所示,凸轮表面未与轴表面分开,而凸轮表面要精加工,所以是不合理结构,应改成图 5-62b 所示的结构,凸轮工作表面与轴表面分开,有利于加工。

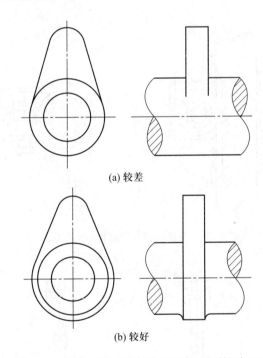

(a) 较差

(b) 较好

图 5-62 凸轮工作表面与轴表面分开有利于加工

如图 5-63 所示,盘形凸轮上开键槽时,要避免开在强度弱的方位上(图 5-63a),而应开在强度高的方位上(图 5-63b)。

（2）从动件的结构设计

直动从动件的结构设计时要考虑从动件的导向和防止旋转。

图 5-64 采用由偏心轴调节位置的 V 形轮与从动件导向杆上的 V 形槽接触,当从动件

上下运动时,V形轮与从动件相对滚动,由此防止从动件圆柱绕自身轴线回转。

摆动从动件的结构型式如图 5-65 所示,图 5-65a、c、f 为整体结构,图 5-65b、d、e 为组合式结构图;图 5-65a、f 为直形,图 5-65b、c、d、e 为角型。

尖底从动件极易磨损,实际应用不多。工程中应用最多的是滚子从动件,其结构如图 5-66 所示。

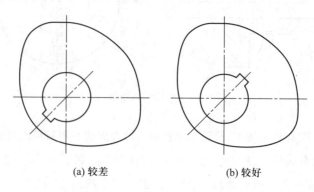

(a) 较差   (b) 较好

图 5-63   盘形凸轮上的键槽位置

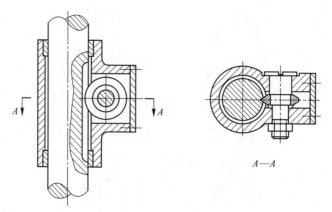

A—A

图 5-64   直动从动件防旋转的结构设计

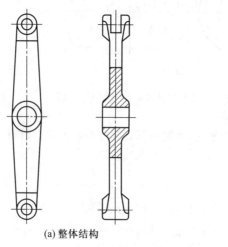
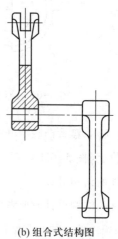

(a) 整体结构   (b) 组合式结构图

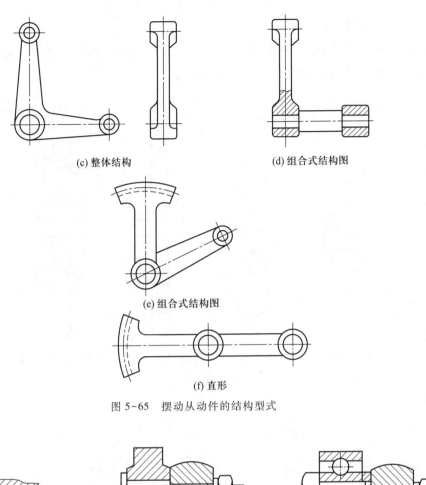

(c) 整体结构   (d) 组合式结构图

(e) 组合式结构图

(f) 直形

图 5-65　摆动从动件的结构型式

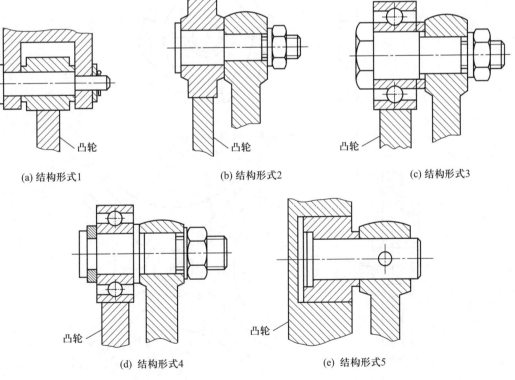

(a) 结构形式1   (b) 结构形式2   (c) 结构形式3

(d) 结构形式4   (e) 结构形式5

图 5-66　滚子从动件结构型式

（3）其他盘类构件

如图 5-67、图 5-68、图 5-69、图 5-70、图 5-71、图 5-72 所示分别为链轮结构、棘轮结构、槽轮结构、齿轮结构、蜗轮结构和带轮结构。

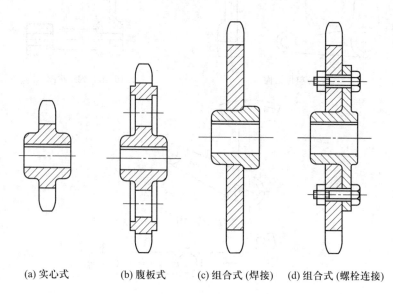

(a) 实心式   (b) 腹板式   (c) 组合式 (焊接)   (d) 组合式 (螺栓连接)

图 5-67　链轮结构

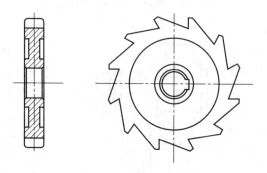

图 5-68　棘轮结构

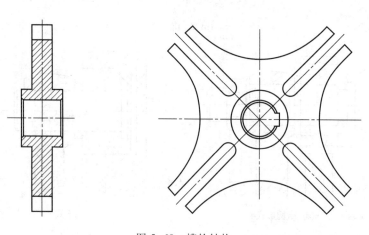

图 5-69　槽轮结构

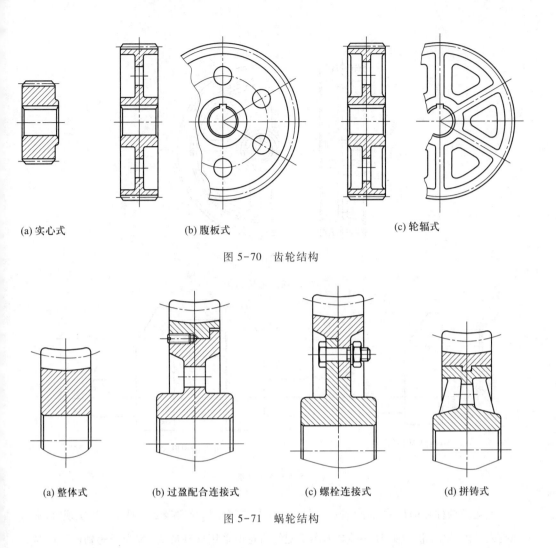

(a) 实心式　　　　　　　(b) 腹板式　　　　　　　　　　(c) 轮辐式

图 5-70　齿轮结构

(a) 整体式　　　(b) 过盈配合连接式　　　(c) 螺栓连接式　　　(d) 拼铸式

图 5-71　蜗轮结构

6. 轴类结构

图 5-73 为两种形式的曲轴,在机构中常用作曲柄。如图 5-73a 所示结构简单,与它组成运动副的构件可做成整体式的,但由于是悬臂,其强度及刚度较差。当工作载荷和尺寸较大,或曲柄设在轴的中间部分时,可用图 5-73b 所示的形式,此形式在内燃机、压缩机等机械中经常采用,曲柄在中间轴颈处与剖分式连杆相连。

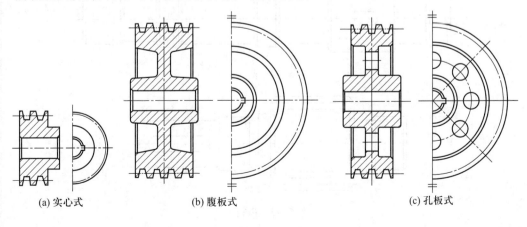

(a) 实心式　　　　　　　(b) 腹板式　　　　　　　　(c) 孔板式

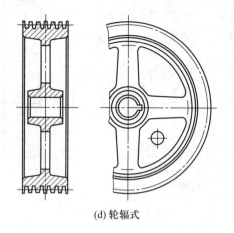

(d) 轮辐式

图 5-72　带轮结构

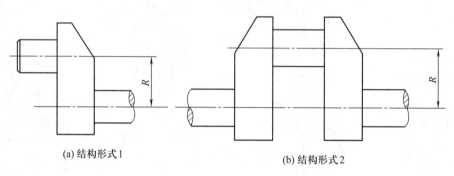

(a) 结构形式1　　　　　　　　　　　　　　　(b) 结构形式2

图 5-73　曲轴

　　当盘类构件径向尺寸较小,若毂孔仍与轴采用连接结构导致强度过弱或无法实现时,常与轴制成一体,如凸轮与轴制成一体(内燃机配气凸轮即采用这种形式)称为凸轮轴(图 5-74);齿轮与轴制成一体称为齿轮轴(图 5-75);蜗杆与轴制成一体(通常所采用的结构形式)称为蜗杆轴(图 5-76);偏心轮与轴做成一体称为偏心轴(图 5-77)。

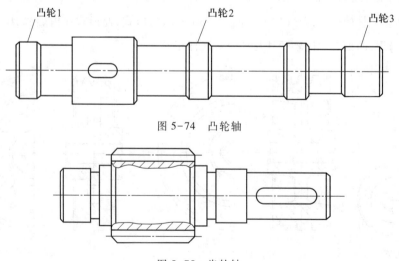

凸轮1　　　　　　　　　　　凸轮2　　　　　　　　　　　凸轮3

图 5-74　凸轮轴

图 5-75　齿轮轴

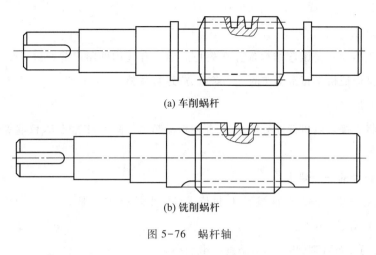

(a) 车削蜗杆

(b) 铣削蜗杆

图 5-76　蜗杆轴

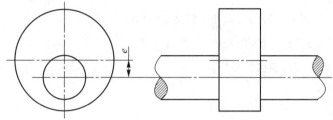

图 5-77　偏心轴

5.4.3　机架结构设计

机架是机构中的固定构件,与其他活动构件以运动副相连。在实际的机械系统中机架实体主要起着支承和容纳其他零件的作用。支架、箱体、工作台、床身、底座等支承件均可视为机架。机架零件承受各种力和力矩的作用,一般体积较大且形状复杂,他们的设计和制造质量对整个机械的质量有很大的影响。

1. 机架设计准则

机架设计主要应保证刚度、强度及稳定性。

（1）刚度

评定大多数机架工作能力的主要准则是刚度。在机床中,刚度决定着机床生产效率和产品精度;在齿轮减速器中,箱体的刚度决定了齿轮的啮合情况及其工作性能;薄板轧机的机架刚度直接影响钢板的质量和精度。

（2）强度

强度是评定重载机架工作性能的基本准则。机架的强度应根据机器在运转过程中可能发生的最大载荷或安全装置所能传递的最大载荷来校核其静强度。此外还要校核其疲劳强度。机架的强度和刚度都需要从静态和动态两方面来考虑。动刚度是衡量机架抗振能力的指标,而提高机架抗振能力应从提高机架构件的静刚度,控制固有频率,加大阻尼等方面着手。

（3）稳定性

机架受压结构及受压弯结构都存在失稳问题。有些构件制成薄壁腹式也存在局部失稳。稳定性是保证机架正常工作的基本条件，应进行校核。

（4）热变形

热变形将直接影响机架原有精度，从而使产品精度下降。对于机床、仪器等精密机械应考虑热变形。

2. 机架设计的一般要求

① 在满足强度和刚度的前提下，使机架尽可能重量轻，成本低。

② 抗振性好，噪声小。

③ 温度场分布合理，热变形对精度的影响小。

④ 结构设计合理，工艺性良好，便于铸造、焊接和机械加工。

⑤ 结构要便于其他零部件的安装、调整与修理。

⑥ 导轨面受力合理、耐磨性良好。

⑦ 造型美观。

3. 设计步骤

① 初步确定机架的形状和尺寸。

② 常规计算，利用材料力学、弹性力学等固体力学理论和计算公式，对机架进行强度、刚度和稳定性等方面的校核。

③ 有限元静动态分析、模型试验（或实物试验）和优化设计。

④ 制造工艺性和经济性分析。

4. 机架的类型、材料及制造方法

（1）机架的类型

1）按外形结构分类

可大体分为四类，即板型、梁型、框型和箱型，其实例见图 5-78。

板型机架的特点是某一方向尺寸比其他两方向尺寸小得多，可近似地简化为板件，如钻床工作台及某些机器较薄的底座等，如图 5-78a 所示。

梁型机架的特点是某一方向尺寸比其他两方向尺寸大很多，因此，在分析或计算时可将其简化为梁，如车床床身、各类立柱、横梁、伸臂和滑枕等，如图 5-78b 所示。

箱型机架是三个方向的尺寸差不多的封闭体，如减速器箱体、泵体、发动机缸体等，如图 5-78c 所示。

框型机架具有框架结构，如轧钢机机架、锻压机机身等，如图 5-78d、e、f、g 所示。

2）按制造方法分类

分铸造机架和焊接机架。一般来说，成批生产、结构复杂的中小型机架以铸造为主；单件或小批量生产的大中型机架，或有质量小、强度和刚度高、生产周期短等要求的机架，以焊接为主。

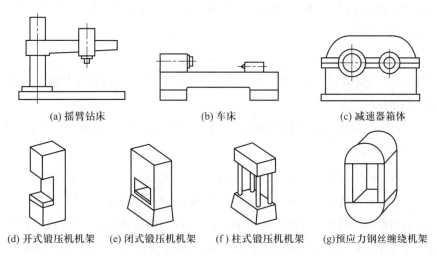

图 5-78　机架按结构形状的分类

3）按机架材料分类

分金属机架和非金属机架,而非金属机架又可分为混凝土机架、花岗岩机架和塑料机架等。

（2）机架的材料

材料的选用,主要是根据机架的使用要求。多数机架形状较复杂,故一般采用铸造。由于铸铁的铸造性能好、价廉和吸振能力强,所以应用最广。焊接机架具有制造周期短、重量轻和成本低等优点,故在机器制造业中,焊接机架日益增多。一般有如下几种。

① 形状复杂的机架——铸铁。具有流动性好,阻尼作用强,切削性能好,价格低廉,易于成批生产等特点。例如减速器箱体、鼓风机底座等。

② 要求强度高、刚度大的机架——铸钢。如轧钢机机架、锻锤气缸体和箱体等。

③ 要求重量轻的机架——铸铝合金。如船用柴油机机体、汽车传动箱体等。

④ 精密机械或仪器的机架——花岗岩和塑料。一般有导热系数和膨胀系数小,抗腐蚀,不导电和不生锈等要求。

（3）机架的热处理

铸造或箱体毛坯中的剩余应力使箱体产生变形,为了保证箱体加工后的精度稳定性,对箱体毛坯或粗加工后要用热处理方法消除残余应力,减少变形。时效处理就是在精加工之前,使机座充分变形,消除内应力,提高其尺寸的稳定性。常用的热处理措施有以下三类。

① 热时效:铸件在 500~600℃ 下退火,可以大幅度地降低或消除铸造箱体中的剩余应力。

② 热冲击时效:将铸件快速加热,利用其产生的热应力与铸造剩余应力叠加,使原有剩余应力松弛。

③ 自然时效：自然时效和振动时效可以提高铸件的松弛刚性,使铸件的尺寸精度稳定。

5. 机架的结构设计

（1）截面形状的选择

① 对于仅仅受压或受拉的零件,当其他条件相同时,其刚度和强度只决定于截面积的大小,而与截面形状无关。

② 对于承受弯矩和转矩的零件,其抗弯、抗扭强度和刚度不仅与截面积的大小有关,而且还与其截面形状有关。

③ 圆形截面的抗扭强度最高,但抗弯强度较差,所以适用于受扭为主的机架。

④ 工字形截面的抗弯强度最高,而抗扭强度较低,所以适用于受弯为主的机架。

⑤ 空心矩形截面的抗弯强度低于工字形截面,抗扭强度低于圆形截面,但其综合刚性最好,并且由于空心矩形内腔较易安装其他零部件,故多数机架的截面形状常采用空心矩形截面。

其他条件相同情况下,截面极惯性矩越大,扭转变形越小,抗扭刚度越大;截面惯性矩越大,弯曲变形越小,抗弯刚度越大。表5-20是面积相同的各种矩形截面形状的相对刚度比较。

表5-20　材料分布不同的矩形截面梁的相对刚度比较

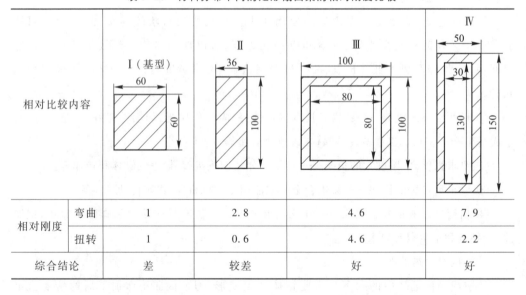

相对比较内容		I（基型）	II	III	IV
相对刚度	弯曲	1	2.8	4.6	7.9
	扭转	1	0.6	4.6	2.2
综合结论		差	较差	好	好

几种截面面积相等而形状不同的机架零件在弯曲强度、弯曲刚度、扭转强度、扭转刚度等方面的相对比较值见表5-21。从表中可以看出,主要受弯曲的零件以选用工字形截面为最好,弯曲强度和刚度都以它为最大。主要受扭转的零件,从强度方面考虑,以圆管形截面为最好,空心矩形次之,其他两种的强度则比前两种小许多倍;从刚度方面考虑,则以选用空心矩形截面最为合理。由于机架受载情况一般都比较复杂（拉压、弯曲、扭转可能同时存在）,对刚度要求又较高,综合各方面的情况考虑,以选用空心矩形截面比较有利,这种截面的机架也便于附装其他零件,所以多数机架的截面都以空心矩形为基础。

表 5-21　几种截面形状梁的相对强度和相对刚度对比（截面面积 ≈ 2 900 mm²）

相对比较内容		Ⅰ（基型）	Ⅱ	Ⅲ	Ⅳ
相对强度	弯曲	1	1.2	1.4（较好）	1.8（好）
	扭转	1	43（好）	38.5（较好）	4.5
相对刚度	弯曲	1	1.15	1.6（较好）	1.8（好）
	扭转	1	8.8（较好）	31.4（好）	1.9
综合结论		较差	较好	最好	较好

受动载荷的机架零件，为了提高它的吸振能力，也应采用合理的截面形状。截面应变能与惯性矩和极惯性矩有关，惯性矩和极惯性矩越小，越容易变形，截面吸收的应变能越大，吸振能力越强。几种工字形截面在受弯曲作用时所能吸收的最大变形能的相对比较值见表 5-22，从表中可知，方案Ⅱ的动载性能比方案Ⅰ大 38%，而重量降低 18%，但静载强度同时降低约 10%（比较抗弯截面系数）。将受压翼缘缩短 40 mm，受拉翼缘放宽 10 mm 的方案Ⅲ则较好，质量减少约 11%，静载强度不变，而动载性能增加约 21%。由此可见，只要合理设计截面形状，即使截面面积并不增加，也可以提高机架承受动载的能力。

截面面积相等而材料分布不同的几种梁在相对弯曲刚度方面的比较见表 5-23，要得到最大的弯曲刚度和扭转刚度，需要在设计机架时尽量使材料沿截面周边分布。

表 5-22　不同尺寸的工字形截面梁在受弯曲作用时的相对性能比较

相对比较内容	Ⅰ（基型）	Ⅱ	Ⅲ
相对惯性矩	1（4.5）	0.72（3.26）	0.82（3.68）
相对截面系数	1（90）	0.91（81.5）	1（90）
相对质量	1	0.82	0.89
相对最大变形能	1	1.38	1.21
综合结论	较差	较好	较好

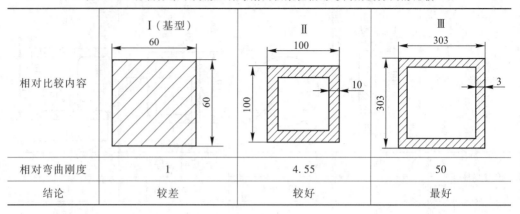

表 5-23　材料分布不同的几种等截面积梁在相对弯曲刚度方面的比较

相对比较内容	Ⅰ（基型）	Ⅱ	Ⅲ
相对弯曲刚度	1	4.55	50
结论	较差	较好	最好

（2）肋板的布置

一般来说，提高机架零件的强度和刚度可采用两种方法：增加壁厚和在壁与壁之间设置肋板。增加壁厚的方法并非在任何情况下都能见效，即使见效，也多半不符合经济原则，对于铸造机架，不宜采用增加截面厚度的方法来提高强度，因为厚度大的截面会由于金属堆积而产生缩孔和裂纹等缺陷，从而导致性能的下降。而设置肋板在提高强度和刚度方面常常是最有效的，因此经常采用，设置肋板的效果在很大程度上取决于布置是否正确，不适当的布置效果不显著，甚至会增加铸造困难和浪费材料。

肋板包括间壁和加强肋。

1）间壁

间壁也称隔板，实际上是一种内壁，它可连接两个或两个以上的外壁。几种设置间壁方法不同的空心矩形梁在弯曲刚度、扭转刚度方面的比较见表 5-24。

表 5-24　不同形式间壁的梁在刚度方面的相对比较

相对比较内容		Ⅰ（基型）	Ⅱ	Ⅲ	Ⅳ	Ⅴ
相对质量		1	1.14	1.38（较大）	1.49（最大）	1.26（较大）
相对刚度	弯曲	1	1.08	1.17（较好）	1.78（好）	1.55（好）
	扭转	1	2.04	2.16（较好）	3.68（好）	2.94（好）
相对刚度/相对质量	弯曲	1	0.95（较差）	0.85（差）	1.20（好）	1.26（好）
	扭转	1	1.79	1.56（较差）	2.47（好）	2.34（好）
综合结论		不宜	不宜	不宜	较好	最好

表 5-24 中，方案Ⅱ的相对质量增加了 14%，而相对弯曲刚度仅提高了 8%；方案Ⅳ的交叉间壁虽然弯曲刚度和扭转刚度都有所增加，但材料却需多耗费 49%；方案Ⅴ的斜间壁具

有显著效果,弯曲刚度比方案Ⅰ约大50%,扭转刚度比方案Ⅰ约大两倍,而质量仅约增26%;若以相对刚度和相对质量之比作为评定间壁设置的经济指标,则显然可见,方案Ⅴ比方案Ⅳ好;方案Ⅱ、Ⅲ的弯曲刚度相对增加值反不如质量的相对增加值,其比值小于1,说明这种间壁设置是不可取的,即从经济性角度来看,方案Ⅴ最佳。

2)加强肋

其作用主要在于提高机架壁的局部刚度,如图5-79所示,图5-79a减速器箱体轴承座下没有加强肋,则支承刚度较差。图5-79b在下箱外壁加肋,则提高了支承刚度。

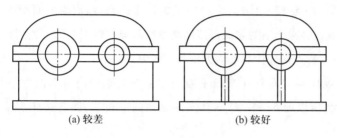

(a) 较差　　　　　　　　(b) 较好

图5-79　减速器箱体加强肋结构

封闭空心截面的刚度较好,但为了铸造清砂及其内部零部件的装配和调整,必须在机座壁上开"窗口",其结果使机座整体刚度大大降低。若单靠增加壁厚提高刚度,势必使机座笨重、浪费材料,故常用增加隔板和加强筋来提高刚度。

加强筋常见的有直形筋、斜向筋、十字筋和米字筋四种(图5-80)。直形筋的铸造工艺简单,但刚度最小;米字筋的刚度最大,但铸造工艺最复杂。

加强筋和隔板的厚度一般取壁厚 t 的0.8倍左右,高度不应超过壁厚 t 的(3~5)倍,超过此值对提高刚度无明显效果,尺寸见表5-25。

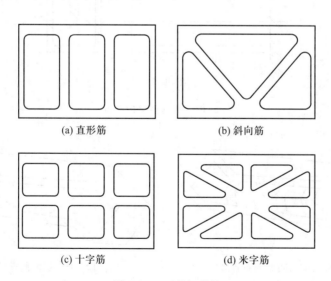

(a) 直形筋　　　　　　　　(b) 斜向筋

(c) 十字筋　　　　　　　　(d) 米字筋

图5-80　四种加强筋

表 5-25　铸造箱体加强筋尺寸

外表面筋厚	内腔筋厚	筋的高度
0.8t	(0.6~0.7)t	≤5t
t-筋所在壁厚		

另外,设置肋板时应使机架受力合理:

① 根据受力方向确定间壁布置方式:对梁形支承件来说,间壁有纵向(图 5-81)、横向(图 5-82)和斜向(图 5-83)之分。纵向间壁的抗弯效果好,而横向间壁的抗扭作用大,此外,增加横向间壁还会减小壁的翘曲和截面畸变。斜向间壁则介于上述两者之间。所以,应根据支承件的受力特点来选择间壁的类型和布置方式。

应该注意,纵向间壁布置在弯曲平面内才能有效地提高抗弯刚度,因为此时间壁的抗弯惯性矩最大,所以图 5-81a 是不合理的纵向间壁布置,图 5-81b 是合理的纵向间壁布置。

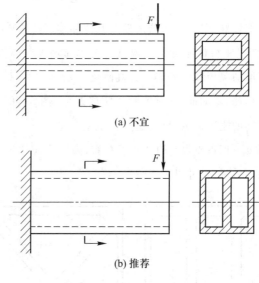

(a) 不宜

(b) 推荐

图 5-81　纵向间壁的布置

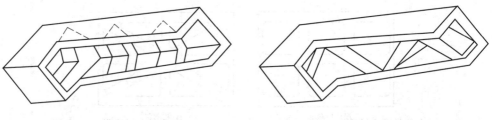

图 5-82　横向间壁的布置　　　　　　图 5-83　斜向间壁的布置

② 铸铁件加强肋应承受压力为宜:铸铁的抗压强度比抗拉强度高很多,所以如果设计成图 5-84a 所示肋板受拉力则结构不合理。应改为使肋板受压力,如图 5-84b 所示。

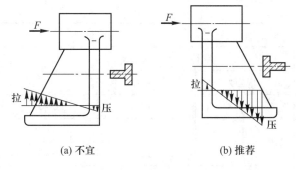

(a) 不宜   (b) 推荐

图 5-84　铸铁支座的受力

③ 避免肋的设置结构不稳定:构件内部肋的安置要考虑几何原理与受力,如图 5-85a 所示,加强肋按矩形分布,对铸件强度和刚度只有较小的影响,因为矩形是不稳定的。若按三角形安置,形状稳定,造型较好,结构比较合理,如图 5-85b 所示。

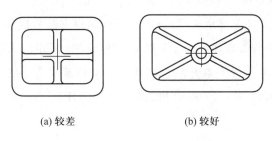

(a) 较差   (b) 较好

图 5-85　肋的设置与稳定性

（3）壁厚的合理选择

机架壁厚的选择取决于其强度、刚度、材料和尺寸等因素。一般原则是在满足强度、刚度和振动稳定性等条件下,尽量选择最小的壁厚,以减小零件的质量。可锻铸铁的壁厚比灰铸铁减少 15%~20%,球墨铸铁的壁厚比灰铸铁增加 15%~20%。

对于焊接机架,其壁厚可按相应铸件壁厚的 2/3~4/5 来选择。

铸铁、铸钢和其他材料箱体的壁厚可以从表 5-26 中选取,表中当量尺寸 N 用下式计算

$$N = (2L+B+H)/3\ 000$$

式中:L——铸件长度(单位为 mm),L、B、H 中,L 为最大值,B——铸件宽度(单位为 mm),H——铸件高度(单位为 mm)。

表 5-26　铸造箱体的壁厚

当量尺寸 N	箱体材料			
	灰铸铁		铸钢	铸铝合金
	外壁厚	内壁厚		
0.3	6	5	10	4
0.75	8	6	10~15	5
1.00	10	8	15~20	6

当量尺寸 N	箱体材料			
	灰铸铁		铸钢	铸铝合金
	外壁厚	内壁厚		
1.50	12	10	20~25	8
2.00	16	12	25~30	10
3.00	20	16	30~35	≥12
4.00	24	20	35~40	—

注:1. 此表为砂型铸造数据。

　　2. 球墨铸铁、可锻铸铁壁厚减小15%~20%。

（4）铸造机架结构设计的一些注意事项

1）箱体应合理传力和支持

铸造箱体的箱壁应能可靠地支承在地面上,以保持它的强度和刚度。如图5-86所示,箱体地脚底座用螺栓将底座固定在基础上。图5-86a所示因底座与地面支承面积太小,且位于箱壁之外,故传力不如图5-86b,地脚底座局部刚度不足。设计时应保证底座凸缘有足够的刚度,为此,图5-86b中相关尺寸 C_1、C_2、B、H 等应按标准选取,不可随意确定。

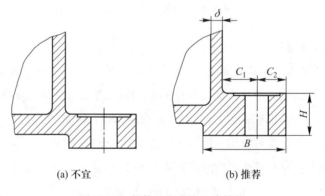

(a) 不宜　　　　　　　(b) 推荐

图5-86　箱体地脚底座凸缘结构

2）提高机架刚度

① 尽量减小壁厚:减小壁厚可以减小机架质量,节约材料,在保证强度和刚度的条件下,采用加强肋以减小壁厚较为合理。

② 机座壳体应有足够刚度以避免振动:图5-87a中电动机装在电动机座2上,经联轴器带动水泵。由于电动机座刚度不足,振动和噪声很大。图5-87b中增加了电动机座的厚度,并在其内部增加了肋,提高了刚度,使振动和噪声显著降低。

③ 提高机床床身隔板刚度:隔板在机床的开式床身中,对加强刚度作用很大。这种床身因排屑要求床身不能制成封闭形断面。图5-88所示为四种隔板结构形式。图5-88a为

T 形隔板,抗弯、抗扭刚度均较低。图 5-88b 抗弯刚度较图 5-88a 有明显提高。图 5-88c 的对角隔板与床身壁板组成三角形刚性结构,明显提高了抗扭刚度。图 5-88d 的床身部分为封闭断面再加隔板,所以刚度最高,仅用于刚度要求较高的车床。

④ 提高机架局部刚度和接触刚度:局部刚度是指支承件上与其他零件或地基相连部分的刚度。当为凸缘连接时,其局部刚度主要取决于凸缘刚度、螺栓刚度和接触刚度;当为导轨连接时,则主要反映在导轨与本体连接处的刚度上。

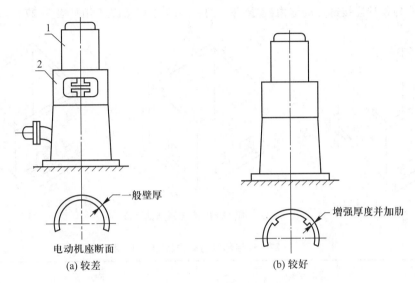

图 5-87　机座应有足够刚度防振

1—电动机;2—电动机座

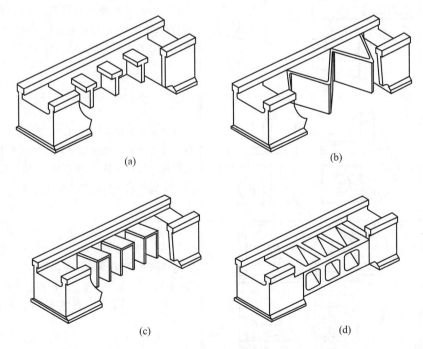

图 5-88　机床床身隔板形式

为保证接触刚度,应使结合面上的压强不小于 1.5~2 MPa。同时,应合理确定螺栓直径、数量和布置形式,如从抗弯出发考虑螺栓应力集中在受拉一面,从抗扭出发则要求螺栓均布在四周。还可使螺钉产生预紧力,来提高连接刚度。

① 提高螺栓连接处局部刚度:用螺栓连接时,连接部分可有不同的形式,可增加局部刚度来提高连接刚度,如图 5-89 所示,在安装螺钉处加厚凸缘,用壁龛式螺钉孔,或用加强筋等办法增加局部刚度,从而提高连接刚度。

② 合理设计连接部位的结构:连接部位的一些结构、特点及应用见表 5-27。

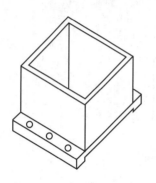 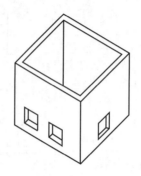 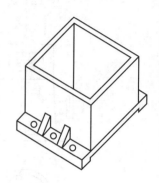

图 5-89　提高螺栓连接处局部刚度

表 5-27　连接部位的结构、特点及应用

形式	基本结构	特点和应用
爪座式		爪座与箱壁连接处的局部强度、刚度均较差,连接刚度也低,但铸造简单,节约材料。适用于侧向力小的小型箱体连接
翻边式		局部强度和刚度均较爪座式高,还可在箱壁内侧或外表面间增设加强筋以增大连接部位的刚度。铸造容易,结构简单,占地面积稍大。适用于各种大、中、小型箱体的连接
壁龛式		局部刚度好,若螺钉设在箱体壁上的中性面上,连接凸缘将不会有弯矩作用。外形简单,占地面积小,但制造较困难,适用于大型箱体的连接

③ 提高接合表面的光洁度和形状精度,使接合表面上的接触点增多,从而提高接合面的接触刚度。重要接合面的粗糙度一般应不低于 $Ra3.2\ \mu m$,最好能经过粗刮工序,每 25 mm×25 mm 面积内的接触点数不少于 4~8 点。

④ 提高导轨连接处局部刚度:图 5-90a 所示为龙门刨床床身,其中 V 形导轨处的局部刚度低,若改为图 5-90b 所示的结构,即加一纵向肋板,则刚度得到提高。

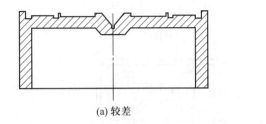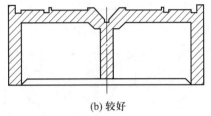

(a) 较差   (b) 较好

图 5-90　提高轨道连接处局部刚度

(5) 考虑机架机械加工工艺性

1) 避免在斜面上钻孔

如图 5-91a 所示,在斜面上钻孔,不但位置不准确,而且容易损伤刀具,应尽量避免,可用改变孔的位置或改变零件表面形状使零件表面与孔中心线垂直来解决,如图 5-91b、c 所示。

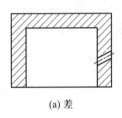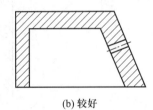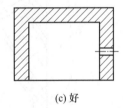

(a) 差   (b) 较好   (c) 好

图 5-91　避免在斜面上钻孔

2) 减少机械加工的面积

如图 5-92 所示的机座底面,图 5-92a、c 加工面积大,图 5-92b、d 较好。

3) 应保证加工面能方便加工

图 5-93 中,如图 5-93a 所示刀具与机座凸缘干涉,无法加工沉头孔,图 5-93b 设计是正确的。

4) 开设工艺孔利于排气与排砂

图 5-94 中,如图 5-94a 所示结构不利于型芯中的气体排出和排砂。图 5-94b 中在铸件上开设一工艺孔,不影响使用性能,改善了型芯的固定情况,更有利于型芯中的气体排出和排砂。

5) 孔和凸台:箱体内壁和外壁上位于同一轴线上的孔,从机加工角度要求,单件小批量生产时,应尽可能使孔的直径相等;成批大量生产时,外壁上的孔应大于内壁上的孔径,这有利于刀具的进入和退出。箱体壁上的开孔会降低箱体的刚度,实验证明,刚度的降低程度与孔的面积大小成正比。

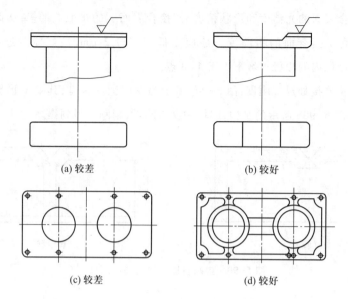

(a) 较差　　　　　　　　　　　　(b) 较好

(c) 较差　　　　　　　　　　　　(d) 较好

图 5-92　机座底面结构

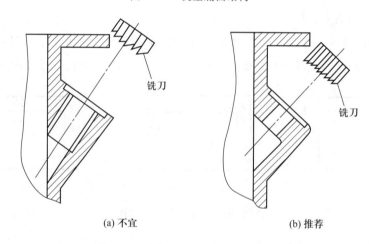

(a) 不宜　　　　　　　　　　　　(b) 推荐

图 5-93　应保证加工面能够方便加工

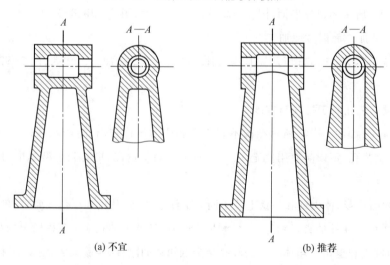

(a) 不宜　　　　　　　　　　　　(b) 推荐

图 5-94　开设工艺孔利于排气与排砂

在箱壁上与孔中心线垂直的端面处附加凸台,可以增加箱体局部的刚度,同时可以减少加工面。如图 5-95 所示,当凸台直径 D 与孔径 d 的比值 $D/d \leqslant 2$ 和凸台高度 h 与壁厚 t 的比值 $t/h \leqslant 2$ 时,刚度增加较大;比值大于 2 以后效果不明显。如因设计需要,凸台高度加大时,为了改善凸台的局部刚度,可在适当位置增设局部加强筋。

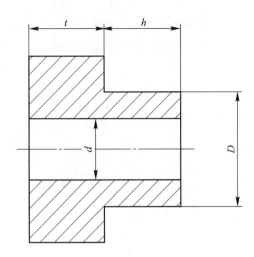

图 5-95　附加凸台增加箱体局部的刚度

（6）采用隔振措施

机械都会发生不同程度的振动,动力、锻压一类机械尤为严重。即使是旋转机械,也常因轴系的质量不平衡等多种原因而引起振动。若不采取隔振措施,振动将通过机器底座传给基础和建筑结构,从而影响周围环境,干扰相邻机械,使产品质量降低。对精密加工机床和精密测量设备来说,如不采取隔振措施,要得到很高的加工精度或测量精度是不可能的。除影响产品的精度之外,还有可能造成连接的松动、零件的疲劳,从而降低机器的使用寿命,甚至造成严重破坏。

隔振的目的就是要尽量隔离和减轻振动波的传递。常用的方法是在机器或仪器的底座与基础之间设置弹性零件或阻尼元件,通常称为隔振器或隔振垫,使振动的传递很快衰减。使用隔振器无需对机器进行任何变动,简便易行,效果好,是目前普遍使用的隔振方法。

隔振器中的弹性零件可以是金属弹簧,也可以是橡胶弹簧。几种机器安放隔振器的实例见图 5-96。隔振器由专门工厂生产,可根据产品样本选用。

增加阻尼可以提高抗振性。铸铁材料的阻尼比钢大。在铸造的机架中保留砂芯,在焊接件中填充砂子或混凝土,均可增加阻尼。

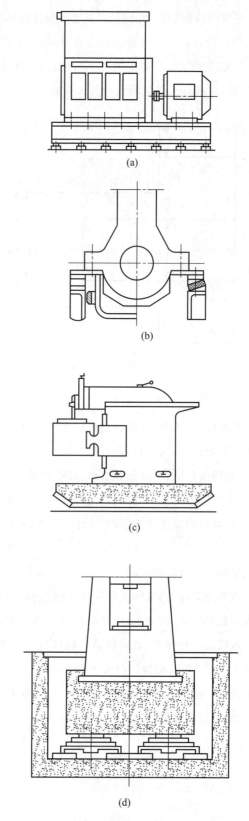

图 5-96　四种机器安放隔振器的实例

5.5 机构的结构设计实例

机构的结构设计是对机构系统运动简图进行机械实体结构化设计,局部和整体设计相结合,构思主执行机构、构件和组成零部件的各种可能的结构方案,并通过分析比较确定较优方案。这里以图2-15d所示的双四连杆式剪切机构为例进行结构设计,给出其结构方案。

如图5-97所示为剪切机构的第一种结构实现方案,电动机驱动小齿轮5(剖视图中没有该齿轮的投影)转动,小齿轮5驱动工作大齿轮6转动,齿轮6再驱动同步大齿轮7等速反向转动,两个工作大齿轮的轴同时兼作双四连杆式剪切机构中的曲柄。剪切机构中曲柄的结构非常关键,对冲床、剪切机和压力机等工作机械来说,曲柄销处的冲击载荷很大,必须加大曲柄销尺寸,常采用偏心轮、偏心轴和曲轴等结构(参见图5-53)。图5-97中曲柄采用的是一种悬臂的曲轴结构(参见图5-73),曲柄与机架(箱体)间、摇杆与机架之间以转动副相连接,各支点转动副均采用滚动轴承式转动副结构;曲轴与连杆之间、连杆与摇杆之间也都以转动副相连接,转动副结构采用滑动轴承式转动副结构;连杆与摇杆之间的转动副连接采用图5-39所示的对称的叉形结构,叉形结构部分做在连杆上与摇杆连接的端部;两个支点的轴承均需要从轴的左端装入,装拆不大方便,且导致轴一端细,一端粗;机架(箱体)采用焊接结构,为上、中、下的三箱结构,箱体之间用螺栓进行连接。

如图5-98所示为剪切机构的第二种结构实现方案,转动副均采用滚动轴承式转动副结构,为提高滚动轴承的承载能力和寿命,以及考虑误差和变形的影响,可采用调心滚子轴承。连杆与摇杆之间的转动副连接也采用图5-39所示的对称的叉形结构,但叉形结构部

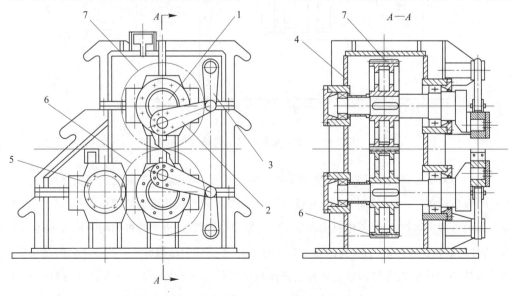

图 5-97 剪切机构的第一种结构方案

1—曲柄轴;2—连杆;3—摇杆;4—机架;5—小齿轮;6—大齿轮;7—同步大齿轮

分是做在摇杆上与连杆连接的端部;左侧支点轴承从轴的左端装入,右侧支点轴承从轴的右端装入,装拆方便,可以减小轴径,结构合理些。

如图 5-99 所示为剪切机构的第三种结构实现方案,这种方案将离合器 2 和飞轮 3 也放入了箱体中,小齿轮 1 驱动工作大齿轮 4 转动,齿轮 4 再驱动同步大齿轮 5 等速反向转动,齿轮 4 与剪切机构中的曲柄轴 6 是固接在一起的(同理齿轮 5 与其剪切机构中的曲柄轴也是固接在一起的),带动曲柄轴 6 转动,再驱动连杆 7(切刀)和摇杆 8 运动。

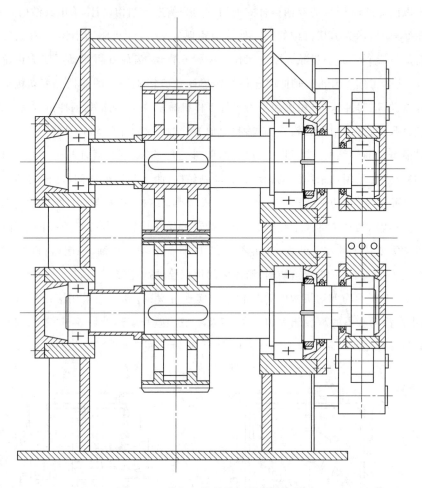

图 5-98　剪切机构的第二种结构方案

这里的双四连杆式剪切机构的结构设计是给出将机构运动简图转化为机械实体结构方案的一个简单示例,一些结构细节和尺寸没有给出,主要是说明机构运动简图在实际机器中表现为具体的机械实体结构,要考虑机构在机器中的空间位置布置、机构与机构间的位置和运动关系、构件间的位置和运动关系、构件与零部件的关系、零部件的结构形状以及运动副的结构等。机构系统的结构实现方案构思是富有创新性和挑战性的工作,在查阅现有设计资料的基础上,宜采用发散思维和创造性思维,灵活地运用所学知识进行创新设计,尽可能多提出一些结构实现方案,然后从技术、经济、人机工程和造型等角度进行评价来确定最佳方案。

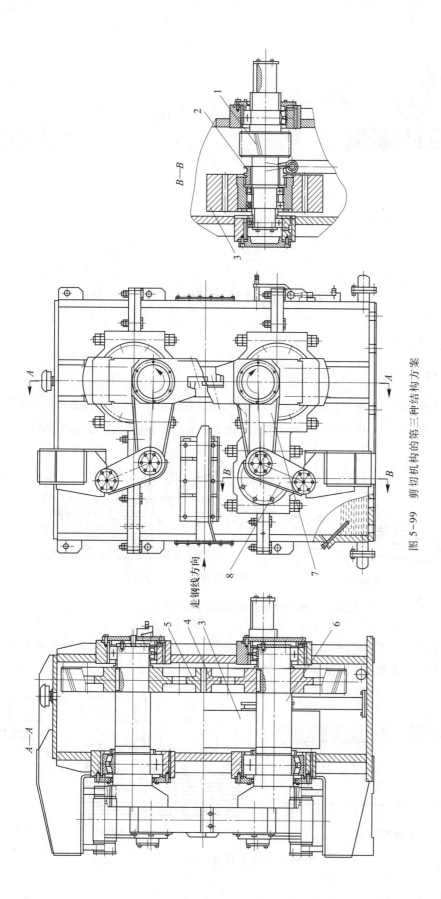

图 5-99　剪切机构的第三种结构方案

第**6**章

综合设计案例

6.1 设计任务书

6.1.1 设计背景

图 6-1 为典型的单张纸印刷机给纸装置示意图,给纸装置实现给纸台上单张纸的连续分离和输送,给纸装置速度和给纸质量在很大程度上决定了单张纸印刷机的速度和印刷质量。

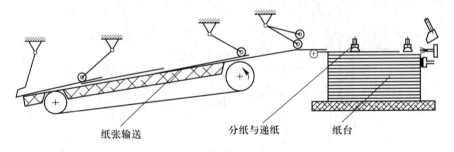

纸张输送　　　　　　分纸与递纸　　　　　纸台

图 6-1　单张纸印刷机给纸装置示意图

根据纸张分离原理不同,给纸方式可以分为摩擦式给纸和气动式给纸两种不同方式。图 6-2 为两种给纸方式的示意图。

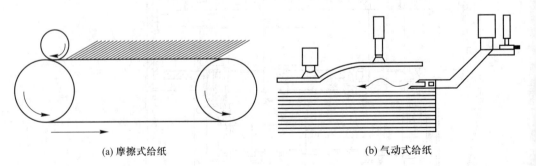

(a) 摩擦式给纸　　　　　　　　　　　　(b) 气动式给纸

图 6-2　给纸方式示意图

摩擦式给纸存在薄纸容易被损坏,厚纸不易被分离的缺点,只用在小型胶印机、复印机、打印机相关设备上。气动式给纸原理是利用吹气装置将纸堆吹疏松,吸气装置将最上面一张纸与纸堆分离并向前输送,适合于不同类型、厚度和大小的纸张分离,速度快,故障率低,在现代单张纸印刷机上得到广泛应用。

给纸机由传动装置,分纸头,纸张输送装置,双、多张检测装置以及给纸台组成。

1. 给纸机传动装置

给纸机与印刷机主机通过同一个电动机驱动,印刷机主传动系统输出的动力大部分传递到印刷滚筒,一部分动力通过机械传动支链传递到给纸机。给纸机与印刷机主机共用动力源的好处是保证了印刷装置与给纸装置运动周期的一致性。

给纸机的传动装置一般由两部分组成,即给纸主传动链和给纸台升降传动支链。给纸主传动链将印刷机主传动系统传递来的动力和运动传递到给纸装置传动轴,再通过凸轮、连杆等机构传递到给纸装置的各个执行件,实现纸张分离、输送和检测等。给纸台升降传动支链由独立升降电动机传动。

2. 分纸头

分纸头作用是周期性地将给纸台上堆落齐整的纸张逐张分离,并向前传递给接纸辊,再通过纸张输送装置向前运送到前规矩。

这里以单张纸印刷机机中应用最普遍的气动式分纸头为对象进行设计。

6.1.2　原始数据及设计要求

1. 原始数据

① 递纸吸嘴送纸距离 70 mm,递纸吸嘴升降高度 15 mm。

② 印刷速度为 8 000 张/h,印刷机所需功率为 3.2 kW。

③ 工作条件:给纸头三班制工作,连续单向运转,工作平稳。

④ 使用期限:十年,大修期三年。

⑤ 生产批量:小批量生产(少于十台)。

⑥ 生产条件:中等规模机械厂制造,可加工 7~8 级精度的齿轮及蜗轮。

2. 设计要求

① 纸张可靠的分离和输送,不破损,不污染纸张,能够连续输纸,不停机上纸。

② 掌握机构草图尺寸综合的方法。

③ 掌握杆组法机构运动分析原理和编程方法。

④ 掌握凸轮廓线设计原理与编程方法。

3. 设计任务

① 完成分纸头装置的方案设计,包括传动系统方案和执行系统方案。

② 完成主传动系统减速器结构设计、递纸机构尺寸综合和运动分析。

③ 减速器装配图一张、零件图两张,分纸头传动方案设计、主传动减速器结构设计和执行机构运动分析说明书一份。

④ 主传动减速器三维设计、分纸头装置三维设计和机构运动仿真(学生选做)。

6.2　分纸头装置功能分解及方案构思

6.2.1　分纸头装置的功能分解

图6-3为气动式纸张分离流程示意图,分纸头装置需要完成的基本功能包括以下四点。

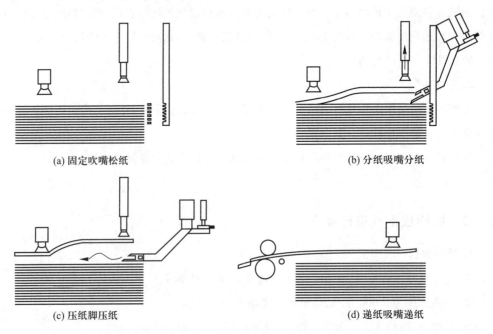

(a) 固定吹嘴松纸　　　　　　　　(b) 分纸吸嘴分纸

(c) 压纸脚压纸　　　　　　　　(d) 递纸吸嘴递纸

图6-3　气动式纸张分离流程示意图

① 设在给纸台后缘的固定吹嘴向给纸台吹气,使给纸台最上面几张纸吹松至与挡纸毛刷相接触。

② 压纸吹嘴在压纸后向纸张下吹气,使吹松的纸张与纸堆完全分离。

③ 分纸吸嘴将被吹松纸张最上面一张吸住、提起并交给递纸吸嘴。

④ 递纸吸嘴接住纸张并与分纸吸嘴一起将纸张递送到输纸台。

此外分纸头还需具有纸堆高度探测功能。

图6-4为气动式分纸头功能结构图,其总功能为纸张分离与传递,总功能可分解为松纸、分纸和递纸三个分功能。松纸分功能可分解为松纸主功能元和挡纸辅助功能元;分纸分功能可分解为压纸子功能和分纸子功能元,压纸子功能元又可分解为压纸主功能元和纸张探测辅助功能元。

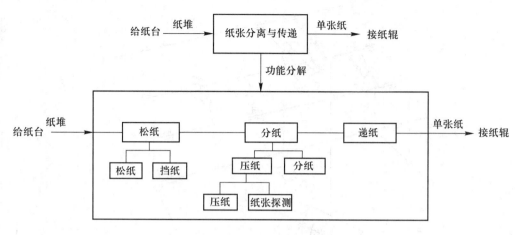

图 6-4　气动式分纸头功能结构图

6.2.2　分纸头装置传动方式分析

分纸头装置靠分纸凸轮轴驱动,分纸功能需要将凸轮轴的旋转运动变换为压纸吹嘴的上下往复摆动、分纸吸嘴的上下往复直线运动以及递纸吸嘴在空间立面内的往复二维运动。

能实现连续旋转运动变换为往复摆动的机构有曲柄摇杆机构、摆动凸轮机构。

能实现连续旋转运动变换为往复直线运动的机构有直动凸轮机构、曲柄滑块机构。

能实现连续旋转运动变换为空间立面内往复二维运动的机构有联动凸轮-二自由度多杆机构、行程倍增连杆机构。

6.2.3　执行机构方案构思

图 6-5 为联动凸轮——两自由度连杆机构方案,该机构由沿纸宽幅面对称布置的二自由度连杆机构以及凸轮机构组成。印刷机主传动电机动力一部经过传动机构和接轴传递到分纸头凸轮轴 I,凸轮轴上有 5 个摆动凸轮,摆动凸轮 1 和 5 分别通过摆杆驱动二自由度连杆机构两个原动件,实现递纸吸嘴在空间立面内的递纸轨迹要求。凸轮 2 通过曲柄滑块机构实现分纸吸嘴的上下往复直线运动。凸轮 3 为探纸凸轮。凸轮 4 通过连杆机构实现压纸吹嘴的上下往复摆动。

执行机构的另一种方案是采用行程倍增的连杆机构,该机构中连续旋转的曲柄通过连杆输出上下和前后运动,前后运动再通过连杆倍增机构实现增程,从而实现递纸吸嘴运动轨迹。该方案中递纸吸嘴机构取消了两个驱动凸轮,结构简化,维护方便,可用于高速印刷。

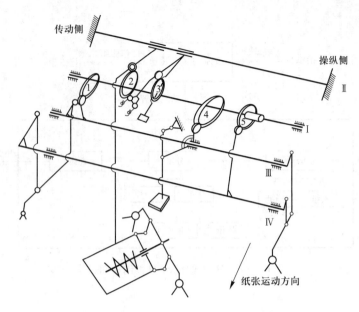

传动侧

操纵侧

图 6-5　联动凸轮-二自由度连杆机构方案

6.2.4　传动系统的速度变换与运动形式变换

印刷机主电动机通过传动系统将动力传递到分纸头装置的凸轮轴,再经过机构将动力传递到吸嘴和吹嘴执行构件上,需经历速度变换、方向变换和运动形式变换。

主电动机转速高于分纸头凸轮轴转速的数倍,并且二者距离较远,因此,需要实现远距离的旋转运动速度变换、方向变换和运动传递。常用的旋转运动速度变换和方向变换机构有带传动、圆柱齿轮传动、圆锥齿轮传动、行星轮系传动、蜗杆传动、链传动。其中摩擦带传动和圆锥齿轮传动一般安排在转速较高的运动链始端,以减小传递的转矩。链传动放在传动链的后端,以减小运动不均的多边形效应。

从凸轮轴到各执行构件的运动变换机构包括凸轮机构和连杆机构,这些机构安排在运动链的末端。

6.3　分纸头装置运动方案设计

6.3.1　分纸机构工艺行为要求及构型设计

分纸吸嘴机构的作用是自纸堆上可靠地逐张分离纸张。分纸吸嘴工作过程如图 6-6 所示的。分纸吸嘴接近纸堆面,吸嘴气路接通,靠强烈的吸气气流将纸堆最上面的一张纸吸住,克服吸嘴内的压缩弹簧和重量并上升 10 mm 高度;纸张被递纸吸嘴接过后,分纸吸嘴再提升 20 mm。分纸吸嘴的标准位置应处于离纸堆后边缘 4 mm 左右,通过分纸头上的手柄调节整个分纸头的位置实现。通常分纸吸嘴距纸堆面的距离为厚纸 2~3 mm,薄纸 6~8 mm,如果距离过大容易出现空张,过小则会出现双张。分纸吸嘴距纸堆面的距离通过偏心调节杆调节,调节最大范围为 6 mm。

给纸机上的分纸吸嘴成对使用,分纸吸嘴高度相同,并对称于机器中心线,与传纸辊平行。分纸吸嘴姿态如图 6-7 所示,厚纸印刷时,两吸嘴垂直向下,普通纸印刷时,两个分纸吸嘴稍向内倾斜,这样当纸堆中间下凹或鼓起时,也能把纸张拉平,还可以防止压纸吹嘴撞击纸张后缘。

分纸吸嘴机构有两种构型,图 6-8 为摆杆-滑块构型,图 6-9 为十字滑块构型。

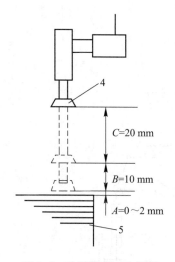

图 6-6　分纸吸嘴工作过程

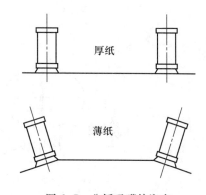

图 6-7　分纸吸嘴的姿态

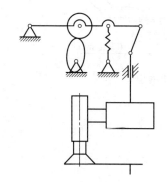

图 6-8　分纸吸嘴机构摆杆-滑块构型

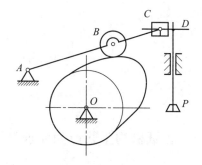

图 6-9　分纸吸嘴机构十字滑块构型

6.3.2　压纸机构工艺行为要求及构型设计

压纸吹嘴在纸堆上面基本垂直运动,以免搓动纸张,造成乱纸。而离开纸堆后急速后撤,避免与分纸吸嘴分离出来的单张纸相碰,如图 6-10 所示。从时间上看,必须是分纸吸嘴先吸起单张纸并上升到一定高度后,压纸吹嘴方向下运动,压实纸堆后开始吹气。压纸吹嘴的机构构型有四杆机构构型,如图 6-11 所示。

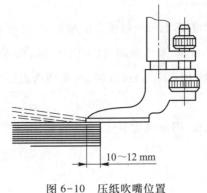

图 6-10　压纸吹嘴位置

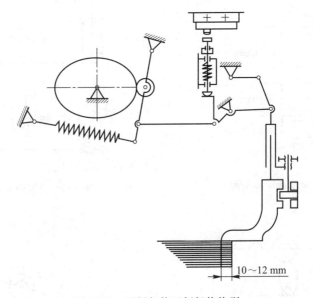

图 6-11　压纸机构四杆机构构型

6.3.3　松纸机构工艺行为要求与结构设计

　　如图 6-12 所示的固定吹嘴,用于将纸堆最上面的纸吹松,图 6-13 所示的斜挡纸毛刷与固定吹嘴配合使被吹松的纸张能控制在一定高度,既不会与下面的纸张相贴合,又能使分纸吸嘴顺利地吸取纸张,防止双张或多张。

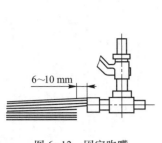

图 6-12　固定吹嘴

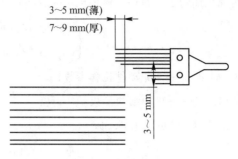

图 6-13　斜挡纸毛刷

6.3.4　递纸机构方案设计

1. 递纸机构工艺行为要求

递纸吸嘴的任务是接过分纸吸嘴分离出来的纸张,向前传送到接纸辊上,递纸吸嘴的运动为前后往复运动。

典型的递纸吸嘴运动轨迹如图 6-14a 所示,轨迹由 kl、la、ai 和 ik 四段组成。从 i 点开始,递纸吸嘴沿 ik 轨迹段下降取纸;在 k 点,递纸吸嘴接住分纸吸嘴分离出来的纸张,沿 kl 轨迹段适当升高;再沿 la 轨迹段水平向前送纸;在 a 点将纸张传递给输纸辊后沿 ai 轨迹段返回到 i 点。

高速印刷机对递纸吸嘴轨迹进行了简化,如图 6-14b 所示,递纸吸嘴轨迹为往复式运动。

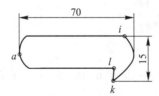

(a) 传统递纸吸嘴轨迹

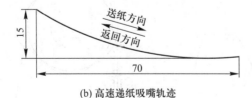

(b) 高速递纸吸嘴轨迹

图 6-14　递纸吸嘴运动轨迹

2. 递纸机构构型设计

对应传统递纸吸嘴轨迹和高速递纸吸嘴轨迹有两类机构构型。

（1）两自由度连杆机构构型

单自由度平面连杆机构不能精确实现任意的运动轨迹,而两自由度平面连杆机构可精确实现预期的运动轨迹。连杆机构的运动满足：

$$\begin{cases} x = x(\phi_1, \phi_2, m_1, m_2, \cdots, m_n) \\ y = y(\phi_1, \phi_2, m_1, m_2, \cdots, m_n) \end{cases} \tag{6-1}$$

式中：ϕ_1、ϕ_2——两原动件位移参数；

$m_i(i = 1 \sim n)$——机构结构参数。

由式(6-1)可解出 ϕ_1、ϕ_2

$$\begin{cases} \phi_1 = f_1(x, y, m_1, m_2, \cdots, m_n) \\ \phi_2 = f_2(x, y, m_1, m_2, \cdots, m_n) \end{cases} \tag{6-2}$$

由式(6-2)可以看出，结构参数确定后，只要原动件的运动规律满足式(6-2)，该机构就可精确实现预期的规律。

具有两个自由度的连杆机构中，若两个原动构件用联动凸轮驱动，只要设计合适的凸轮廓线，连杆机构就能输出期望的轨迹曲线。因此，联动凸轮-连杆机构是递纸吸嘴机构的可选构型之一。

两自由度连杆机构运动链满足下式：

$$3(n-1) - 2P_L = 2 \tag{6-3}$$

式中：n——连杆运动链构件数

P_L——运动链中低副数

由式(6-3)可得出两自由度连杆机构型式有

$n = 3$ $P_L = 2$ 三杆机构

$n = 5$ $P_L = 5$ 五杆机构

$n = 7$ $P_L = 8$ 七杆机构

    ⋮   ⋮   ⋮

联动凸轮—连杆机构构型如图 6-15、图 6-16、图 6-17 所示。

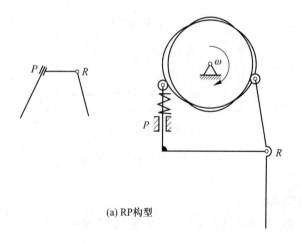

(a) RP构型

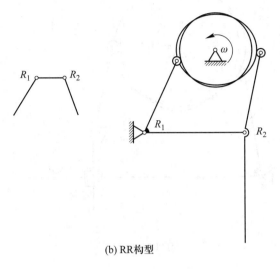

(b) RR构型

图 6-15　三杆机构构型

（2）行程倍增连杆机构构型

　　根据递纸吸嘴前后运动行程与上下升降运动行程存在倍数关系的特点，在曲柄摇杆机构的输出摇杆上添加行程倍增的摆动滑块机构，其中倍增系数很容易通过摇杆长度比值来调节，该机构在高速递纸吸嘴中得到应用。

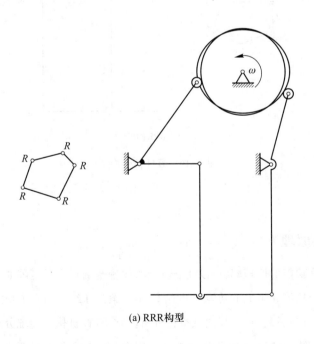

(a) RRR构型

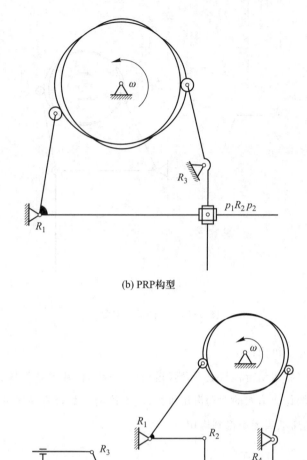

(b) PRP构型

(c) RPR构型

图 6-16 五杆机构构型

6.3.5 分纸头原理方案

根据以上各分功能的原理解,可以建立分纸头原理解的形态学矩阵如表6-1所示。

对分纸头六个功能元组成的功能解共有12个方案。递纸机构六个功能解中,七杆递纸机构(构型见图6-17)较复杂、三杆递纸机构分析困难,五杆机构为传统分纸头的优选;行程倍增机构(构型见图6-18)适合高速分纸头。因此,优选的方案有两个方案:A11-A21-A31-A41-A51-A62;A11-A21-A31-A41-A51-A66。

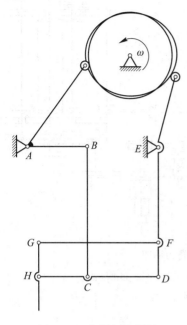

图 6-17 七杆机构构型

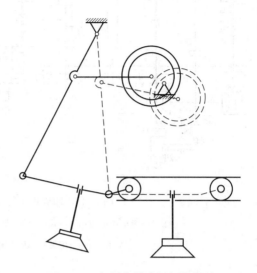

图 6-18 行程倍增连杆机构构型

表 6-1 分纸头功能原理解形态学矩阵

功能	原理解	1	2	3	4	5	6
松纸	松纸 A1	固定吹嘴					
	挡纸 A2	挡纸毛刷					
分纸	压纸 A3	四杆机构					
	分纸 A4	摆杆-滑块	十字滑块				
	纸张探测 A5	探测凸轮					
递纸	递纸 A6	三杆构型	五杆 RRR	五杆 RPR	五杆 PRP	七杆	行程倍增连杆

6.3.6 分纸头传动系统传动链

在图 6-19 中,电动机经主传动系统减速后输出,通过输出轴的齿轮将大部分动力传递到压印滚筒轴,通过锥齿轮 1-2 将动力传递到输纸机。输纸机包括接纸辊、输纸台、给纸头三部分。

主机运动通过锥齿轮 1 和 2-万向连节-轴 1-锥齿轮 3 和 4 传递到离合器轴 II,离合器断开,用于给纸头停机检修。

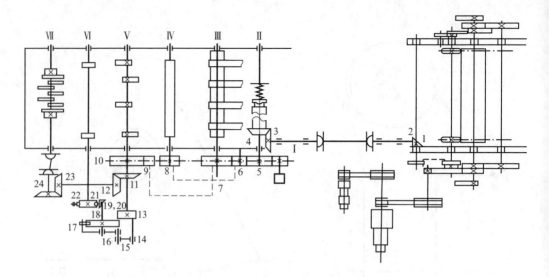

图 6-19　印刷机主传动及给纸装置传动图

Ⅰ轴-主机连接轴；Ⅱ轴-离合器轴；Ⅲ轴-输送带主动轴；Ⅳ轴-接纸辊轴

Ⅴ轴-凸轮分配轴；Ⅵ轴-链轮轴；Ⅶ轴-给纸头凸轮轴

　　离合器轴Ⅱ(合上离合器)通过齿轮 5 传递到齿轮 6。齿轮 6 通过齿轮 7、齿轮 8 将运动分别传递到输送带主动轴Ⅲ和接纸辊轴Ⅳ。

　　齿轮 7 除了驱动接纸辊轴Ⅳ以外，还通过惰轮 9-齿轮 10 将运动传递到凸轮分配轴Ⅴ，凸轮分配轴Ⅴ上安装有双张控制凸轮以及推动输纸台自动上升机构的曲柄盘 13 等。

　　凸轮分配轴Ⅴ通过曲柄盘 13-曲柄销 14-摆杆 15-摇杆 16-棘爪 17-棘轮 18-锥齿轮 19-锥齿轮 20-蜗杆 21-蜗轮 22，最后传递到链轮轴Ⅵ，实现输纸台间歇上升。

　　凸轮分配轴Ⅴ通过锥齿轮 11、12、23、24、万向连轴节将运动传递到给纸头凸轮轴Ⅶ。

6.4　细　节　设　计

　　细节设计完成机构运动精确分析和尺度综合，下面以递纸机构为例说明细节设计过程。

6.4.1　递纸机构运动分析与机构尺寸精确确定

1. 递纸机构尺寸综合

　　递纸吸嘴要实现工艺要求的封闭轨迹曲线属连杆机构设计的轨迹问题，这里采用广义坐标运动组合原理进行递纸机构尺寸综合设计。如图 6-20 所示二自由度机构，连架杆 AB 与 x 轴正向夹角为 φ，浮动连杆 BP 与 x 轴正向夹角为 ψ，P 点的广义坐标表达式为

$$\begin{cases} \varphi = \beta + \delta \\ \psi = \beta - \sigma \end{cases} \qquad\qquad (6-4)$$

式中:$\beta = \arctan \dfrac{y_P}{x_P}$,$\cos \delta = \dfrac{l_{AB}^2 - l_{BP}^2 + l_{AP}^2}{2l_{AB}l_{AP}}$,$\cos \sigma = \dfrac{l_{BP}^2 - l_{AB}^2 + l_{AP}^2}{2l_{BP}l_{AP}}$

二自由度轨迹机构尺寸综合设计的关键是确定固定铰链点 A 的位置、AB 杆长度 l_{AB} 和 BP 杆长度 l_{BP}。连杆 BP 上的 P 点要实现预期的封闭轨迹,极近位置点 P_1 和极远位置点 P_2 处的法线应通过 A 点,且连架杆和连杆杆长应该满足杆长条件

$$\begin{cases} l_{AB} + l_{BP} \geq r_{\max} \\ |\, l_{BP} - l_{AB} \,| \leq r_{\min} \end{cases} \tag{6-5}$$

为了传力性能良好,使最小传动角 $\mu_{\min}$ 最大,连架杆与连杆夹角 γ 越接近 90° 越好,因此,两个极限位置的夹角 γ 满足如下条件

$$\begin{cases} \cos \gamma_{\min} = \cos \mu_{\min} \\ \cos \gamma_{\min} = -\cos \gamma_{\max} \end{cases} \tag{6-6}$$

式中:$\cos \gamma_{\min} = \dfrac{l_{AB}^2 + l_{BP}^2 - r_{\min}^2}{2l_{AB}l_{BP}}$

$$\cos \gamma_{\max} = \dfrac{l_{AB}^2 + l_{BP}^2 - r_{\max}^2}{2l_{AB}l_{BP}}$$

利用上述三个方程,可以得到如下结果:

$$\begin{cases} L_1^2 = \dfrac{1+\lambda^2}{4} \left\{ 1 \pm \sqrt{1 - \left[\dfrac{1-\lambda^2}{(1+\lambda^2)\cos \mu_{\min}} \right]^2} \right\} \\ L_2^2 = \dfrac{1+\lambda^2}{4} \left\{ 1 \mp \sqrt{1 - \left[\dfrac{1-\lambda^2}{(1+\lambda^2)\cos \mu_{\min}} \right]^2} \right\} \end{cases} \tag{6-7}$$

式中:$\lambda = \dfrac{r_{\min}}{r_{\max}}$,$L_1 = \dfrac{l_{AB}}{r_{\max}}$,$L_2 = \dfrac{l_{BP}}{r_{\max}}$。

若 $L_1 \geq L_2$ 时取上方符号,否则取下方符号。

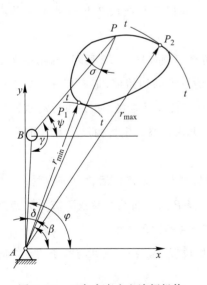

图 6-20　二自由度广义连杆机构

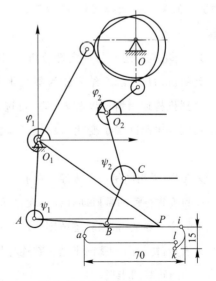

图 6-21　递纸吸嘴五杆机构

对如图 6-21 所示五杆递纸机构,可先根据所要求的轨迹确定固定铰链点 O_1、连架杆长 l_{O_1A}、连杆长 l_{AP},再根据 AP 上活动铰链点 B 的轨迹确定固定铰链点 O_2、连架杆长 l_{O_2C}、连杆长 l_{BC},具体步骤如下。

① 选出吸嘴轨迹最远和最近位置点,取这两位置点公法线的交点为固定铰链点 O_1;

② 确定 O_1P 的最大、最小半径 r_{max}、r_{min},将最大、最小半径和给定的最小传动角 μ_{min} 代入式(6-7),可得到连架杆和连杆长度 l_{O_1A}、l_{AP};

③ 采用 CAD 软件图形法或杆组解析法生成吸嘴轨迹对应的活动铰链 B 的轨迹;

④ 根据活动铰链 B 的轨迹确定固定铰链点 O_2、连架杆和连杆长度 l_{O_2C}、l_{BC};

⑤ 根据式(6-4),确定两原动件摆角 φ_1、φ_2 的变化规律。

2. 递纸机构草图仿真

SolidWorks 草图工具是机构运动方案创意和尺寸综合的方便工具,下面介绍利用 SolidWorks 草图工具进行五杆递纸机构 RRR 构型机构运动定性分析以及尺寸综合的步骤。

第一步:绘制机构几何草图和参数化尺寸标注。如图 6-22 所示,绘制 L_1-L_7 线段,以 O_3 为中心绘制两个封闭轮廓分别与两个滚子圆相切。图中 O_1、O_2、O_3 为机架点,线段代表杆件,以 O_3 为中心的封闭轮廓代表联动凸轮 1 和 2,P 点代表吸头,联动凸轮 1 和凸轮 2 通过 6、7 驱动杆 1 和 4 作为连杆机构的输入。机架点 O_1 为参数化尺寸标注的原点,通过草图命令"添加几何关系→选择 O_1 点→固定约束"添加固定约束;通过草图命令"智能尺寸→复选 O_1 和 O_2 点→尺寸"为机架点 O_2 标注水平尺寸 X_{O_2} 和垂直尺寸 Y_{O_2},同样为 O_3 点添加水平尺寸 X_{O_3} 和 Y_{O_3},所有杆件参数化长度尺寸和角度尺寸如图 6-22 所示。

第二步:添加必要的几何关系,完成机构草图。绘制的线段在端点连接处始终保持连接关系,线段之间可绕该点相对转动,相当于机构转动副,如图中 A、B、C 处;线段 1 和 6、线段 4 和 7 通过角度尺寸约束分别实现刚性连接,并分别绕 O_1、O_2 转动;通过草图命令"添加几何关系→选择线段 $L2$、$L3$→共线约束",使线段 2 与线段 3 共转动副 A 并刚性连接。

第三步:机构运动特性定性分析。机构草图仿真模型如图 6-22 所示,利用广义坐标法得到的机构尺寸综合结果作为参数化机构草图仿真模的初始值,拖动杆件 1 或 4 就可以观察到机构运动情况以及 P 点的轨迹,通过修改杆长尺寸参数,吸头的运动轨迹形状和运动范围也跟随发生变化,根据运动轨迹形状的要求最终确定机构尺寸参数如图 6-22 所示。

第四步:采用图解法反求原动件摆角。当机构构型和尺寸确定后,影响吸嘴头 P 点水平行程和垂直行程的是原动杆件最大摆角,通过"选择 P 点→属性→参数",查看 P 点在极限位置的位置参数,根据轨迹范围要求,确定杆 1 和杆 4 的摆角大小。

第五步:初定凸轮基圆半径。在连杆机构的初始位置,测量 O_3 点到与滚子切点之间的距离作为凸轮基圆半径。

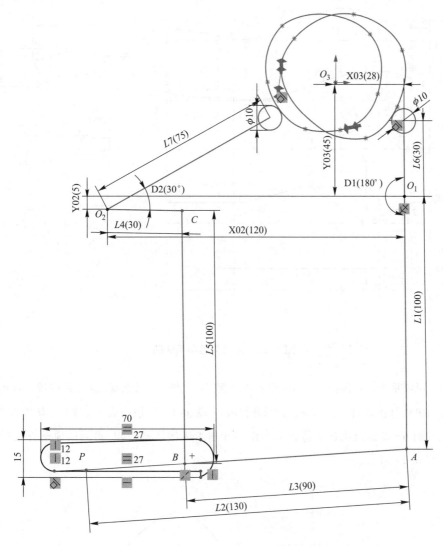

图 6-22　五杆机构参数化草图仿真模型

3. 分纸头运动协调关系及运动循环图

分纸、压纸和递纸三个机构必须保证相互协调才能顺利实现纸张分离、递送,根据图 6-3 的分离流程,初步设计如图 6-23 所示的分纸头机构运动循环图。

运动循环从压纸嘴下降到最低点压纸的 a 时刻开始,此时递纸吸嘴处于前一张纸向前递送途中,分纸吸嘴处在中间等待取纸位置;到 b 时刻,分纸吸嘴开始下降取纸;到 c 时刻,压纸嘴上升;到 d 时刻,分纸吸嘴翻转;到 e 时刻,递纸吸嘴完成送纸并返回;到 f 时刻,分纸吸嘴降到最低点吸气分纸并马上上升,压纸嘴下降;到 g 时刻,递纸嘴上升到最高点并继续返回;到 h 时刻,分纸嘴升到最高点并马上下降,递纸吸嘴继续返回和下降;到 i 时刻,递纸吸嘴不再后退,并开始下降准备接纸;到 j 时刻,分纸吸嘴下降到中间位置;到 k 时刻,递纸吸嘴接纸并上升,此时分纸纸张由递纸嘴和分纸嘴一起吸住;到 l 时刻,分纸嘴松开纸并继续处在中间等待位置,递纸吸嘴独自将纸前送直到 a 位置,完成一个分纸和递纸动作循环。

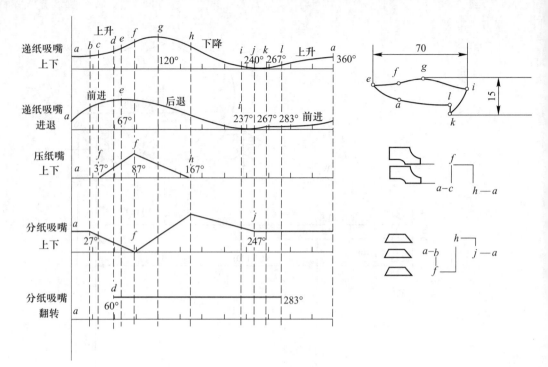

图 6-23　分纸头运动循环图

递纸吸嘴垂直方向包括升程和回程运动,升程由 ag 段、ka 段组成,gk 为回程段。递纸吸嘴水平方向包括升程、回程以及暂歇运动,升程由 ae 段、ik 段、la 段组成,ei 段回程,kl 段为暂歇。

利用图 6-22 的机构运动仿真草图模型和递纸吸嘴轨迹要求,得到两原动件摆杆运动规律如图 6-24 所示。

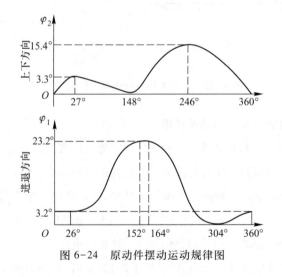

图 6-24　原动件摆动运动规律图

4. 递纸机构杆组法运动分析原理及结果

如图 6-25 所示为五杆递纸机构 RRR 构型机构的运动分析示意图。根据机构组成原理,该机构的基本机构由 L_1 和 L_4 两个原动件组成,从动件系统为 RRR 杆组,图 6-26 为该机构杆组法运动分析编程的流程图。

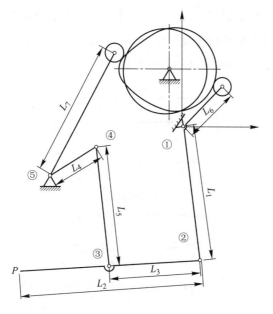

图 6-25　五杆机构运动分析示意图

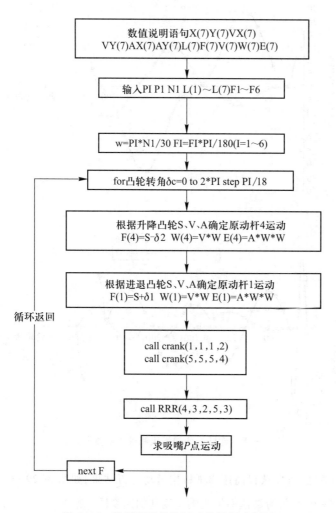

图 6-26　递纸吸嘴机构运动分析程序框图

根据图 6-22 中的连杆机构尺寸和图 6-24 中的原动件运动规律,利用杆组法得到递纸机构运动分析结果。递纸吸嘴轨迹如图 6-27 所示,设计轨迹与期望轨迹近似,达到设计要求。如图 6-28 所示为递纸吸嘴速度和加速度曲线图。

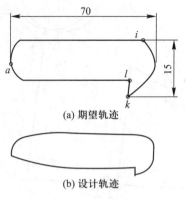

图 6-27　递纸吸嘴轨迹图

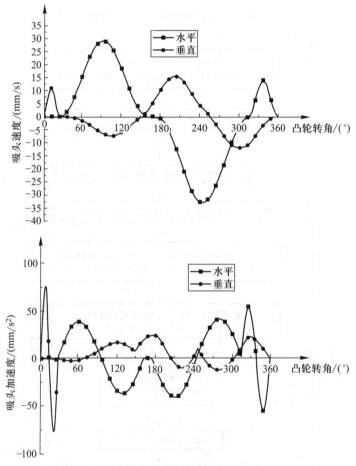

图 6-28　连杆机构递纸吸嘴速度和加速度图

采用同样的方法,可以获得高速递纸机构运动分析结果,如图 6-29 所示为高速递纸吸嘴轨迹图,如图 6-30 所示为高速递纸吸嘴速度和加速度图。

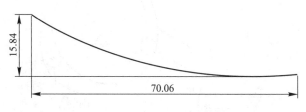

图 6-29　高速递纸吸嘴轨迹图

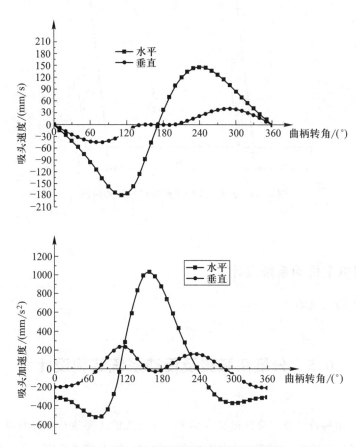

图 6-30　高速递纸吸嘴速度和加速度图

6.4.2　五杆递纸机构 RRR 构型最终确定

五杆递纸机构 RRR 构型机构的原动摆动是通过联动凸轮进行驱动，该联动凸轮为摆动从动件盘形凸轮，可利用摆动凸轮解析法确定凸轮廓线。综合连杆机构和凸轮设计的结果，可最终确定凸轮-连杆式五杆递纸机构 RRR 构型的机构如图 6-31 所示。

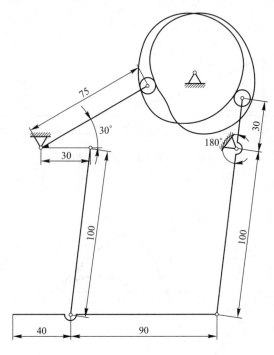

图 6-31   凸轮-连杆式递纸机构运动简图

6.4.3   印刷机主传动系统设计

主传动系统设计从略。

6.5   分纸头装置及传动系统结构设计

分纸头装置结构设计及三维建模具体如下。分纸头的主要执行构件包括分纸吸嘴 6、递纸吸嘴 7 以及压纸吹嘴 2,辅助功能执行构件有固定吹嘴 1、挡纸毛刷 3 和 4 等,这些执行构件布局如图 6-32 所示。

图 6-33 为分纸头的外形图,分纸头装在轴Ⅳ上,通过螺母 10 可在丝杆 11 上前后移动。轴Ⅰ是分纸头的凸轮轴,该轴装有五个凸轮,分别用圆锥销固定在同一根轴上,各凸轮有严格的对应关系。轴Ⅴ活节支撑凸轮 4 控制压脚吹嘴上、下运动的摆杆 12;轴Ⅵ是凸轮 1 控制摆杆 7 的支撑点,使递纸嘴前后往复移动;轴Ⅶ是凸轮 5 控制摆杆 4 的支撑点,使得递纸吸嘴升降;9 是分纸机构的导杆,使得分纸吸嘴升降。利用 SolidWorks 软件和分纸头机构参数,可建立分纸头的三维模型如图 6-34 所示。

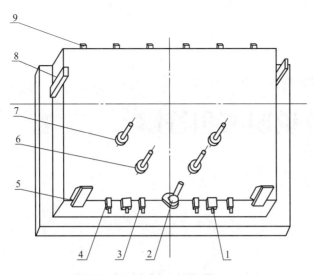

图 6-32 分纸头各构件布局图

1—固定吹嘴;2—压纸吹嘴(压纸脚);3、4—挡纸毛刷;5、8 和 9—挡纸板;6—分纸吸嘴;7—递纸吸嘴

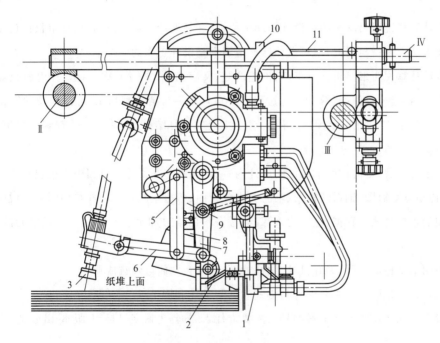

图 6-33 分纸头外形图

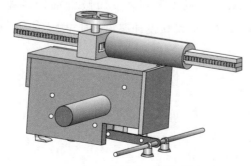

图 6-34 分纸头三维模型图

第7章

设计计算说明书和答辩

7.1 编写设计计算说明书

设计计算说明书既是图纸设计的理论依据,又是设计计算的总结,也是审核设计是否合理的技术文件之一。因此,编写设计计算说明书是设计工作的一个重要环节。

设计计算说明书要求计算正确,论述清楚,文字简练,书写工整。对计算内容只需写出计算公式,再代入数值(运算和简化过程不必写),最后写清计算结果、标注单位并写出结论(如"强度足够""在允许范围内"等)。对于主要的计算结果,在说明书的右侧一栏填写,使其醒目突出。

为了更直观、更简洁明了地说明设计内容,说明书中在设计的过程中还应包括相应的简图,如传动方案简图、轴系结构图、轴的受力分析图、弯扭矩图和传动件结构图等。说明书中所引用的重要公式或数据,应注明来源、参考资料的编号和页次。对每一自成单元的内容。都应有大小标题。

说明书要标出页码,编好目录,做好封面,最后在左侧边装订成册。

设计计算说明书的主要内容和格式参见图 7-1 和图 7-2。

参考文献格式如下:(资料编号 主要责任者.书名文献字母标识.版本.出版地:出版单位,出版年.)。

[1] 濮良贵,陈国定,吴立言.机械设计[M].10 版.北京:高等教育出版社,2019.

[2] 吴宗泽,罗圣国,高志,等.机械设计课程设计手册[M].5 版.北京:高等教育出版社,2018.

图 7-1 说明书目录

封面：

机械设计综合课程设计
题目_____
___学院___专业__班
设计者_____
学号_____
指导教师_____
完成日期_____

（装订位置）

目录：

目录

（装订位置）

正文：

计算及说明	结论

（装订位置）

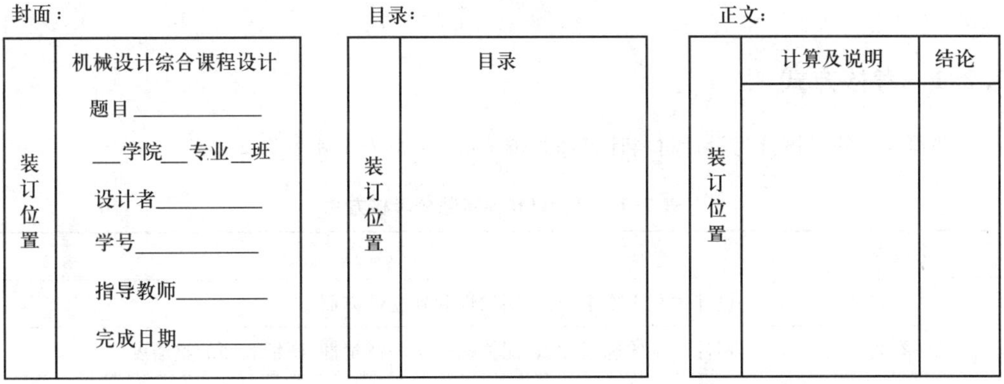

图 7-2 说明书格式

7.2 考核答辩

考核答辩是课程设计的最后一个环节,是检查学生实际掌握知识的情况和设计的成果,评定设计成绩的一个重要方面。学生完成设计后,应及时做好考核答辩的准备。通过准备考核答辩可以对设计过程进行全面的分析和总结,发现存在的问题,是一个再提高的过程。

在答辩前统一进行简单的笔试,笔试题围绕整个课程设计的各个环节,通过笔试可以节省答辩时间,也有助于客观公正地评定成绩。

答辩前,应认真整理和检查全部图纸和说明书,进行系统、全面的回顾和总结。搞清设计中每一个数据、公式的使用,弄懂图纸上的结构设计问题,每一根线条的画图依据以及技术要求等其他问题。做好总结可以把还不懂或尚未考虑的问题搞懂、弄透,以取得更大的收获。总结以书面形式写在计算书的最后,以便老师查阅。

最后叠好图纸,装订好说明书,放在资料袋内并填好资料袋正面和底部的表格,准备答辩。图纸的折叠方法参见图 7-3。

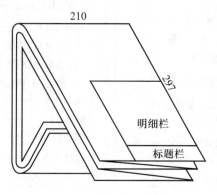

图 7-3　图纸折叠方法

7.2.1　考核方式

课程设计的考核分为设计材料评审和答辩两部分(表 7-1 和表 7-2)。

表 7-1　设计材料评审部分考核方式

考核内容	考核要点
平时成绩	设计过程工作主动性、能动性和独立性方面
图纸	零件绘制的规范性、装配关系表达的清楚性、图纸表面的整洁度
设计说明书	方案设计的合理性和创新性、零件校核的正确性、计算过程的正确性、说明书撰写逻辑的合理性、说明书格式的规范性

表 7-2　设计答辩部分考核方式

考核内容	考核要点
笔试	问题回答的合理性和全面性
面试	陈述设计工作的熟练程度,回答提问的正确性和应变能力

7.2.2　成绩评定方法

成绩评定方法按优秀、良好、中等、及格和不及格五个等级评定。优秀人数不超过本专业学生人数的 15%,中等、及格和不及格的总比例不低于 40%。设计材料和答辩根据表 7-3 折算成百分制的总成绩,然后再根据表 7-4 折算成五个等级。

表 7-3　机械设计综合课程设计成绩评分表

序号	考核项目	考核指标内涵及分值	分数
1	机构设计过程	机械系统传动方案拟定,机械系统机构运动简图,运动协调设计和机构工作循环图,机构综合和运动分析(10%)	
2	题目分析及资料收集过程	设计小组组织、分工、协作以及方案汇报(10%)	
3	图纸设计与说明书撰写过程	系统传动方案 CAD 设计,装配图及零件图 CAD 设计,主执行机构 CAD 设计,部件装配图 CAD 设计,零件图 CAD 设计,整理、撰写设计说明书(30%)	
4	结构设计过程	机构或传动部件工作情况、载荷分析,零件材料合理选择,考虑制造工艺、使用维护、经济和安全等问题,对部件进行强度结构设计,拟定结构总体方案、结构详细设计及草图设计(10%)	
5	答辩	机构设计知识考试,机构方案设计的合理性和创新性,机构尺度综合、机构运动分析结果的合理性(10%)	
		说明书撰写逻辑的合理性、说明书格式的规范性,零件绘制的规范性、装配关系表达的清楚性、图纸表面的整洁度(20%)	
		结构设计知识考核,结构设计的合理性和创新性,零件校核的正确性、计算过程的正确性(10%)	
总分			

表 7-4　百分制与五级制转换关系

百分制	90~100	80~89	70~79	60~69	<60
五级制	优秀	良好	中等	及格	不及格

各答辩小组必须将本组内成绩最差的学生(约 10%,至少两名)推荐到系组织的大组进行二次答辩,最后确定成绩。

7.2.3　各级评分标准

优秀:课程设计内容完整且按期完成任务。拟定的机械方案合理可行,工艺参数选用正确合理,零件强度校核正确,论证充分,设计计算准确,图面整洁,质量高。设计计算说明书撰写规范,条理清楚,文句通顺。考核时对各部分考核点理解深透,能正确全面地回答问题。

良好:课程设计内容完整且按期完成任务。拟定的机械方案合理可行,工艺参数选用较合理,零件强度校核较为正确,论证较好,设计计算准确,图面整洁,质量较高。设计计算说明书撰写比较规范,条理较清楚。考核时对各部分考核点理解较好,回答问题比较正确全面。

中等:课程设计内容完整且按期完成任务。拟定的机械方案基本可行,工艺参数选用基本合理,零件强度校核比较正确,论证一般,设计计算基本正确,图面较整洁,质量尚好。设计计算说明书撰写比较规范,条理较清楚。考核时对各部分考核点问题有一定的理解,经提示后能正确回答问题。

及格:基本完成课程设计规定的内容。拟定的工艺方案和零件强度校核无原则性错误,说明书和图面比较粗糙,质量一般,存在一些错误,但主要部分基本符合要求,对考核点列出的问题理解不够,经提示后只能回答部分主要问题。

不及格:没有按期完成课程设计规定的内容,方案拟定有原则性错误,计算和图纸有重大错误。对考核点所列出的主要问题不能回答,经提示后回答仍不正确。

附录一 常用数据和一般标准

附表 1-1 图纸幅面(摘自 GB/T 14689—2008)、图样比例(摘自 GB/T 14690—1993)

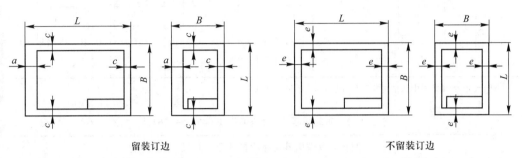

留装订边　　　　　　　　　　　不留装订边

图纸幅面(单位:mm)						图样比例		
基本幅面 (第一选择)				加长幅面 (第二选择)		原值 比例	缩小 比例	放大 比例
幅面代号	$B×L$	a	c	e	幅面代号	$B×L$		
A0	841×1 189			20	A3×3	420×891	1:1	$1:2$　$1:2×10^n$	$5:1$　$5×10^n:1$
A1	594×841	25	10		A3×4	420×1 189		$1:5$　$1:5×10^n$ $1:10$　$1:10×10^n$	$2:1$　$2×10^n:1$ $1×10^n:1$
A2	420×594			10	A4×3	297×630		必要时允许选取 $1:15$　$1:15×10^n$ $1:25$　$1:25×10^n$	必要时允许选取 $4:1$　$4×10^n:1$
A3	297×420		5		A4×4	297×841		$1:3$　$1:3×10^n$ $1:4$　$1:4×10^n$	$25:12$　$5×10^n:1$ n—正整数
A4	210×297				A4×5	297×1 051		$1:6$　$1:6×10^n$	

明细表格式

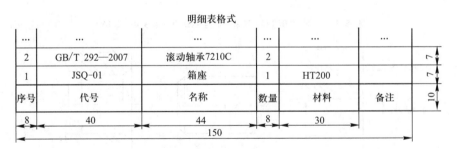

装配图或零件图标题栏格式

附表 1-2　圆形零件自由表面过渡圆角半径(参考)　　(单位:mm)

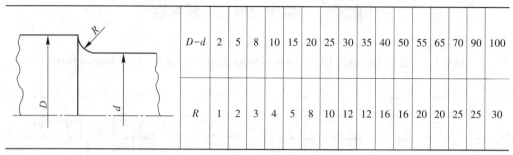

D-d	2	5	8	10	15	20	25	30	35	40	50	55	65	70	90	100
R	1	2	3	4	5	8	10	12	12	16	16	20	20	25	25	30

注:尺寸 D-d 是表中数值的中间值时,则按较小尺寸来选择。

附表 1-3　砂轮越程槽(摘自 GB/T 6403.5—2008)　　(单位:mm)

回转面及端面砂轮越程槽的形式及尺寸

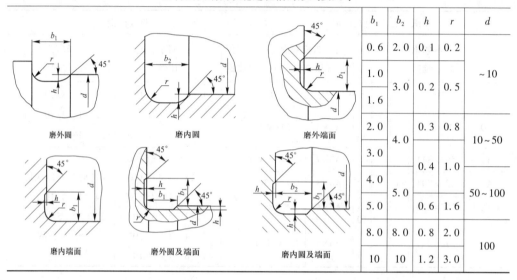

b_1	b_2	h	r	d
0.6	2.0	0.1	0.2	
1.0	3.0	0.2	0.5	~ 10
1.6				
2.0	4.0	0.3	0.8	10 ~ 50
3.0		0.4	1.0	
4.0	5.0			50 ~ 100
5.0		0.6	1.6	
8.0	8.0	0.8	2.0	100
10	10	1.2	3.0	

磨外圆　　磨内圆　　磨外端面

磨内端面　　磨外圆及端面　　磨内圆及端面

附表 1-4　零件倒圆和倒角(摘自 GB/T 6403.4—2008)　　(单位:mm)

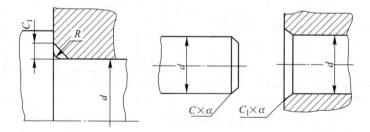

$C \times \alpha$　　$C_1 \times \alpha$

直径 d	>10~18	>18~30	>30~50	>50~80	>80~120	>120~180	>180~250
R 和 C	0.8	1.0	1.6	2.0	2.5	3.0	4.0
C_1	1.2	1.6	2.0	2.5	3.0	4.0	5.0

注:1. 与滚动轴承相配合的轴及座孔处的圆角半径,见有关轴承标准。

2. α 一般采用 45°,也可以采用 30° 或 60°。

3. C_1 的数值不属于 GB/T 6403.4—2008,仅供参考。

附表 1-5　外壁、内壁与肋的厚度(参考)　　　　　　(单位:mm)

零件质量 /kg	零件最大 外形尺寸	外壁 厚度	内壁 厚度	肋的 厚度	零件举例
~5	300	7	6	5	箱盖、拨叉、杠杆、端盖、轴套
6~10	500	8	7	5	箱盖、门、轴套、挡板、支架、箱体
11~60	750	10	8	6	箱盖、箱体、罩、电动机支架、溜板箱体、支架、托架、门
61~100	1 250	12	10	8	箱盖、箱体、镗模架、液压缸体、支架、溜板箱体
101~500	1 700	14	12	8	油底壳、盖、壁、床鞍箱体、带轮、镗模架

附表 1-6　铸造内圆角(摘自 JB/ZQ 4255—2006)　　　　(单位:mm)

$$a \approx b \,; R_1 = R + a$$

$\dfrac{a+b}{2}$	R 值											
	内圆角 α											
	≤50°		>50°~75°		>75°~105°		>105°~135°		>135°~165°		>165°	
	钢	铁	钢	铁	钢	铁	钢	铁	钢	铁	钢	铁
≤8	4	4	4	4	6	4	8	6	16	10	20	16
9~12	4	4	4	4	6	6	10	8	16	12	25	20
13~16	4	4	6	4	8	6	12	10	20	16	30	25
17~20	6	4	8	6	10	8	16	12	25	20	40	30
21~27	6	6	10	8	12	10	20	16	30	25	50	40
28~35	8	6	12	10	16	12	25	20	40	30	60	50

附表 1-7　铸造外圆角(摘自 JB/ZQ 4256—2006)　　　　(单位:mm)

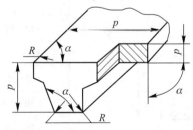

表面的最小边尺寸 p	R 值					
	外圆角 α					
	≤50°	>50°~75°	>75°~105°	>105°~135°	>135°~165°	>165°
≤25	2	2	2	4	6	8
>25~60	2	4	4	6	10	16

表面的最小边尺寸 p	R 值					
	外圆角 α					
	≤50°	>50°~75°	>75°~105°	>105°~135°	>135°~165°	>165°
>60~160	4	4	6	8	16	25
>160~250	4	6	8	12	20	30
>250~400	6	8	10	16	25	40
>400~600	6	8	12	20	30	50

注:如一铸件按表可选出许多不同的圆角"R"时,应尽量减少或只取一适当的"R"值以求统一。

附表 1-8　铸 造 斜 度

	斜度 b:h	角度 β	使用范围
	1:5	11°30′	h<25 mm 的钢和铁铸件
	1:10 1:20	5°30′ 3°	h=25~500 mm 时的钢和铁铸件
	1:50	1°	h>500 mm 时的钢和铁铸件
	1:100	30′	有色金属铸件

注:当设计不同壁厚的铸件时,在转折点处的斜角最大还可增大到30°~45°。

附表 1-9　铸造过渡斜度(摘自 JB/ZQ 4254—2006)　　(单位:mm)

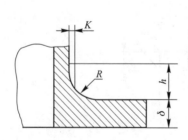

适用于减速器的机体、机盖、连接管、气缸及其他各种连接法兰等铸件的过渡部分尺寸

铸铁和铸钢件的壁厚 δ	K	h	R
10~15	3	15	5
>15~20	4	20	5
>20~25	5	25	5
>25~30	6	30	8
>30~35	7	35	8
>35~40	8	40	10
>40~45	9	45	10
>45~50	10	50	10
>50~55	11	55	10
>55~60	12	60	15

附表 1-10　Y 系列(IP44)三相异步电动机技术数据(摘自 JB/T 10391—2016)

电动机型号	额定功率/kW	满载转速/(r/min)	堵转转矩额定转矩	最大转矩额定转矩	电动机型号	额定功率/kW	满载转速/(r/min)	堵转转矩额定转矩	最大转矩额定转矩
同步转速 3 000/(r/min),2 极					同步转速 1 000/(r/min),6 极				
Y90S—2	1.5	2 840	2.2	2.3	Y90S—6	0.75	910	2.2	2.0
Y90L—2	2.2	2 840			Y90L—6	1.1	910		
Y100L—2	3	2 880			Y100L—6	1.5	940		
Y112M—2	4	2 890			Y112M—6	2.2	940		
Y132S1—2	5.5	2 900	2.0		Y132S—6	3	960		
Y132S2—2	7.5	2 900			Y132M1—6	4	960		
Y160M1—2	11	2 930			Y132M2—6	5.5	960		
Y160M2—2	15	2 930			Y160M—6	7.5	970		
同步转速 1 500/(r/min),4 极					Y160L—6	11	970		2.0
Y80M1—4	0.55	1 390	2.4		Y180L—6	15	970		
Y80M2—4	0.75	1 390	2.3		Y200L1—6	18.5	970		
Y90S—4	1.1	1 400			Y200L2—6	22	980		
Y90L—4	1.5	1 400			Y225M—6	30	980	1.7	
Y100L1—4	2.2	1 430		2.3	Y250M—6	37	980		
Y100L2—4	3	1 430			Y280S—6	45	980	1.8	
Y112M—4	4	1 440			同步转速 750/(r/min),8 极				
Y132S—4	5.5	1 440	2.2		Y132S—8	2.2	710	2.0	2.0
Y132M—4	7.5	1 440			Y132M—8	3	710		
Y160M—4	11	1 460			Y160M1—8	4	720		
Y160L—4	15	1 460			Y160M2—8	5.5	720		
Y180M—4	18.5	1 470			Y160L—8	7.5	720		
Y180L—4	22	1 470	2.0	2.2	Y180L—8	11	730	1.7	
Y200L—4	30	1 470			Y200L—8	15	730	1.8	

注:Y 系列电动机型号由 4 部分组成:第一部分汉语拼音字母 Y 表示异步电动机;第二部分数字表示机座中心高;第三部分英文字母为机座长度代号(S—短机座,M—中机座,L—长机座),字母后的数字为铁心长度代号;第四部分横线后的数字为电动机的极数,例如电动机型号 Y 132S2—2 表示异步电动机,机座中心高 132 mm,短机座,第二种铁心长度,电动机极数为 2。

附表 1-11　机座带底座、端盖上无凸缘的 Y 系列电动机的安装

及外形尺寸(摘自 JB/T 10391—2016)　　　　（单位:mm）

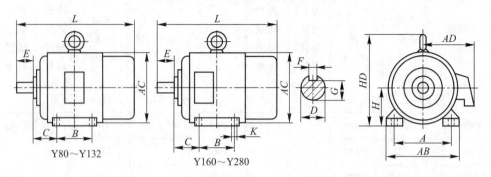

Y80～Y132　　　　　Y160～Y280

机座号	极数	安装尺寸									外形尺寸				
		A	B	C	D	E	F	G	H	K	AB	AD	AC	HD	L
80M	2,4	125	100	50	19	40	6	15.5	80	10	165	150	175	175	290
90S	2,4,6	140	100	56	24	50	8	20	90	10	180	160	195	195	315
90L		140	125	56	24	50	8	20	90	10	180	160	195	195	340
100L		160	140	63	28	60	8	24	100	12	205	180	215	245	380
112M		190	140	70	28	60	8	24	112	12	245	190	240	265	400
132S		216	140	89	38	80	10	33	132	12	280	210	275	315	475
132M		216	178	89	38	80	10	33	132	12	280	210	275	315	515
160M	2,4,6,8	254	210	108	42	110	12	37	160	14.5	330	265	335	385	605
160L		254	254	108	42	110	12	37	160	14.5	330	265	335	385	650
180M		279	241	121	48	110	14	42.5	180	14.5	355	285	380	430	670
180L		279	279	121	48	110	14	42.5	180	14.5	355	285	380	430	710
200L		318	305	133	55	110	16	49	200	14.5	395	315	420	475	775
225S	4,8	356	286	149	60	140	18	53	225	18.5	435	345	475	530	820
225M	2	356	311	149	55	110	16	49	225	18.5	435	345	475	530	815
	4,6,8	356	311	149	60	140	18	53	225	18.5	435	345	475	530	845
250M	2	406	349	168	60	140	18	53	250	24	490	385	515	575	930
	4,6,8	406	349	168	65	140	18	58	250	24	490	385	515	575	930
280S	2	457	368	190	65	140	18	58	280	24	550	410	580	640	1 000
	4,6,8	457	368	190	75	140	20	67.5	280	24	550	410	580	640	1 000

附录二 连 接

附表 2-1 普通螺纹基本尺寸优选系列(摘自 GB/T 196—2003、GB/T 9144—2003)

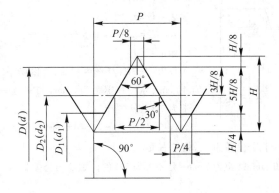

（单位：mm）

$H = 0.866\ 025\ 404P$

$d_2 = d - 0.649\ 5P$

$d_1 = d - 1.082\ 5P$

D、d——内、外螺纹大径

D_2、d_2——内、外螺纹中径

D_1、d_1——内、外螺纹小径

P——螺距

标记示例：M24(粗牙普通螺纹，直径 24 mm，螺距 3 mm)。

M24×2(细牙普通螺纹，直径 24 mm，螺距 2 mm)。

公称直径 D、d		螺距 P		中径 D_2、d_2	小径 D_1、d_1	公称直径 D、d		螺距 P		中径 D_2、d_2	小径 D_1、d_1
第一选择	第二选择	粗牙	细牙			第一选择	第二选择	粗牙	细牙		
3		0.5		2.675	2.459	24		3		22.051	20.752
	3.5	0.6		3.110	2.850		27		2	25.051	23.752
4		0.7	—	3.545	3.242	30		3.5		27.727	26.211
5		0.8		4.013	3.688		33			30.727	29.211
6		1		4.480	4.134	36		4		33.402	31.670
	7			5.350	4.917		39			36.402	34.670
8		1.25	1	7.188	6.647	42		4.5	3	39.077	37.129
10		1.5	1.25,1	9.026	8.376		45			42.077	40.129
12		1.75	1.5,1.25	10.863	10.106	48		5		44.752	42.587
	14	2	1.5	12.701	11.835		52			48.752	46.587
16			1.5	14.701	13.835	56		5.5	4	52.428	50.046
	18	2.5	2,1.5	16.376	15.294		60			56.428	54.046
20			2,1.5	18.376	17.294	64		6		60.103	57.505
	22			20.376	19.294						

附表 2-2　梯形螺纹基本尺寸（摘自 GB/T 5796.3—2022）　　　（单位：mm）

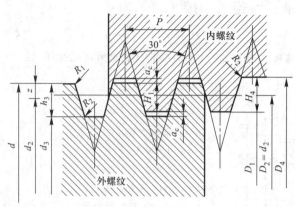

$H = 0.5P$

$d_2 = D_2 = d - H_1 = d - 0.5P$

$d_3 = d - 2h_3 = d - 2(0.5P + a_c)$

$D_1 = d - 2H_1 = d - P$

$D_4 = d + 2a_c$

$h_3 = H_4 = H_1 + a_c = 0.5P + a_c$

标记示例：

Tr40×7-7H（梯形内螺纹，公称直径为 40 mm，导程和螺距为 7 mm，中径公差带为 7H，螺纹右旋）。

Tr40×14(P7)-7e（梯形外螺纹，公称直径为 40 mm，导程为 14 mm，螺距为 7 mm，中径公差带为 7e，螺纹右旋，双线）。

Tr40×7-7H/7e（梯形螺纹副，公称直径为 40 mm，螺距为 7 mm，公差带为 7H 的内螺纹与公差带为 7e 的外螺纹组成配合，螺纹右旋）。

Tr40×7LH-7e（梯形外螺纹，公称直径为 40 mm，螺距为 7 mm，中径公差带为 7e，螺纹左旋）。

公称直径 d			螺距 P	中径 $d_2=D_2$	大径 D_4	小径		公称直径 d			螺距 P	中径 $d_2=D_2$	大径 D_4	小径	
第一系列	第二系列	第三系列				d_3	D_1	第一系列	第二系列	第三系列				d_3	D_1
16			2	15.000	16.500	13.500	14.000	32			3	30.500	32.500	28.500	29.000
			4	14.000	16.500	11.500	12.000				6	29.000	33.000	25.000	26.000
	18		2	17.000	18.500	15.500	16.000				10	27.000	33.000	21.000	22.000
			4	16.000	18.500	13.500	14.000		34		3	32.500	34.500	30.500	31.000
20			2	19.000	20.500	17.500	18.000				6	31.000	35.000	27.000	28.000
			4	18.000	20.500	15.500	16.000				10	29.000	35.000	23.000	24.000
	22		3	20.500	22.500	18.500	19.000	36			3	34.500	36.500	32.500	33.000
			5	19.500	22.500	16.500	17.000				6	33.000	37.000	29.000	30.000
			8	18.000	23.000	13.000	14.000				10	31.000	37.000	25.000	26.000
24			3	22.500	24.500	20.500	21.000		38		3	36.500	38.500	34.500	35.000
			5	21.500	24.500	18.500	19.000				7	34.500	39.000	30.000	31.000
			8	20.000	25.000	15.000	16.000				10	33.000	39.000	27.000	28.000
	26		3	24.500	26.500	22.500	23.000	40			3	38.500	40.500	36.500	37.000
			5	23.500	26.500	20.500	21.000				7	36.500	41.000	32.000	33.000
			8	22.000	27.000	17.000	18.000				10	35.000	41.000	29.000	30.000
28			3	26.500	28.500	24.500	25.000		42		3	40.500	42.500	38.500	39.000
			5	25.500	28.500	22.500	23.000				7	38.500	43.000	34.000	35.000
			8	24.000	29.000	19.000	20.000				10	37.000	43.000	31.000	32.000
	30		3	28.500	30.500	26.500	27.000	44			3	42.500	44.500	40.500	41.000
			6	27.000	31.000	23.000	24.000				7	40.500	45.000	36.000	37.000
			10	25.000	31.000	19.000	20.000				12	38.000	45.000	31.000	32.000

注：梯形螺纹标记示例参见 GB/T 5796.2—2022、GB/T 5796.4—2022。

附表 2-3　六角头螺栓—A 级和 B 级（摘自 GB/T 5782—2016）

六角头螺栓—全螺纹—A 级和 B 级（摘自 GB/T 5783—2016）　　（单位：mm）

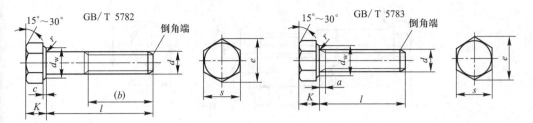

标记示例：

螺栓直径 $d = 8$ mm、公称长度 $l = 80$、性能等级为 8.8 级、表面氧化、A 级的六角头螺栓标记为：

螺栓 GB/T 5782　M8×80。

螺纹规格 d		M4	M5	M6	M8	M10	M12	M16	M20	M24	M30	M36	M42
s	公称 = max	7	8	10	13	16	18	24	30	36	46	55	65
K	公称	2.8	3.5	4	5.3	6.4	7.5	10	12.5	15	18.7	22.5	26
r	min	0.2	0.2	0.25	0.4	0.4	0.6	0.6	0.8	0.8	1	1	1.2
e min	A	7.66	8.79	11.05	14.38	17.77	20.03	26.75	33.53	39.98	—	—	—
	B	7.50	8.63	10.89	14.20	17.59	19.85	26.17	32.95	39.55	50.85	60.79	71.3
d_w min	A	5.88	6.88	8.88	11.63	14.63	16.63	22.49	28.19	33.61	—	—	—
	B	5.74	6.74	8.74	11.47	14.47	16.47	22	27.7	33.25	42.75	51.11	59.95
b	l<125	4	16	18	22	26	30	38	46	54	66	—	—
	125≤l≤200	20	22	24	28	32	36	44	52	60	72	84	96
	l>200	33	35	37	41	45	49	57	65	73	85	97	109
c	max	0.4	0.5		0.6		0.6		0.8				1.0
a	max	2.1	2.4	3	4	4.5	5.3	6	7.5	9	10.5	12	13.5
l 范围		25~40	25~50	30~60	40~80	45~100	50~120	65~160	80~200	90~240	110~300	140~360	160~440
l（全螺线）		6~40	10~50	12~60	16~80	20~100	25~120	30~150	40~150	50~150	60~200	75~200	80~200
l 系列		6,8,10,12,16,20~70（5 进位），80~160（10 进位），180~500（20 进位）											

注：A 级用于 $d = 1.6 \sim 24$ mm 和 $l \leqslant 10d$ 或 $l \leqslant 150$ mm（按较小值）；B 级用于 $d > 24$ mm 或 $l > 10d$ 或 $l > 150$ mm（按较小值）的螺栓。

附表 2-4　六角头加强杆螺栓——A 级和 B 级（摘自 GB/T 27—2013）

（单位:mm）

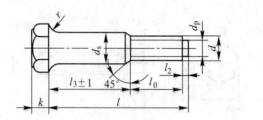

标记示例:

螺栓规格 d = M12、d_s 尺寸按表中规定,公称长度 l = 80 mm、机械性能等级为 8.8 级、表面氧化处理、产品等级为 A 级的六角头加强杆螺栓的标记:

螺栓 GB/T 27　M12×80。

若 d_s 按 m6 制造,其余条件同上时,应加标记为:

螺栓 GB/T 27　M12m6×80。

螺纹规格 d		M6	M8	M10	M12	(M14)	M16	(M18)	M20	(M22)	M24
d_s (h9)	max	7	9	11	13	15	17	19	21	23	25
s	max	10	13	16	18	21	24	27	30	34	36
k	公称	4	5	6	7	8	9	10	11	12	13
d_p		4	5.5	7	8.5	10	12	13	15	17	18
e_{min}	A	11.05	14.38	17.77	20.03	23.35	26.75	30.14	33.53	37.72	39.98
	B	10.89	14.20	17.59	19.85	22.78	26.17	29.56	32.95	37.29	39.55
r	min	0.25	0.40	0.40	0.60	0.60	0.60	0.60	0.80	0.80	0.80
l_2		1.5		2		3			4		
l_0		12	15	18	22	25	28	30	32	35	38
l^b 范围		25~65	25~80	30~120	35~180	40~180	45~200	50~200	55~200	60~200	65~200
l^b 系列		25,(28),30,(32),35,(38),40,45,50,(55),60,(65),70,(75),80,85,90,(95),100~260(10 进位),280,300									

注:尽可能不采用括号内的规格。

附表 2-5　1 型六角螺母——A、B 级(摘自 GB/T 6170—2015)/细牙(摘自 GB/T 6171—2016)
六角薄螺母——A、B 级(摘自 GB/T 6172.1—2016)　　　(单位:mm)

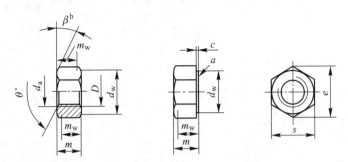

标记示例:

　　螺纹规格为 M12、性能等级为 8 级、表面不经处理、产品等级为 A 级的 1 型六角螺母的标记:

　　螺母 GB/T 6170　M12

　　螺纹规格为 M16×1.5,其他同上的六角螺母的标记为螺母 GB/T 6171 M16×1.5

　　螺纹规格 M12、性能等级为 4 级,其他同上的薄螺母的标记为螺母 GB/T 6172.1 M12

螺纹规格 D		M6	M8	M10	M12	M16	M20	M24	M30	M36
P^a		1	1.25	1.5	1.75	2	2.5	3	3.5	4
m max	六角螺母	5.2	6.8	8.4	10.8	14.8	18	21.5	25.6	31
	薄螺母	3.2	4	5	6	8	10	12	15	18
d_a	min	6	8	10	12	16	20	24	30	36
d_w	min	8.9	11.6	14.6	16.6	22.5	27.7	33.2	42.8	51.1
e	min	11.05	14.38	17.77	20.03	26.75	32.95	39.55	50.85	60.79
s	公称	10	13	16	18	24	30	36	46	55
c	max	0.5	0.6				0.8			

附表 2-6　标准型弹簧垫圈(摘自 GB/T 93—1987)　　　(单位:mm)

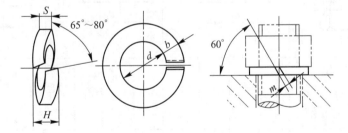

标记示例:

　　公称直径 $d = 16$ mm、材料为 65Mn、表面氧化的标准型弹簧垫圈的标记为

　　垫圈 GB/T 93—87　16。

公称直径 (螺纹规格)		5	6	8	10	12	(14)	16	(18)	20	(22)	24	(27)	30
d	min	5.1	6.1	8.1	10.2	12.2	14.2	16.2	18.2	20.2	22.5	24.5	27.5	30.5
$S(b)$	公称	1.3	1.6	2.1	2.6	3.1	3.6	4.1	4.5	5	5.5	6	6.8	7.5
H	max	3.25	4	5.25	6.5	7.75	9	10.25	11.25	12.5	13.75	15	17	18.75
m	$\leqslant$	0.65	0.8	1.05	1.3	1.55	1.8	2.05	2.25	2.5	2.75	3	3.4	3.75

附表 2-7　粗牙螺栓、螺钉的拧入深度和螺纹孔尺寸(参考)　　　（单位：mm）

螺纹直径 d	钻孔直径 d_0	用于钢或青铜		用于铸铁		用于铝	
		h	L	h	L	h	L
6	5	8	6	12	10	15	12
8	6.8	10	8	15	12	20	16
10	8.5	12	10	18	15	24	20
12	10.2	15	12	22	18	28	24
16	14	29	16	28	24	36	32
20	17.5	25	20	35	30	45	40
24	21	30	24	42	35	55	48
30	26.5	36	30	50	45	70	60
36	32	45	36	65	55	80	72
42	37.5	50	42	75	65	95	85

注：h——内螺纹通孔长度；d_0——攻螺纹前钻孔直径。

附表 2-8　紧固件通孔及沉孔尺寸　　　（单位：mm）

螺纹规格	螺栓和螺钉通孔直径 (GB/T 5277—1985)	沉头螺钉及半沉头螺钉用沉孔 (GB/T 152.2—2014)	内六角圆柱头螺钉用圆柱头沉孔 (GB/T 152.3—1988)	六角头螺栓和六角螺母用沉孔 (GB/T 152.4—1988)

d	通孔 d_0			d_2	$t \approx$	d_1	a	d_2	t	d_3	d_1	d_2	d_3	d_1	t
	精装配	中等装配	粗装配												
M3	3.2	3.4	3.6	6.4	1.6	3.4		6.0	3.4		3.4	9		3.4	只要制出与通孔轴线垂直的圆平面即可
M4	4.3	4.5	4.8	9.6	2.7	4.5		8.0	4.6		4.5	10		4.5	
M5	5.3	5.5	5.8	10.6	2.7	5.5	$90°^{-2°}_{-4°}$	10.0	5.7	—	5.5	11		5.5	
M6	6.4	6.6	7	12.8	3.3	6.6		11.0	6.8		6.6	13		6.6	
M8	8.4	9	10	17.6	4.6	9		15.0	9.0		9.0	18		9.0	
M10	10.5	11	12	20.3	5.0	11		18.0	11.0		11.0	22		11.0	

d	通孔 d_0			d_2	t ≈	d_1	a	d_2	t	d_3	d_1	d_2	d_3	d_1	t
	精装配	中等装配	粗装配												
M12	13	13.3	14.5	24.4	6.0	13.5		20.0	13.0	16	13.5	26	16	13.5	
M14	15	15.5	16.5	28.4	7.0	15.5		24.0	15.0	18	14.5	30	18	15.5	只要制出与通孔轴线垂直的圆平面即可
M16	17	17.5	18.5	32.4	8.0	17.5		26.0	17.5	20	17.5	33	20	17.5	
M18	19	20	21	—	—	—		—	—	—	—	36	22	20.0	
M20	21	22	24	40.4	10.0	22	$90°^{-2°}_{-4°}$	33.0	21.5	24	22.0	40	24	22.0	
M22	23	24	26					—	—	—	—	43	26	24	
M24	25	26	28					40.0	25.5	28	26.0	48	28	26	
M27	28	30	32					—	—	—	—	53	33	30	
M30	31	33	35					48.0	32.0	36	33.0	61	36	33	
M33	34	36	38									66	39	36	

附表 2-9　普通粗牙内、外螺纹的余留长度、钻孔余留深度、螺栓突出螺母的末端长度
（摘自 JB/ZQ 4247—2006）　　　　　（单位：mm）

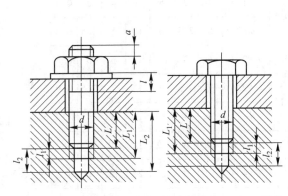

拧入深度 L 由设计者决定，钻孔深度 $L_2 = L + l_2$，螺孔深度 $L_1 = L + l_1$

螺纹直径 d	余留长度			末端长度 a
	内螺纹 l_1	外螺纹 l	钻孔 l_2	
5	1.5	2.5	6	2～3
6	2	3.5	7	2.5～4
8	2.5	4	9	
10	3	4.5	10	3.5～5
12	3.5	5.5	13	
14,16	4	6	14	4.5～6.5
18,20,22	5	7	17	
24,27	6	8	20	5.5～8
30	7	10	23	
36	8	11	26	7～11
42	9	12	30	
48	10	13	33	
56	11	16	36	10～15
64,72,76	12	18	40	

附表 2-10 普通螺纹收尾、肩距、退刀槽、倒角（摘自 GB/T 3—1997） （单位：mm）

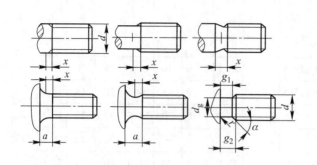 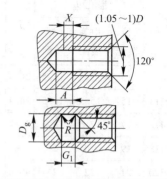

螺距 P	外螺纹									内螺纹							
	收尾 x_{max}		肩距 a_{max}			退刀槽					收尾 X_{max}		肩距 A_{max}			退刀槽		
						g_{2max}	g_{2min}	$r \approx$	d_g							G_1		
																	$R \approx$	D_g
	一般	短的	一般	长的	短的						一般	短的	一般	长的	一般	短的		
0.5	1.25	0.7	1.5	2	1	1.5	0.8	0.2	$d-0.8$		2	1	3	4	2	1	0.2	
0.6	1.5	0.75	1.8	2.4	1.2	1.8	0.9		$d-1$		2.4	1.2	3.2	4.8	2.4	1.2	0.3	
0.7	1.75	0.9	2.1	2.8	1.4	2.1	1.1	0.4	$d-1.1$		2.8	1.4	3.5	5.6	2.8	1.4		$D+0.3$
0.75	1.9	1	2.25	3	1.5	2.25	1.2		$d-1.2$		3	1.5	3.8	6	3	1.5	0.4	
0.8	2	1	2.4	3.2	1.6	2.4	1.3		$d-1.3$		3.2	1.6	4	6.4	3.2	1.6		
1	2.5	1.25	3	4	2	3	1.6	0.6	$d-1.6$		4	2	5	8	4	2	0.5	
1.25	3.2	1.6	4	5	2.5	3.75	2		$d-2$		5	2.5	6	10	5	2.5	0.6	
1.5	3.8	1.9	4.5	6	3	4.5	2.5	0.8	$d-2.3$		6	3	7	12	6	3	0.8	
1.75	4.3	2.2	5.3	7	3.5	5.25	3	1	$d-2.6$		7	3.5	9	14	7	3.5	0.9	
2	5	2.5	6	8	4	6	3.4		$d-3$		8	4	10	16	8	4	1	
2.5	6.3	3.2	7.5	10	5	7.5	4.4	1.2	$d-3.6$		10	5	12	18	10	5	1.2	
3	7.5	3.8	9	12	6	9	5.2		$d-4.4$		12	6	14	22	12	6	1.5	$D+0.5$
3.5	9	4.5	10.5	14	7	10.5	6.2	1.6	$d-5$		14	7	16	24	14	7	1.8	
4	10	5	12	16	8	12	7	2	$d-5.7$		16	8	18	26	16	8	2	
4.5	11	5.5	13.5	18	9	13.5	8		$d-6.4$		18	9	21	29	18	9	2.2	
5	12.5	6.3	15	20	10	15	9	2.5	$d-7$		20	10	23	32	20	10	2.5	
5.5	14	7	16.5	22	11	17.5	11		$d-7.7$		22	11	25	35	22	11	2.8	
6	15	7.5	18	24	12	18	11	3.2	$d-8.3$		24	12	28	38	24	12	3	

附表 2-11　螺钉紧固轴端挡圈(摘自 GB/T 891—1986)

螺栓紧固轴端挡圈(摘自 GB/T 892—1986)　　　　　(单位:mm)

螺栓紧固轴端挡圈(GB/T 892—1986)

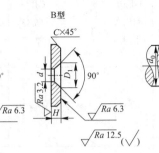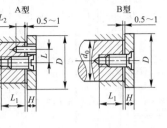

装配示例

标记示例:

公称直径 D = 45 mm、材料为 A3,不经表面处理的 A 型螺钉紧固轴端挡圈为

挡圈 GB/T 891—1986—45。

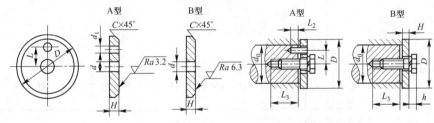

装配示例

标记示例:

公称直径 D = 45 mm、材料 A3,不经表面处理的 B 型螺栓紧固轴端挡圈为

挡圈 GB/T 892—1986—B45。

轴径 ≤	公称直径 D	H	L	d	d_1	C	螺钉紧固轴端挡圈		螺栓紧固轴端挡圈			安装尺寸(参考)			
							D_1	螺钉 GB/T 819.1 (推荐)	圆柱销 GB/T 119.1~ 119.2 (推荐)	螺栓 GB/T 5783 (推荐)	圆柱销 GB/T 119.1~ 119.2 (推荐)	垫圈 GB/T 93 (推荐)	L_1	L_2	L_3	h
14	20															
16	22		—													
18	25	4		5.5	2.1	0.5	11	M5×12	A2×10	M5×16	A2×10	5	14	6	16	4.8
20	28		7.5													
22	30															
25	32															
28	35	5	10	6.6	3.2	1	13	M6×16	A3×12	M6×20	A3×12	6	18	7	20	5.6
30	38															

轴径 ≤	公称直径 D	H	L	d	d_1	C	D_1	螺钉紧固轴端挡圈		螺栓紧固轴端挡圈			安装尺寸(参考)			
								螺钉 GB/T 819.1（推荐）	圆柱销 GB/T 119.1~119.2（推荐）	螺栓 GB/T 5783（推荐）	圆柱销 GB/T 119.1~119.2（推荐）	垫圈 GB/T 93（推荐）	L_1	L_2	L_3	h
32	40															
35	45	5	12	6.6	3.2	1	13	M6×16	A3×12	M6×20	A3×12	6	18	7	20	5.6
40	50															
45	55															
50	60		16													
55	65	6		9	4.2	1.5	17	M8×20	A4×14	M8×25	A4×14	8	22	8	24	7.4
60	70															
65	75		20													
70	80															
75	90	8	25	13	5.2	2	25	M12×25	A5×16	M12×30	A5×16	12	26	10	28	10.6
85	100															

注:1. 当挡圈装在带螺纹孔的轴端时,紧固用螺栓(钉)允许加长。

2. 表中装配示例不属于本标准内容,仅供参考。

3. 材料:Q235、35、45 钢等。

附表 2-12　孔用弹性挡圈—A 型（摘自 GB/T 893—2017）　　（单位:mm）

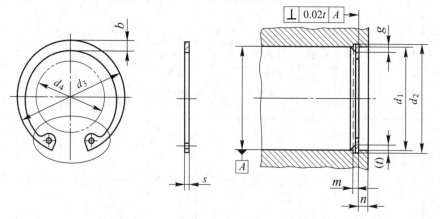

标记示例:

孔径 d_1 = 40 mm、厚度 s = 1.75 mm、材料 C67S、表面磷化处理的 A 型孔用弹性挡圈的标记为

挡圈 GB/T 893　40

孔径 d_1 = 40 mm、厚度 s = 2 mm、材料 C67S、表面磷化处理的 B 型孔用弹性挡圈的标记:

挡圈 GB/T 893　40B

孔径 d_1	d_3	S	$b^a \approx$	d_2^b 基本尺寸	d_2^b 极限偏差	m^c H13 基本尺寸	m^c H13 极限偏差	n_{min}	d_4
32	34.4	1.2	3.2	33.7		1.3		2.6	20.6
34	36.5			35.7					22.6
35	37.8			37					23.6
36	38.8		3.6	38					24.6
37	39.8			39	+0.25 0			3	25.4
38	40.8			40		1.7			26.4
40	43.5	1.5	4	42.5					27.8
42	45.5			44.5					29.6
45	48.5			47.5				3.8	32
47	50.5			49.5					33.5
48	51.5		4.7	50.5					34.5
50	54.2			53			+0.14 0		36.3
52	56.2			55					37.9
55	59.2			58					40.7
56	60.2			59					41.7
58	62.2	2		61		2.2			43.5
60	64.2			63	+0.30 0				44.7
62	66.2		5.2	65				4.5	46.7
63	67.2			66					47.7
65	69.2			68					49
68	72.5			71					51.6
70	74.5	2.5	5.7	73		2.7			53.6
72	76.5			75					55.6
75	79.5		6.3	78	+0.3 0			4.5	58.6
78	82.5			81					60.1
80	85.5			83.5					62.1
82	87.5		6.8	85.5					64.1
85	90.5			88.5					66.9
88	93.5	2.5		91.5		2.7	+0.14 0		69.9
90	95.5		7.3	93.5	+0.35 0			5.3	71.9
92	97.5			95.5					73.7
95	100.5			98.5					76.5
98	103.5		7.7	101.5					79
100	105.5			103.5					80.6
102	108		8.1	106					82
105	112			106					85
108	115		8.8	112					88
110	117			114	+0.54 0				88.2
112	119			116					90
115	122	3	9.3	129		3.2	+0.18 0	6	93
120	127			124					96.9
125	132		10	129					101.9
130	137			134	+0.63 0				106.9
135	142		10.7	139					111.5
140	147			144					116.5
145	152		10.9	149					121

附表 2-13　轴用弹性挡圈——A 型（摘自 GB/T 894—2017）　　（单位：mm）

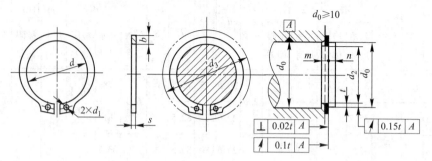

标记示例：

轴径 $d_1 = 40$ mm、厚度 $s = 1.75$ mm、材料 C67S、表面磷化处理的 A 型轴用弹性挡圈的标记为：

挡圈 GB/T 894　40

轴径 $d_1 = 40$ mm、厚度 $s = 2$ mm、材料 C67S、表面磷化处理的 B 型轴用弹性挡圈的标记：

挡圈 GB/T 894　40B。

孔径 d_1	d_3	S	$b^a \approx$	d_2^b 基本尺寸	d_2^b 极限偏差	m^c H13 基本尺寸	m^c H13 极限偏差	n_{min}	d_4
14	12.9		2.1	13.4				0.9	21.4
15	13.8		2.2	14.3				1.1	22.6
16	14.7	1.0	2.2	15.2	0 / -0.11	1.1		1.2	23.8
17	15.7		2.3	16.2					25.0
18	16.5		2.4	17.0					26.2
19	17.5		2.5	18.0					27.2
20	18.5		2.6	19.0				1.5	28.4
21	19.5	1.2	2.7	20.0	0 / -0.13	1.30			29.6
22	20.5		2.8	21					30.8
24	22.2		3.0	22.9					33.2
25	23.2		3.0	23.9			+0.14 / 0	1.7	34.2
26	24.2		3.1	24.9	0				35.5
28	25.9		3.2	26.9	-0.21				37.9
29	26.9	1.50	3.5	27.9				2.1	39.1
30	27.9			28.9		1.60			40.5
32	29.6		3.6	30.3				2.6	43.0
34	31.5		3.8	32.3					45.4
35	32.2		3.9	33					46.8
36	33.2	1.75	4.0	34	0 / -0.25			3.0	47.8
38	35.2		4.2	36		1.85			50.2
40	36.5		4.4	37.5				3.8	52.6
42	38.5		4.5	39.5					55.7
45	41.5	1.75	5.0	42.5		1.85		3.8	59.1
48	44.5			45.5	0				62.5
50	45.8			47	-0.25				64.5
52	47.8		5.48	49					66.7
55	50.8			52					70.2
56	51.8			53		2.15			71.6
58	53.8	2		55					73.6
60	55.8		6.12	57					75.6
62	57.8			59					77.8
63	58.8			60				4.5	79.0
65	60.8			62	0 / -030		+0.14 / 0		81.4
68	63.8			65					84.8
70	65.5	2.50		67					87.0
72	67.5		6.32	69					89.2
75	70.5			72		2.65			92.7
78	73.5			75					96.1
80	74.5			76.5					98.1
82	76.5		7.0	78.5					100.3
85	79.5	3.00		81.5					103.3
90	84.5		7.6	86.5	0 / -0.35			5.3	108.5
95	89.5		9.2	91.5		3.15			114.8
100	94.5			96.5					120.2

附表 2-14　普通型平键的型式与尺寸(摘自 GB/T 1096—2003)

平键　键槽的剖面尺寸(摘自 GB/T 1095—2003)　　　　　　(单位:mm)

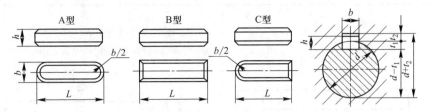

标记示例：

圆头普通型平键(A 型),$b = 10$ mm、$h = 8$ mm、$L = 25$ mm

GB/T 1096　键 10×8×25

平头普通型平键(B 型),$b = 10$ mm、$h = 8$ mm、$L = 25$ mm

GB/T 1096　键 B10×8×25

单圆头普通型平键(C 型),$b = 10$ mm、$h = 8$ mm、$L = 25$ mm

GB/T 1096　键 C10×8×25

轴径 d	键尺寸 $b \times h$	键槽										
		宽度					深度				半径 r	
		基本尺寸	极限偏差				轴 t_1		毂 t_2			
			松连接		正常连接		紧密连接					
			轴 H9	毂 D10	轴 N9	毂 JS9	轴和毂 P9	基本尺寸	极限偏差	基本尺寸	极限偏差	min	max
6~8	2×2	2	+0.025	+0.060	−0.004	±0.0125	−0.006	1.2	+0.1 0	1	+0.1 0	0.08	0.16
>8~10	3×3	3	0	+0.020	−0.029		−0.031	1.8		1.4			
>10~12	4×4	4	+0.030 0	+0.078 +0.030	0 −0.030	±0.015	−0.012 −0.042	2.5		1.8		0.16	0.25
>12~17	5×5	5						3.0		2.3			
>17~22	6×6	6						3.5		2.8			
>22~30	8×7	8	+0.036 0	+0.098 +0.040	0 −0.036	±0.018	−0.015 −0.051	4.0	+0.2 0	3.3	+0.2 0	0.25	0.40
>30~38	10×8	10						5.0		3.3			
>38~44	12×8	12	+0.043 0	+0.120 +0.050	0 −0.043	±0.0215	−0.018 −0.061	5.0		3.3			
>44~50	14×9	14						5.5		3.8			
>50~58	16×10	16						6.0		4.3			
>58~65	18×11	18						7.0		4.4			
>65~75	20×12	20	+0.052 0	+0.149 +0.065	0 −0.052	±0.026	−0.022 −0.074	7.5		4.9		0.40	0.60
>75~85	22×14	22						9.0		5.4			
>85~95	25×14	25						9.0		5.4			
>95~110	28×16	28						10.0		6.4			
>110~130	32×18	32	+0.062 0	+0.180 +0.080	0 −0.062	±0.031	−0.026 −0.088	11.0	+0.3 0	7.4	+0.3 0	0.70	1.0
>130~150	36×20	36						12.0		8.4			
>150~170	40×22	40						13.0		9.4			
>170~200	45×25	45						15.0		10.4			
键的长度系列	6~22(2 进位),25,28~40(4 进位),45,50,56,63,70~110(10 进位),125,140~220(20 进位),250,280,320,360,400,450,500												

（单位:mm）

A 型:锥面表面粗糙度 $Ra = 0.8$ μm。
B 型:锥面表面粗糙度 $Ra = 3.2$ μm。

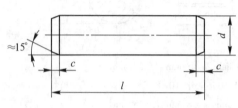

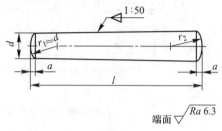

端面 $\sqrt{Ra\,6.3}$

$$r_2 = \frac{a}{2} + d + \frac{(0.021)^2}{8a}$$

标记示例:

公称直径 $d = 6$ mm、公差为 m6、公称长度 $l = 30$ mm、材料为钢、不经淬火、不经表面处理的圆柱销的标记为

销　GB/T 119.1　6m6×30。

标记示例:

公称直径 $d = 6$ mm,长度 $l = 30$ mm,材料 35 钢、热处理硬度 28~38 HRC、表面氧化处理的 A 型圆锥销的标记为

销　GB/T 117　5×30。

圆柱销	d	1.5	2	2.5	3	4	5	6	8	10	12	16	20	25
	c	0.3	0.35	0.4	0.5	0.63	0.8	1.2	1.6	2	2.5	3	3.5	4
	l	4~16	6~20	6~24	8~30	8~40	10~50	12~60	14~80	18~95	22~140	26~180	35~200	50~200
圆锥销	d	1.5	2	2.5	3	4	5	6	8	10	12	16	20	25
	a	0.2	0.25	0.3	0.4	0.5	0.63	0.8	1	1.2	1.6	2	2.5	3
	l	8~24	10~35	10~35	12~45	14~55	18~60	22~90	22~120	26~100	32~180	40~200	45~200	50~200
l	公称尺寸	2,3,4,5,6~32(2 进位),35~100(5 进位),公称长度大于 100 按 20 递增												

附录三 滚动轴承

附表 3-1 深沟球轴承（摘自 GB/T 276—2013）

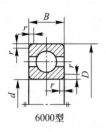

6000型

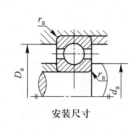

安装尺寸

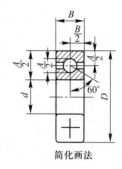

简化画法

标记示例：滚动轴承 6210 GB/T 276—2013

轴承代号	基本尺寸/mm				安装尺寸/mm			基本额定动载荷 C_r	基本额定静载荷 C_{0r}	极限转速/(r/min)（参考）	
	d	D	B	r_{smin}	d_{amin}	D_{amax}	r_{asmax}	kN		脂润滑	油润滑
(1) 0 尺寸系列											
6000	10	26	8	0.3	12.4	23.6	0.3	4.58	1.98	20 000	28 000
6001	12	28	8	0.3	14.4	25.6	0.3	5.10	2.38	19 000	26 000
6002	15	32	9	0.3	17.4	29.6	0.3	5.58	2.85	18 000	24 000
6003	17	35	10	0.3	19.4	32.6	0.3	6.00	3.25	17 000	22 000
6004	20	42	12	0.6	25	37	0.6	9.38	5.02	15 000	19 000
6005	25	47	12	0.6	30	42	0.6	10.0	5.85	13 000	17 000
6006	30	55	13	1	36	49	1	13.2	8.30	10 000	14 000
6007	35	62	14	1	41	56	1	16.2	10.5	9 000	12 000
6008	40	68	15	1	46	62	1	17.0	11.8	8 500	11 000
6009	45	75	16	1	51	69	1	21.0	14.8	8 000	10 000
6010	50	80	16	1	56	74	1	22.0	16.2	7 000	9 000
6011	55	90	18	1.1	62	83	1	30.2	21.8	6 300	8 000
6012	60	95	18	1.1	67	88	1	31.5	24.2	6 000	7 500
6013	65	100	18	1.1	72	93	1	32.0	24.8	5 600	7 000
6014	70	110	20	1.1	77	103	1	38.5	30.5	5 300	6 700
6015	75	115	20	1.1	82	108	1	40.2	33.2	5 000	6 300
6016	80	125	22	1.1	87	118	1	47.5	39.8	4 800	6 000
6017	85	130	22	1.1	92	123	1	50.8	42.8	4 500	5 600
6018	90	140	24	1.5	99	131	1.5	58.0	498	4 300	5 300
6019	95	145	24	1.5	104	136	1.5	57.8	50.0	4 000	5 000
6020	100	150	24	1.5	109	141	1.5	64.5	56.2	3 800	4 800

轴承代号	基本尺寸/mm				安装尺寸/mm			基本额定动载荷 C_r	基本额定静载荷 C_{0r}	极限转速/(r/min)（参考）	
	d	D	B	r_{smin}	d_{amin}	D_{amax}	r_{asmax}	kN		脂润滑	油润滑
(0) 2 尺寸系列											
6200	10	30	9	0.6	15	25	0.6	5.10	2.38	19 000	26 000
6201	12	32	10	0.6	17	27	0.6	6.82	3.05	18 000	24 000
6202	15	35	11	0.6	20	30	0.6	7.65	3.72	17 000	22 000
6203	17	40	12	0.6	22	35	0.6	9.58	4.78	16 000	20 000
6204	20	47	14	1	26	41	1	12.8	6.65	14 000	18 000
6205	25	52	15	1	31	46	1	14.0	7.88	12 000	16 000
6206	30	62	16	1	36	56	1	19.5	11.5	9 500	13 000
6207	35	72	17	1.1	42	65	1	25.5	15.2	8 500	11 000
6208	40	80	18	1.1	47	73	1	29.5	18.0	8 000	10 000
6209	45	85	19	1.1	52	78	1	31.5	20.5	7 000	9 000
6210	50	90	20	1.1	57	83	1	35.0	23.2	6 700	8 500
6211	55	100	21	1.5	64	91	1.5	43.2	29.2	6 000	7 500
6212	60	110	22	1.5	69	101	1.5	47.8	32.8	5 600	7 000
6213	65	120	23	1.5	74	111	1.5	57.2	40.0	5 000	6 300
6214	70	125	24	1.5	79	116	1.5	60.8	45.0	4 800	6 000
6215	75	130	25	1.5	84	121	1.5	66.0	49.5	4 500	5 600
6216	80	140	26	2	90	130	2	71.5	54.2	4 300	5 300
6217	85	150	28	2	95	140	2	83.2	63.8	4 000	5 000
6218	90	160	30	2	100	150	2	95.8	71.5	3 800	4 800
6219	95	170	32	2.1	107	158	2.1	110	82.8	3 600	4 500
6220	100	180	34	2.1	112	168	2.1	122	92.8	3 400	4 300
(0) 3 尺寸系列											
6300	10	35	11	0.6	15	30	0.6	7.65	3.48	18 000	24 000
6301	12	37	12	1	18	31	1	9.72	5.08	17 000	22 000
6302	15	42	13	1	21	36	1	11.5	5.42	16 000	20 000
6303	17	47	14	1	23	41	1	13.5	6.58	15 000	19 000
6304	20	52	15	1.1	27	45	1	15.8	7.88	13 000	17 000
6305	25	62	17	1.1	32	55	1	22.2	11.5	10 000	14 000
6306	30	72	19	1.1	37	65	1	27.0	15.2	9 000	12 000

轴承代号	基本尺寸/mm				安装尺寸/mm			基本额定动载荷 C_r	基本额定静载荷 C_{0r}	极限转速/(r/min)（参考）	
	d	D	B	r_{smin}	d_{amin}	D_{amax}	r_{asmax}	kN		脂润滑	油润滑
6307	35	80	21	1.5	44	71	1.5	33.2	19.2	8 000	10 000
6308	40	90	23	1.5	49	81	1.5	40.8	24.0	7 000	9 000
6309	45	100	25	1.5	54	91	1.5	52.8	31.8	6 300	8 000
6310	50	110	27	2	60	100	2	61.8	38.0	6 000	7 500
6311	55	120	29	2	65	110	2	71.5	44.8	5 300	6 700
6312	60	130	31	2.1	72	118	2.1	81.8	51.8	5 000	6 300
6313	65	140	33	2.1	77	128	2.1	93.8	60.5	4 500	5 600
6314	70	150	35	2.1	82	138	2.1	105	68.0	4 300	5 300
6315	75	160	37	2.1	87	148	2.1	112	76.8	4 000	5 000
6316	80	170	39	2.1	92	158	2.1	122	86.5	3 800	4 800
6317	85	180	41	3	99	166	2.5	132	96.5	3 600	4 500
6318	90	190	43	3	104	176	2.5	145	108	3 400	4 300
6319	95	200	45	3	109	186	2.5	155	122	3 200	4 000
6320	100	215	47	3	114	201	2.5	172	140	2 800	3 600
（0）4尺寸系列											
6403	17	62	17	1.1	24	55	1	22.5	10.8	11 000	15 000
6404	20	72	19	1.1	27	65	1	31.0	15.2	9 500	13 000
6405	25	80	21	1.5	34	71	1.5	38.2	19.2	8 500	11 000
6406	30	90	23	1.5	39	81	1.5	47.5	24.5	8 000	10 000
6407	35	100	25	1.5	44	91	1.5	56.8	29.5	6 700	8 500
6408	40	110	27	2	50	100	2	65.5	37.5	6 300	8 000
6409	45	120	29	2	55	110	2	77.5	45.5	5 600	7 000
6410	50	130	31	2.1	62	118	2.1	92.2	55.2	5 300	6 700
6411	55	140	33	2.1	67	128	2.1	100	62.5	4 800	6 000
6412	60	150	35	2.1	72	138	2.1	108	70.0	4 500	5 600
6413	65	160	37	2.1	77	148	2.1	118	78.5	4 300	5 300
6414	70	180	42	3	84	166	2.5	140	99.5	3 800	4 800
6415	75	190	45	3	89	176	2.5	155	115	3 600	4 500
6416	80	200	48	3	94	186	2.5	162	125	3 400	4 300
6417	85	210	52	4	103	192	3	175	138	3 200	4 000
6418	90	225	54	4	108	207	3	192	158	2 800	3 600
6420	100	250	58	4	118	232	3	222	195	2 400	3 200

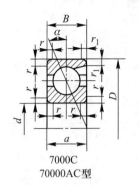

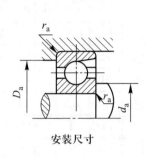

安装尺寸

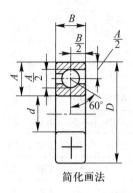

7000C
70000AC型

简化画法

标记示例:滚动轴承 7210C　GB/T 292—2007

轴承代号		基本尺寸/mm			安装尺寸/mm			70000C (α = 15°)			70000AC (α = 25°)			极限转速/(r/min)(参考)	
		d	D	B	d_{amin}	D_{amax}	a/mm	基本额定动载荷 C_r	基本额定静载荷 C_{0r}	a/mm	基本额定动载荷 C_r	基本额定静载荷 C_{0r}	脂润滑	油润滑
								kN			kN			
(1) 0 尺寸系列															
7000C	7000AC	10	26	8	12.4	23.6	6.4	4.92	2.25	8.2	4.75	2.12	19 000	28 000
7001C	7001AC	12	28	8	14.4	25.6	6.7	5.42	2.65	8.7	5.20	2.55	18 000	26 000
7002C	7002AC	15	32	9	17.4	29.6	7.6	6.25	3.42	10	5.95	3.25	17 000	24 000
7003C	7003AC	17	35	10	19.4	32.6	8.5	6.60	3.85	11.1	6.30	3.68	16 000	22 000
7004C	7004AC	20	42	12	25	37	10.2	10.5	6.08	13.2	10.0	5.78	14 000	19 000
7005C	7005AC	25	47	12	30	42	10.8	11.5	7.45	14.4	11.2	7.08	12 000	17 000
7006C	7006AC	30	55	13	36	49	12.2	15.2	10.2	16.4	14.5	9.85	9 500	14 000
7007C	7007AC	35	62	14	41	56	13.5	19.5	14.2	18.3	18.5	13.5	8 500	12 000
7008C	7008AC	40	68	15	46	62	14.7	20.0	15.2	20.1	19.0	14.5	8 000	11 000
7009C	7009AC	45	75	16	51	69	16	25.8	20.5	21.9	25.8	19.5	7 500	10 000
7010C	7010AC	50	80	16	56	74	16.7	26.5	22.0	23.2	25.2	21.0	6 700	9 000
7011C	7011AC	55	90	18	62	83	18.7	37.2	30.5	25.9	35.2	29.2	6 000	8 000
7012C	7012AC	60	95	18	67	88	19.4	38.2	32.8	27.1	36.2	31.5	5 600	7 500
7013C	7013AC	65	100	18	72	93	20.1	40.0	35.5	28.2	38.0	33.8	5 300	7 000
7014C	7014AC	70	110	20	77	103	22.1	48.2	43.5	30.9	45.8	41.5	5 000	6 700

轴承代号		基本尺寸/ mm			安装尺寸/ mm		70000C (α=15°)			70000AC (α=25°)			极限转速/ (r/min)(参考)	
		d	D	B	d_{amin}	D_{amax}	a/mm	基本额定动载荷 C_r	基本额定静载荷 C_{0r}	a/mm	基本额定动载荷 C_r	基本额定静载荷 C_{0r}	脂润滑	油润滑
								kN			kN			
7015C	7015AC	75	115	20	82	108	22.7	49.5	46.5	32.2	46.8	44.2	4 800	6 300
7016C	7016AC	80	125	22	89	116	24.7	58.5	55.8	34.9	55.5	53.2	4 500	6 000
7017C	7017AC	85	130	22	94	121	25.4	62.5	60.2	36.1	59.2	57.2	4 300	5 600
7018C	7018AC	90	140	24	99	131	27.4	71.5	69.8	38.8	67.5	66.5	4 000	5 300
7019C	7019AC	95	145	24	104	136	28.1	73.5	73.2	40	69.5	69.8	3 800	5 000
7020C	7020AC	100	150	24	109	141	28.7	79.2	78.5	41.2	75	74.8	3 800	5 000
(1) 2尺寸系列														
7200C	7200AC	10	30	9	15	25	7.2	5.82	2.95	9.2	5.58	2.82	18 000	26 000
7201C	7201AC	12	32	10	17	27	8	7.35	3.52	10.2	7.10	3.35	17 000	24 000
7202C	7202AC	15	35	11	20	30	8.9	8.68	4.62	11.4	8.35	4.40	16 000	22 000
7203C	7203AC	17	40	23	22	35	9.9	10.8	5.95	12.8	10.5	5.65	15 000	20 000
7204C	7204AC	20	47	14	26	41	11.5	14.5	8.22	14.9	14.0	7.82	13 000	18 000
7205C	7205AC	25	52	15	31	46	12.7	16.5	10.5	16.4	15.8	9.88	11 000	16 000
7206C	7206AC	30	62	16	36	56	14.2	23.0	15.0	18.7	22.0	14.2	9 000	13 000
7207C	7207AC	35	72	17	42	65	15.7	30.5	20.0	21	29.0	19.2	8 000	11 000
7208C	7208AC	40	80	18	47	73	17	36.8	25.8	23	35.2	24.5	7 500	10 000
7209C	7209AC	45	85	19	52	78	18.2	38.5	28.5	24.7	36.8	27.2	6 700	9 000
7210C	7210AC	50	90	20	57	83	19.4	42.8	32.0	26.3	40.8	30.5	6 300	8 500
7211C	7211AC	55	100	21	64	91	20.9	52.8	40.5	28.6	50.5	38.5	5 600	7 500
7212C	7212AC	60	110	22	69	101	22.4	61.0	48.5	30.8	58.2	46.2	5 300	7 000
7213C	7213AC	65	120	23	74	111	24.2	69.8	55.2	33.5	66.5	52.5	4 800	6 300
7214C	7214AC	70	125	24	79	116	25.3	70.2	60.0	35.1	69.2	57.5	4 500	6 000
7215C	7215AC	75	130	25	84	121	26.4	79.2	65.8	36.6	75.2	63.0	4 300	5 600
7216C	7216AC	80	140	26	90	130	27.7	89.5	78.2	38.9	85.0	74.5	4 000	5 300
7217C	7217AC	85	150	28	95	140	29.9	99.8	85.0	41.6	94.8	81.5	3 800	5 000
7218C	7218AC	90	160	30	100	150	31.7	122	105	44.2	118	100	3 600	4 800

轴承代号		基本尺寸/ mm			安装尺寸/ mm			70000C (α = 15°)			70000AC (α = 25°)			极限转速/ (r/min)(参考)	
		d	D	B	d_{amin}	D_{amax}	a/mm	基本额定动载荷 C_r	基本额定静载荷 C_{0r}	a/mm	基本额定动载荷 C_r	基本额定静载荷 C_{0r}	脂润滑	油润滑
								kN			kN			
7219C	7219AC	95	170	32	107	158	33.8	135	115	46.9	128	108	3 400	4 500
7220C	7220AC	100	180	34	112	168	35.8	148	128	49.7	142	122	3 200	4 300

（1）3 尺寸系列

轴承代号		d	D	B	d_{amin}	D_{amax}	a/mm	C_r	C_{0r}	a/mm	C_r	C_{0r}	脂润滑	油润滑
7301C	7301AC	12	37	12	18'	31	8.6	8.10	5.22	12	8.08	4.88	16 000	22 000
7302C	7302AC	15	42	13	21	36	9.6	9.38	5.95	13.5	9.08	5.59	15 000	20 000
7303C	7303AC	17	47	14	23	41	10.4	12.8	8.62	14.8	11.5	7.08	14 000	19 000
7304C	7304AC	20	52	15	27	45	11.3	14.2	9.68	16.8	13.8	9.10	12 000	17 000
7305C	7305AC	25	62	17	32	55	13.1	21.5	15.8	19.1	20.8	14.8	9 500	14 000
7306C	7306AC	30	72	19	37	65	15	26.8	19.8	22.2	25.2	18.5	8 500	12 000
7307C	7307AC	35	80	21	44	71	16.6	34.2	26.8	24.5	32.8	24.8	75 00	10 000
7308C	7308AC	40	90	23	49	81	18.5	40.2	32.3	27.5	38.5	30.5	6 700	9 000
7309C	7309AC	45	100	25	54	91	20.2	49.2	39.8	30.2	47.5	37.2	6 000	8 000
7310C	7310AC	50	110	27	60	100	22	53.5	47.2	33	55.5	44.5	5 600	7 500
7311C	7311AC	55	120	29	65	110	23.8	70.5	60.5	35.8	67.2	56.8	5 000	6 700
7312C	7312AC	60	130	31	72	118	25.6	80.5	70.2	38.7	77.8	65.8	4 800	6 300
7313C	7313AC	65	140	33	77	128	27.4	91.5	80.5	41.5	89.8	75.5	4 300	5 600
7314C	7314AC	70	150	35	82	138	29.2	102	91.5	44.3	98.5	86.0	4 000	5 300
7315C	7315AC	75	160	37	87	148	31	112	105	47.2	108	97.0	3 800	5 000
7316C	7316AC	80	170	39	92	158	32.8	122	118	50	118	108	3 600	4 800
7317C	7317AC	85	180	41	99	166	34.6	132	128	52.8	125	122	3 400	4 500
7318C	7318AC	90	190	43	104	176	36.4	142	142	55.6	135	135	3 200	4 300
7319C	7319AC	95	200	45	109	186	38.2	152	158	58.5	145	148	3 000	4 000
7320C	7320AC	100	215	47	114	201	40.2	162	175	61.9	165	178	2 600	3 600

注：1. 表中安装尺寸数据不属 GB/T 297—2015 内容，详见 GB/T 5868—2003 内容。

2. 表中基本额定动载荷数值不属 GB/T 297—2015 内容，计算方法参见 GB/T 6391—2010 内容。

3. 表中基本额定静载荷数值不属 GB/T 297—2015 内容，计算方法参见 GB/T 4662—2012 内容。

4. α = 40°的角接触轴承基本尺寸请参考 GB/T 292—2007 内容。

附表 3-3 圆锥滚子轴承（摘自 GB/T 297—2015）

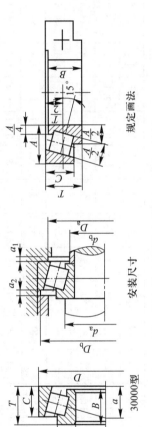

30000型

安装尺寸

规定画法

标记示例：滚动轴承 30310GB/T 297—2015

02 尺寸系列

轴承代号	基本尺寸/mm						安装尺寸/mm							计算系数			基本额定动载荷 C_r/kN	基本额定静载荷 C_{0r}/kN	极限转速/(r/min)	
	d	D	T	B	C	$a^*\approx$	d_{amin}	d_{bmax}	D_a min	D_a max	D_b min	a_1 min	a_2 min	e	Y	Y_0			脂润滑	油润滑
30203	17	40	13.25	12	11	9.9	23	23	34	34	37	2	2.5	0.35	1.7	1	20.8	21.8	9 000	12 000
30204	20	47	15.25	14	12	11.2	26	27	40	41	43	2	3.5	0.35	1.7	1	28.2	30.5	8 000	10 000
30205	25	52	16.25	15	13	12.5	31	31	44	46	48	2	3.5	0.37	1.6	0.9	32.2	37.0	7 000	9 000
30206	30	62	17.25	16	14	13.8	36	37	53	56	58	2	3.5	0.37	1.6	0.9	43.2	50.5	6 000	7 500
30207	35	72	18.25	17	15	15.3	42	44	62	65	67	3	3.5	0.37	1.6	0.9	54.2	63.5	5 300	6 700
30208	40	80	19.75	18	16	16.9	49	49	69	73	75	3	4	0.37	1.6	0.9	63.0	74.0	5 000	6 300
30209	45	85	20.75	19	16	18.6	53	53	74	78	80	3	5	0.4	1.5	0.8	67.8	83.5	4 500	5 600
30210	50	90	21.75	20	17	20	58	58	79	83	86	3	5	0.42	1.4	0.8	73.2	92.0	4 300	5 300
30211	55	100	22.75	21	18	21	64	64	88	91	95	4	5	0.4	1.5	0.8	90.8	115	3 800	4 800

轴承代号	基本尺寸/mm					安装尺寸/mm								计算系数			基本额定动载荷 C_r/kN	基本额定静载荷 C_{0r}/kN	极限转速/(r/min)	
	d	D	T	B	C	$a^* \approx$	d_{amin}	d_{bmax}	D_a min	D_a max	D_b min	a_1 min	a_2 min	e	Y	Y_0			脂润滑	油润滑
30212	60	110	23.75	22	19	22.3	69	69	96	101	103	4	5	0.4	1.5	0.8	102	130	3 600	4 500
30213	65	120	24.75	23	20	23.8	74	77	106	111	114	4	5	0.4	1.5	0.8	120	152	3 200	4 000
30214	70	125	26.25	24	21	25.8	79	81	110	116	119	4	5.5	0.42	1.4	0.8	132	175	3 000	3 800
30215	75	130	27.25	25	22	27.4	84	85	115	121	125	4	5.5	0.44	1.4	0.8	138	185	2 800	3 600
30216	80	140	28.25	26	22	28.1	90	90	124	130	133	4	6	0.42	1.4	0.8	160	212	2 600	3 400
30217	85	150	30.5	28	24	30.3	95	96	132	140	142	5	6.5	0.42	1.4	0.8	178	238	2 400	3 200
30218	90	160	32.5	30	26	32.3	100	102	140	150	151	5	6.5	0.42	1.4	0.8	200	270	2 200	3 000
30219	95	170	34.5	32	27	34.2	107	108	149	158	160	5	7.5	0.42	1.4	0.8	228	308	2 000	2 800
30220	100	180	37	34	29	36.4	112	114	157	168	169	5	8	0.42	1.4	0.8	255	350	1 900	2 600
03 尺寸系列																				
30302	15	42	14.25	13	11	9.6	21	22	36	36	38	2	3.5	0.29	2.1	1.2	22.8	21.5	9 000	12 000
30303	17	47	15.25	14	12	10.4	23	25	40	41	43	3	3.5	0.29	2.1	1.2	28.2	27.2	8 500	11 000
30304	20	52	16.25	15	13	11.1	27	28	44	45	48	3	3.5	0.3	2	1.1	33.0	33.2	7 500	9 500
30305	25	62	18.25	17	15	13	32	34	54	55	58	3	3.5	0.3	2	1.1	46.8	48.0	6 300	8 000
30306	30	72	20.75	19	16	15.3	37	40	62	65	66	3	5	0.31	1.9	1.1	59.0	63.0	5 600	7 000
30307	35	80	22.75	21	18	16.8	44	45	70	71	74	3	5	0.31	1.9	1.1	75.2	82.5	5 000	6 300
30308	40	90	25.25	23	20	19.5	49	52	77	81	84	3	5.5	0.35	1.7	1	90.8	108	4 500	5 600

轴承代号	基本尺寸/mm					$a^* \approx$	安装尺寸/mm							计算系数			基本额定动载荷 C_r/kN	基本额定静载荷 C_{0r}/kN	极限转速/(r/min)	
	d	D	T	B	C		$d_{a\min}$	$d_{b\max}$	D_a min	D_a max	D_b min	a_1 min	a_2 min	e	Y	Y_0			脂润滑	油润滑
30309	45	100	27.25	25	22	21.3	54	59	86	91	94	3	5.5	0.35	1.7	1	108	130	4 000	5 000
30310	50	110	29.25	27	23	23	60	65	95	100	103	4	6.5	0.35	1.7	1	130	158	3 800	4 800
30311	55	120	31.5	29	25	24.9	65	70	104	110	112	4	6.5	0.35	1.7	1	152	188	3 400	4 300
30312	60	130	33.5	31	26	26.6	72	76	112	118	121	5	7.5	0.35	1.7	1	170	210	3 200	4 000
30313	65	140	36	33	28	28.7	77	83	122	128	131	5	8	0.35	1.7	1	195	242	2 800	3 600
30314	70	150	38	35	30	30.7	82	89	130	138	141	5	8	0.35	1.7	1	218	272	2 600	3 400
30315	75	160	40	37	31	32	87	95	139	148	150	5	9	0.35	1.7	1	252	318	2 400	3 200
30316	80	170	42.5	39	33	34.4	92	102	148	158	160	5	9.5	0.35	1.7	1	278	352	2 200	3 000
30317	85	180	44.5	41	34	35.9	99	107	156	166	168	6	10.5	0.35	1.7	1	305	388	2 000	2 800
30318	90	190	46.5	43	36	37.5	104	113	165	176	178	6	10.5	0.35	1.7	1	342	440	1 900	2 600
30319	95	200	49.5	45	38	40.1	109	118	172	186	185	6	11.5	0.35	1.7	1	370	478	1 800	2 400
30320	100	215	51.5	47	39	42.2	114	127	184	201	199	6	12.5	0.35	1.7	1	405	525	1 600	2 000
22 尺寸系列																				
32206	30	62	21.25	20	17	15.6	36	36	52	56	58	3	4.5	0.37	1.6	0.9	51.8	63.8	6 000	7 500
32207	35	72	24.25	23	19	17.9	42	42	61	65	68	3	5.5	0.37	1.6	0.9	70.5	89.5	5 300	6 700
32208	40	80	24.75	23	19	18.9	47	48	68	73	75	3	6	0.37	1.6	0.9	77.8	97.2	5 000	6 300
32209	45	85	24.75	23	19	20.1	52	53	73	78	81	3	6	0.4	1.5	0.8	80.8	105	4 500	5 600

续表

轴承代号	基本尺寸/mm						安装尺寸/mm							计算系数			基本额定动载荷 C_r/kN	基本额定静载荷 C_{0r}/kN	极限转速/(r/min)	
	d	D	T	B	C	$a \approx$	$d_{a\min}$	$d_{b\max}$	D_a min	D_a max	D_b min	a_1 min	a_2 min	e	Y	Y_0			脂润滑	油润滑
32210	50	90	24.75	23	19	21	57	57	78	83	86	3	6	0.42	1.4	0.8	82.8	108	4 300	5 300
32211	55	100	26.75	25	21	22.8	64	62	87	91	96	4	6	0.4	1.5	0.8	108	142	3 800	4 800
32212	60	110	29.75	28	24	25	69	68	95	101	105	4	6	0.4	1.5	0.8	132	180	3 600	4 500
32213	65	120	32.75	31	27	27.3	74	75	104	111	115	4	6	0.4	1.5	0.8	160	222	3 200	4 000
32214	70	125	33.25	31	27	28.8	79	79	108	116	120	4	6.5	0.42	1.4	0.8	168	238	3 000	3 800
32215	75	130	33.25	31	27	30	84	84	115	121	126	4	6.5	0.44	1.4	0.8	170	242	2 800	3 600
32216	80	140	35.25	33	28	31.4	90	89	122	130	135	5	7.5	0.42	1.4	0.8	198	278	2 600	3 400
32217	85	150	38.5	36	30	33.9	95	95	130	140	143	5	8.5	0.42	1.4	0.8	228	325	2 400	3 200
32218	90	160	42.5	40	34	36.8	100	101	138	150	153	5	8.5	0.42	1.4	0.8	270	395	2 200	3 000
32219	95	170	45.5	43	37	39.2	107	106	145	158	163	5	8.5	0.42	1.4	0.8	302	448	2 000	2 800
32220	100	180	49	46	39	41.9	112	113	154	168	172	5	10	0.42	1.4	0.8	340	512	1 900	2 600
23 尺寸系列																				
32303	17	47	20.25	19	16	12.3	23	24	39	41	43	3	4.5	0.29	2.1	1.2	35.2	36.2	8 500	11 000
32304	20	52	22.25	21	18	13.6	27	26	43	45	48	3	4.5	0.3	2	1.1	42.8	46.2	7 500	9 500
32305	25	62	25.25	24	20	15.9	32	32	52	55	58	3	5.5	0.3	2	1.1	61.5	68.8	6 300	8 000
32306	30	72	28.75	27	23	18.9	37	38	59	65	66	4	6	0.31	1.9	1.1	81.5	96.5	5 600	7 000
32307	35	80	32.75	31	25	20.4	44	43	66	71	74	4	8.5	0.31	1.9	1.1	99.0	118	5 000	6 300

轴承代号	基本尺寸/mm						安装尺寸/mm							计算系数			基本额定动载荷 C_r/kN	基本额定静载荷 C_{0r}/kN	极限转速（r/min）	
	d	D	T	B	C	$a^* \approx$	d_{amin}	d_{bmax}	D_a min	D_a max	D_b min	a_1 min	a_2 min	e	Y	Y_0			脂润滑	油润滑
32308	40	90	35.25	33	27	23.3	49	49	73	81	83	4	8.5	0.35	1.7	1	115	148	4 500	5 600
32309	45	100	38.25	36	30	25.6	54	56	82	91	93	4	8.5	0.35	1.7	1	145	188	4 000	5 000
32310	50	110	42.25	40	33	28.2	60	61	90	100	102	5	9.5	0.35	1.7	1	178	235	3 800	4 800
32311	55	120	45.5	43	35	30.4	65	66	99	110	111	5	10	0.35	1.7	1	202	270	3 400	4 300
32312	60	130	48.5	46	37	32	72	72	107	118	122	6	11.5	0.35	1.7	1	228	302	3 200	4 000
32313	65	140	51	48	39	34.3	77	79	117	128	131	6	12	0.35	1.7	1	260	350	2 800	3 600
32314	70	150	54	51	42	36.5	82	84	125	138	141	6	12	0.35	1.7	1	298	408	2 600	3 400
32315	75	160	58	55	45	39.4	87	91	133	148	150	7	13	0.35	1.7	1	348	482	2 400	3 200
32316	80	170	61.5	58	48	42.1	92	97	142	158	160	7	13.5	0.35	1.7	1	388	542	2 200	3 000
32317	85	180	63.5	60	49	43.5	99	102	150	166	168	8	14.5	0.35	1.7	1	422	592	2 000	2 800
32318	90	190	67.5	64	53	46.2	104	107	157	176	178	8	14.5	0.35	1.7	1	478	682	1 900	2 600
32319	95	200	71.5	67	55	49	109	114	166	186	187	8	16.5	0.35	1.7	1	515	738	1 800	2 400
32320	100	215	77.5	73	60	52.9	114	122	177	201	201	8	17.5	0.35	1.7	1	600	872	1 600	2 000

注：1. 表中" * "所指 a 不属 GB/T 297—2015 内容，供参考。

2. 表中安装尺寸数据不属 GB/T 297—2015 内容，详见 GB/T 5868—2003 内容。

3. 表中基本额定动载荷数值不属 GB/T 297—2015 内容，计算方法参见 GB/T 6391—2010 内容。

4. 表中基本额定静载荷数值不属 GB/T 297—2015 内容，计算方法参见 GB/T 4662—2012 内容。

附表 3-4　与滚动轴承配合的轴和外壳的几何公差（摘自 GB/T 275—2015）

公称尺寸/mm		圆柱度 t				端面圆跳动 t₁			
		轴颈		轴承座孔		轴肩		轴承座孔肩	
		轴承公差等级							
		公差值/μm							
超过	到	0	6 (6x)	0	6 (6x)	0	6 (6x)	0	6 (6x)
	6	2.5	1.5	4	2.5	5	3	8	5
6	10	2.5	1.5	4	2.5	6	4	10	6
10	18	3	2	5	3	8	5	12	8
18	30	4	2.5	6	4	10	6	15	10
30	50	4	2.5	7	4	12	8	20	12
50	80	5	3	8	5	15	10	25	15
80	120	6	4	10	6	15	10	25	15
120	180	8	5	12	8	20	12	30	20
180	250	10	7	14	10	20	12	30	20
250	315	12	8	16	12	25	15	40	25

μm

附表 3-5 向心推力轴承和推力轴承的安装轴向游隙（参考）

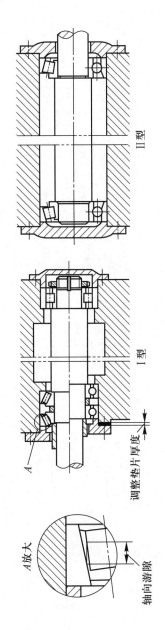

A放大

轴向游隙

调整垫片厚度

A

I型

II型

角接触球轴承允许轴向游隙范围

轴承内径 d/mm		接触角 α=15°				α=25°及40°		II型轴承允许间距（大概值）
超过	到	I型		II型		I型		
		min	max	min	max	min	max	
—	30	20	40	30	50	10	20	8d
30	50	30	50	40	70	15	30	7d
50	80	40	70	50	100	20	40	6d
80	120	50	100	60	150	30	50	5d
120	180	80	150	100	200	40	70	4d
180	260	120	200	150	250	50	100	(2~3)d

圆锥滚子轴承允许轴向游隙范围

接触角 α=10°~16°				α=25°~29°		II型轴承允许间距（大概值）
I型		II型		I型		
min	max	min	max	min	max	
20	40	40	70	—	—	14d
40	70	50	100	20	40	12d
50	100	80	150	30	50	11d
80	150	120	200	40	70	10d
120	200	200	300	50	100	9d
160	250	250	350	80	150	6.5d

推力球轴承允许轴向游隙范围

轴承内径 d/mm		51100 型		51200 及 51300 型		51400 型	
超过	到	min	max	min	max	min	max
—	50	10	20	20	40	—	—
50	120	20	40	40	60	60	80
120	140	40	60	60	80	80	120

附录四 联 轴 器

附表 4-1 弹性套柱销联轴器(GB/T 4323—2017) (单位:mm)

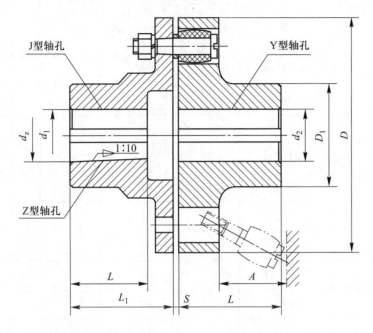

示例 1:LT6 联轴器

主动端:Y 型轴孔,A 型键槽,$d_1 = 38$ mm,$L = 82$ mm;

从动端:Y 型轴孔,A 型键槽,$d_2 = 38$ mm,$L = 82$ mm;

LT6 联轴器 38×82 GB/T 4323—2017

示例 2:LT8 联轴器

主动端:Z 型轴孔,C 型键槽,$d_z = 50$ mm,$L = 84$ mm;

从动端:Y 型轴孔,A 型键槽,$d_1 = 60$ mm,$L = 142$ mm;

LT8 联轴器 $\dfrac{\text{ZC}50\times84}{60\times142}$ GB/T 4323—2017

示例 3:LTZ5 联轴器

半联轴器端:J 型轴孔,A 型键槽,$d_1 = 55$ mm,$L = 84$ mm;

带制动轮端:Y 型轴孔,A 型键槽,$d_2 = 60$ mm,$L = 142$ mm;

LTZ5 联轴器 $\dfrac{\text{J}55\times84}{60\times142}$ GB/T 4323—2017

型号	公称转矩 T_n/ N·m	许用转速 $[n]$/ (r/min)	轴孔直径 d_1,d_2,d_z /mm	轴孔长度			D/ mm	D_1/ mm	S/ mm	A/ mm	转动惯量/ kg·m²	质量 /kg
				Y 型 L	J、Z 型 L_1	L						
LT1	16	8 800	10,11	22	25	22	71	22	3	18	0.000 4	0.7
			12,14	27	32	27						

型号	公称转矩 T_n/ N·m	许用转速 $[n]$/ (r/min)	轴孔直径 d_1,d_2,d_z /mm	轴孔长度			D/ mm	D_1/ mm	S/ mm	A/ mm	转动惯量/ kg·m²	质量 /kg
				Y 型	J、Z 型							
				L	L_1	L						
				/mm								
LT2	25	7 600	12,14	27	32	27	80	30	3	18	0.001	1.0
			16,18,19	30	42	30						
LT3	63	6 300	16,18,19	30	42	30	95	35	4	35	0.002	2.2
			20,22	38	52	38						
LT4	100	5 700	20,22,24	38	52	38	106	42	4	35	0.004	3.2
			25,28	44	62	44						
LT5	224	4 600	25,28	44	62	44	130	56	5	45	0.011	5.5
			30,32,35	60	82	60						
LT6	355	3 800	32,35,38	60	82	60	160	71	5	45	0.026	9.6
			40,42	84	112	84						
LT7	560	3 600	40,42,45,48	84	112	84	190	80	5	45	0.06	15.7
LT8	1 120	3 000	40,42,45,48,50,55	84	112	84	224	95	6	65	0.13	24.0
			60,63,65	107	142	107						
LT9	1 600	2 850	50,55	84	112	84	250	110	6	65	0.20	31.0
			60,63,65,70	107	142	107						
LT10	3 150	2 300	63,65,70,75	107	142	107	315	150	8	80	0.64	60.2
			80,85,90,95	132	172	132						
LT11	6 300	1 800	80,85,90,95	132	172	132	400	190	10	100	2.06	114
			100,110	167	212	167						
LT12	12 500	1 450	100,110,120,125	167	212	167	475	220	12	130	5.00	212
			130	202	252	202						
LT13	22 400	1 150	120,125	167	212	167	600	280	14	180	16.0	416
			130,140,150	202	252	202						

注:1. 转动惯量和质量是按 Y 型最大轴孔长度、最小轴孔直径计算的数值。

2. 轴孔型式组合为:Y/Y、J/Y、Z/Y。

3. 质量、转动惯量按材料为铸钢、无孔,L 推荐计算近似值。

附表 4-2 弹性柱销联轴器(GB/T 5014—2017)　　　　　　(单位:mm)

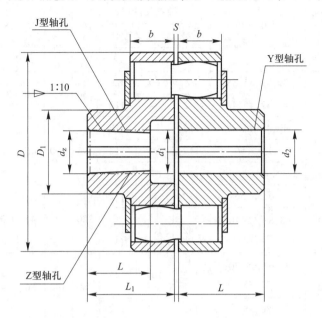

标记示例:

例 1:LX6 弹性柱销联轴器

主动端:Y 型轴孔,A 型键槽,$d_1 = 65$ mm,$L = 142$ mm;

从动端:Y 型轴孔,A 型键槽,$d_2 = 65$ mm,$L = 142$ mm;

LX6 联轴器 65×142　GB/T 5014—2017

例 2:LX7 弹性柱销联轴器

主动端:Z 型轴孔,C 型键槽,$d_z = 75$ mm,$L = 107$ mm;

从动端:J 型轴孔,B 型键槽,$d_2 = 70$ mm,$L = 107$ mm;

LX7 联轴器 $\dfrac{ZC75\times107}{JB70\times107}$　GB/T 5014—2017

例 3:LXZ5 带制动轮弹性柱销联轴器

半联轴器端:J 型轴孔,B 型键槽,$d_2 = 60$ mm,$L = 107$ mm;

制动轮端:J 型轴孔,B 型键槽,$d_1 = 55$ mm,$L = 84$ mm;

LXZ5 联轴器 $\dfrac{JB60\times107}{JB55\times84}$　GB/T 5014—2017

型号	公称转矩/(N·m)	许用转矩/(N·m)	轴孔直径 d_1、d_2、d_z/mm	轴孔长度			D/mm	D_1/mm	b/mm	S/mm	转动惯量/(kg·m²)	质量/kg
				Y 型	J、Z 型							
				L	L	L1						
LX1	250	8 500	12,14	32	27	—	90	40	20	2.5	0.002	2
			16,18,19	42	30	42						
			20,22,24	52	38	52						
LX2	560	6 300	20,22,24	52	38	52	120	55	28	2.5	0.009	5
			25,28	62	44	62						
			30,32,35	82	60	82						

型号	公称转矩/(N·m)	许用转矩/(N·m)	轴孔直径 d_1、d_2、d_z/mm	轴孔长度 Y型 L	J、Z型 L	L1	D/mm	D_1/mm	b/mm	S/mm	转动惯量/(kg·m²)	质量/kg
LX3	1 250	4 750	30,32,35,38	82	60	82	160	75	36	2.5	0.026	8
			40,42,45,48	112	84	112						
LX4	2 500	3 850	40,42,45,48	112	84	112	195	100	45	3	0.109	22
			50,55,56	112	84	112						
			60,63	142	107	142						
LX5	3 150	3 450	50,55,56	112	84	112	220	120	45	3	0.191	30
			60,63,65,70,71,75	142	107	142						
LX6	6 300	2 720	60,63,65,70,71,75	142	107	142	280	140	56	4	0.543	53
			80,85	172	132	172						
LX7	11 200	2 360	70,71,75	142	107	142	320	170	56	4	1.314	98
			80,85,90,95	172	132	172						
			100,110	212	167	212						
LX8	16 000	2 120	80,85,90,95	172	132	172	360	200	56	5	2.023	119
			100,110,120,125	212	167	212						
LX9	22 500	1 850	100,110,120,125	212	167	212	410	230	63	5	4.386	197
			130,140	252	202	252						
LX10	35 500	1 600	110,120,125	212	167	212	480	280	75	6	9.760	322
			130,140,150	252	202	252						
			160,170,180	302	242	302						

注:本联轴器适用于连接两同轴线的转动轴系,并具有补偿两轴线相对位移和一般减振性能。工作温度为 -20~70 ℃。

附录五　润滑与密封

附表 5-1　常用润滑油的性质和用途

名称	代号	运动黏度 (40℃)/ (mm²/s)	倾点/℃ ≤	闪点 (开口)/℃ ≥	主要用途(参考)
工业闭式齿轮油 (摘自 GB 5903—2011)	L-CKC68	61.2~74.8	-12	180	适用于齿面接触应力小于 1.1×10^9 Pa 的齿轮润滑,如冶金、矿山、化纤、化肥等工业中的闭式齿轮装置,以及其他工业闭式齿轮传动
	L-CKC100	90~110		200	
	L-CKC150	135~165	-9		
	L-CKC20	198~242			
	L-CKC320	288~352			
	L-CKC460	414~506			
	L-CKC680	612~748	-5		
液压油 (摘自 GB 11118.1—2011)	L-HL15	13.5~16.5	-12	140	主要用于机床和其他设备中的低压齿轮泵,也可以用于其他使用抗氧防锈润滑油的机械设备
	L-HL22	19.8~24.2	-9	165	
	L-HL32	28.8~35.2	-6	175	
	L-HL46	41.4~50.6		185	
蜗轮蜗杆油 (摘自 SH/T 0094—1991)	L-CKE/P220	198~242	-12	200	适用于滑动速度大的铜、钢蜗杆传动装置
	L-CKE/P320	288~352			
	L-CKE/P460	414~506			
	L-CKE/P680	612~748		220	
	L-CKE/P1000	900~1 100			
L-AN 全损耗系统用油 (摘自 GB/T 443—1989)	L-AN5	4.14~5.06	-5	80	对润滑油无特殊要求的轴承、齿轮和其他低载荷机械,不适合于循环润滑系统
	L-AN7	6.12~7.48		110	
	L-AN10	9.00~11.00		130	
	L-AN15	13.5~16.5		150	
	L-AN22	19.8~24.2			
	L-AN32	28.8~35.2			
	L-AN46	41.4~50.6		160	
	L-AN68	61.2~74.8			
	L-AN100	90.0~110		180	
	L-AN150	135~165			

名称	代号	滴点/℃ 不低于	工作锥入 度/0.1 mm	适用范围
钙基润滑脂(摘自 GB/T 491—2008)	1 号	80	310~340	适用于冶金、纺织等机械设备和拖拉机等农用机械的润滑与防护。使用温度范围为-10~60 ℃
	2 号	85	265~295	
	3 号	90	220~250	
	4 号	95	175~205	
钠基润滑脂(摘自 GB/T 492—1989)	2 号	160	265~295	适用于-10~110 ℃温度范围内一般中等负荷机械设备的润滑;不适用于与水相接触的润滑部位
	3 号		220~250	
钙钠基润滑脂 (摘自 SH/T 0368—1992)	2 号	120	250~290	适用于铁路机车和列车的滚动轴承、小电动机和发电机的滚动轴承以及其他高温轴承等的润滑。上限工作温度为100°,在低温情况下不适用
	3 号	135	200~240	

附表 5-3　毡圈油封与槽的尺寸(摘自 JB/ZQ 4606—1997)　　(单位:mm)

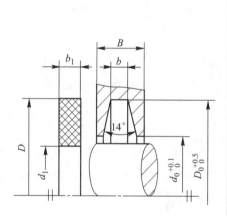

毡圈　装毡圈的沟槽尺寸
标记示例:轴径 $d=40$ mm 的毡圈记为
毡圈 40　JB/ZQ 4606—1997

轴径 d	毡封圈				槽				
	D	d_1	b_1		D_0	d_0	b	B_{min}	
								钢	铸铁
16	29	14	6		28	16	5	10	12
20	33	19			32	21			
25	39	24	7		38	26	6		
30	45	29			44	31			
35	49	34			48	36			
40	53	39			52	41			
45	61	44	8		60	46	7	12	15
50	69	49			68	51			
55	74	53			72	56			
60	80	58			78	61			
65	84	63			85	66			
70	90	68			88	71			
75	94	73			92	77			
80	102	78	9		100	82	8	15	18
85	107	83			105	87			
90	112	88			110	92			
95	117	93	10		115	97			
100	122	98			120	102			

注:毡圈材料有半粗羊毛毡和细羊毛毡,粗羊毛毡适用于速度 $v \leqslant 3$ m/s,优质细毛毡适用于 $v \leqslant 10$ m/s。

附表 5-4 旋转轴唇形密封圈的型式、尺寸及安装要求(摘自 GB/T 13871.1—2007)

(单位:mm)

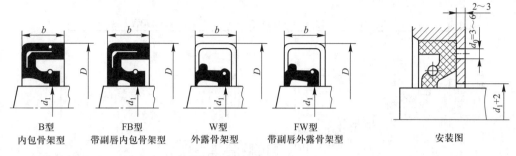

B型
内包骨架型

FB型
带副唇内包骨架型

W型
外露骨架型

FW型
带副唇外露骨架型

安装图

标记示例:$d=40$ mm,$D=80$ mm 的 B 型密封圈记为 B 4080 GB/T 13871.1—2007

d_1	D	b	d_1	D	b	d_1	D	b
6	16,22		28	40,47,52	7	70	90,95	
7	22		30	40,47,(50)		75	95,100	10
8	22,24		32	45,47,52		80	100	
9	22		35	50,52,55		80	110	
10	22,25		38	52,58,62		85	110,120	
12	24,25,30		40	55,(60),62		90	(115),120	
15	26,30,35	7	42	72,(75),78	8	95	120	
16	30,(35)		45	62,65		100	125	
18	30,35		50	68,(70),72		105	(130)	12
20	35,40,(45)		55	72,(75),78		110	140	
22	35,40,47		60	80,85		120	150	
25	40,47,52		65	85,90	10	130	160	

附录六 极限与配合、几何公差和表面粗糙度

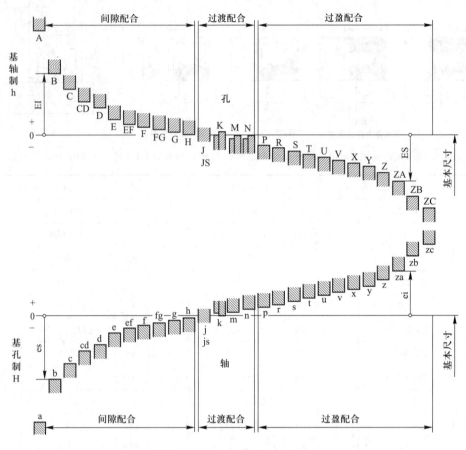

附图 6-1 基本偏差系列示意图

附表 6-1 标准公差值(公称尺寸大于 6 至 500 mm)(摘自 GB/T 1800.1—2020)

(单位:μm)

公称尺寸/mm	标准公差等级							
	IT5	IT6	IT7	IT8	IT9	IT10	IT11	IT12
>6~10	6	9	15	22	36	58	90	150
>10~18	8	11	18	27	43	70	110	180
>18~30	9	13	21	33	52	84	130	210
>30~50	11	16	25	39	62	100	160	250
>50~80	13	19	30	46	74	120	190	300
>80~120	15	22	35	54	87	140	220	350
>120~180	18	25	40	63	100	160	250	400
>180~250	20	29	46	72	115	185	290	460
>250~315	23	32	52	81	130	210	320	520
>315~400	25	36	57	89	140	230	360	570
>400~500	27	40	63	97	155	250	400	630

附表 6-2　孔的极限偏差值(公称尺寸由大于 10 至 315 mm)(摘自 GB/T 1800.2—2020)

(单位:μm)

公差带	等级	公称尺寸/mm							
		>10~18	>18~30	>30~50	>50~80	>80~120	>120~180	>180~250	>250~315
D	8	+77 +50	+98 +65	+119 +80	+146 +100	+174 +120	+208 +145	+242 +170	+271 +190
	9	+93 +50	+117 +65	+142 +80	+174 +100	+207 +120	+245 +145	+285 +170	+320 +190
	10	+120 +50	+149 +65	+180 +80	+220 +100	+260 +120	+305 +145	+355 +170	+400 +190
	11	+160 +50	+195 +65	+240 +80	+290 +100	+340 +120	+395 +145	+460 +170	+510 +190
E	6	+43 +32	+53 +40	+66 +50	+79 +60	+94 +72	+110 +85	+129 +100	+142 +110
	7	+50 +32	+61 +40	+75 +50	+90 +60	+107 +72	+125 +85	+146 +100	+162 +110
	8	+59 +32	+73 +40	+89 +50	+106 +60	+126 +72	+148 +85	+172 +100	+191 +110
	9	+75 +32	+92 +40	+112 +50	+134 +60	+159 +72	+185 +85	+215 +100	+240 +110
	10	+102 +32	+124 +40	+150 +50	+180 +60	+212 +72	+245 +85	+285 +100	+320 +110
F	6	+27 +16	+33 +20	+41 +25	+49 +30	+58 +36	+68 +43	+79 +50	+88 +56
	7	+34 +16	+41 +20	+50 +25	+60 +30	+71 +36	+83 +43	+96 +50	+108 +56
	8	+43 +16	+53 +20	+64 +25	+76 +30	+90 +36	+106 +43	+122 +50	+137 +56
	9	+59 +16	+72 +20	+87 +25	+104 +30	+123 +36	+143 +43	+165 +50	+186 +56
H	6	+11 0	+13 0	+16 0	+19 0	+22 0	+25 0	+29 0	+32 0
	7	+18 0	+21 0	+25 0	+30 0	+35 0	+40 0	+46 0	+52 0
	8	+27 0	+33 0	+39 0	+46 0	+54 0	+63 0	+72 0	+81 0
	9	+43 0	+52 0	+62 0	+74 0	+87 0	+100 0	+115 0	+130 0
	10	+70 0	+84 0	+100 0	+120 0	+140 0	+160 0	+185 0	+210 0
	11	+110 0	+130 0	+160 0	+190 0	+220 0	+250 0	+290 0	+320 0

附表 6-3　轴的极限偏差值(公称尺寸由大于 10 至 315 mm)(摘自 GB/T 1800.2—2020)

(单位:μm)

公差带	等级	公称尺寸/mm							
		>10~18	>18~30	>30~50	>50~80	>80~120	>120~180	>180~250	>250~315
d	6	−50 −61	−65 −78	−80 −96	−100 −119	−120 −142	−145 −170	−170 −199	−190 −222
	7	−50 −68	−65 −86	−80 −105	−100 −130	−120 −155	−145 −185	−170 −216	−190 −242
	8	−50 −77	−65 −98	−80 −119	−100 −146	−120 −174	−145 −208	−170 −242	−190 −271
	9	−50 −93	−65 −117	−80 −142	−100 −174	−120 −207	−145 −245	−170 −285	−190 −320
	10	−50 −120	−65 −149	−80 −180	−100 −220	−120 −260	−145 −305	−170 −355	−190 −400
f	7	−16 −34	−20 −41	−25 −50	−30 −60	−36 −71	−43 −83	−50 −96	−56 −108
	8	−16 −43	−20 −53	−25 −64	−30 −76	−36 −90	−43 −106	−50 −122	−56 −137
	9	−16 −59	−20 −72	−25 −87	−30 −104	−36 −123	−43 −143	−50 −165	−56 −186
h	5	0 −8	0 −9	0 −11	0 −13	0 −15	0 −18	0 −20	0 −23
	6	0 −11	0 −13	0 −16	0 −19	0 −22	0 −25	0 −29	0 −32
	7	0 −18	0 −21	0 −25	0 −30	0 −35	0 −40	0 −46	0 −52
	8	0 −27	0 −33	0 −39	0 −46	0 −54	0 −63	0 −72	0 −81
	9	0 −43	0 −52	0 −62	0 −74	0 −87	0 −100	0 −115	0 −130
	10	0 −70	0 −84	0 −100	0 −120	0 −140	0 −160	0 −185	0 −210
js	5	±4	±4.5	±5.5	±6.5	±7.5	±9	±10	±11.5
	6	±5.5	±6.5	±8	±9.5	±11	±12.5	±14.5	±16
	7	±9	±10.5	±12.5	±15	±17.5	±20	±23	±26

公差带	等级	公称尺寸/mm							
		>10~18	>18~30	>30~50	>50~80	>80~120	>120~180	>180~250	>250~315
k	5	+9 +1	+11 +2	+13 +2	+15 +2	+18 +3	+21 +3	+24 +4	+27 +4
	6	+12 +1	+15 +2	+18 +2	+21 +2	+25 +3	+28 +3	+33 +4	+36 +4
	7	+19 +1	+23 +2	+27 +2	+32 +2	+38 +3	+43 +3	+50 +4	+56 +4
m	5	+15 +7	+17 +8	+20 +9	+24 +11	+28 +13	+33 +15	+37 +17	+43 +20
	6	+18 +7	+21 +8	+25 +9	+30 +11	+35 +13	+40 +15	+46 +17	+52 +20
	7	+25 +7	+29 +8	+34 +9	+41 +11	+48 +13	+55 +15	+63 +17	+72 +20
n	5	+20 +12	+24 +15	+28 +17	+33 +20	+38 +23	+45 +27	+51 +31	+57 +34
	6	+23 +12	+28 +15	+33 +17	+39 +20	+45 +23	+52 +27	+60 +31	+66 +34
	7	+30 +12	+36 +15	+42 +17	+50 +20	+58 +23	+67 +27	+77 +31	+86 +34
p	5	+26 +18	+31 +22	+37 +26	+45 +32	+52 +37	+61 +43	+70 +50	+79 +56
	6	+29 +18	+35 +22	+42 +26	+51 +32	+59 +37	+68 +43	+79 +50	+88 +56
	7	+36 +18	+43 +22	+51 +26	+62 +32	+72 +37	+83 +43	+96 +50	+108 +56

等级	公称尺寸/mm												
	>10 ~18	>18 ~30	>30 ~50	>50 ~65	>60 ~80	>80 ~100	>100 ~120	>120 ~140	>140 ~160	>160 ~180	>180 ~200	>200 ~225	>225 ~250
r													
5	+31 +23	+37 +28	+45 +34	+54 +41	+56 +43	+66 +51	+69 +54	+81 +63	+83 +65	+86 +68	+97 +77	+100 +80	+104 +84
6	+34 +23	+41 +28	+50 +34	+60 +41	+62 +43	+73 +51	+76 +54	+88 +63	+90 +65	+93 +68	+106 +77	+109 +80	+113 +84
7	+41 +23	+49 +28	+59 +34	+71 +41	+73 +43	+86 +51	+89 +54	+103 +63	+105 +65	+108 +68	+123 +77	+126 +80	+130 +84

分类	形状公差				方向公差			位置公差			跳动公差	
项目	直线度	平面度	圆度	圆柱度	平行度	垂直度	倾斜度	同轴度	对称度	位置度	圆跳动	全跳动
符号	—	▱	○	⌭	∥	⊥	∠	◎	═	⊕	↗	↗↗

附表 6-5　圆度和圆柱度公差(摘自 GB/T 1184—1996)　(单位:μm)

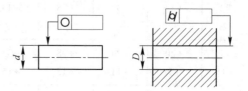

公差等级	主参数 $d(D)$/mm										应用举例(参考)
	>10 ~18	>18 ~30	>30 ~50	>50 ~80	>80 ~120	>120 ~180	>180 ~250	>250 ~315	>315 ~400	>400 ~500	
5	2	2.5	2.5	3	4	5	7	8	9	10	安装/P6、/P0 级滚动轴承的配合面,通用减速器的轴颈,一般机床的主轴
6	3	4	4	5	6	8	10	12	13	15	
7	5	6	7	8	10	12	14	16	18	20	千斤顶或压力油缸的活塞,水泵及减速器的轴颈,液压传动系统的分配机构
8	8	9	11	13	15	18	20	23	25	27	
9	11	13	16	19	22	25	29	32	36	40	起重机、卷扬机用滑动轴承等
10	18	21	25	30	35	40	46	52	57	63	

附表 6-6　平行度、垂直度和倾斜度公差(摘自 GB/T 1184—1996)　(单位:μm)

主参数 $d(D)$、L 图例

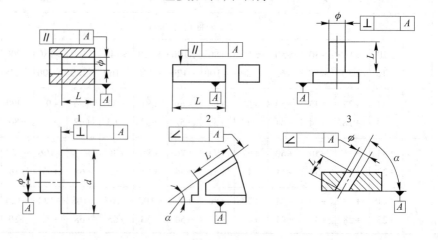

公差等级	主参数 L、d(D)/mm							应用举例	
	>25~40	>40~63	>63~100	>100~160	>160~250	>250~400	>400~630	平行度	垂直度和倾斜度
5	10	12	15	20	25	30	40	用于机床主轴孔,重要轴承孔,一般减速器箱体孔对基准面要求或孔间要求	用于装/P4、/P5级轴承箱体的凸肩及发动机的轴和离合器的凸缘
6	15	20	25	30	40	50	60	用于一般机床零件工作面,压力机工作面,中等精度钻模的工作面对基准面要求。机械中箱体一般轴承孔,7~10级精度齿轮传动壳体孔对基准面要求或孔间要求	用于装/P6、/P0级轴承箱体孔的轴线,低精度机床主要基准面和工作面
7	25	30	40	50	60	80	100		
8	40	50	60	80	100	120	150	用于重型机械轴承盖的端面、手动传动装置中的传动轴	用于一般导轨、普通传动箱体中的凸肩

附表 6-7　直线度和平面度公差(摘自 GB/T 1184—1996)　　　(单位:μm)

主参数 L 图例

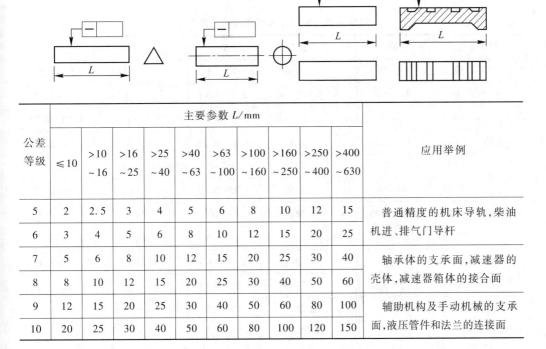

公差等级	主要参数 L/mm										应用举例
	≤10	>10~16	>16~25	>25~40	>40~63	>63~100	>100~160	>160~250	>250~400	>400~630	
5	2	2.5	3	4	5	6	8	10	12	15	普通精度的机床导轨,柴油机进、排气门导杆
6	3	4	5	6	8	10	12	15	20	25	
7	5	6	8	10	12	15	20	25	30	40	轴承体的支承面,减速器的壳体,减速器箱体的接合面
8	8	10	12	15	20	25	30	40	50	60	
9	12	15	20	25	30	40	50	60	80	100	辅助机构及手动机械的支承面,液压管件和法兰的连接面
10	20	25	30	40	50	60	80	100	120	150	

附表 6-8　同轴度、对称度、圆跳动和全跳动公差（摘自 GB/T 1184—1996）　　　　（单位：μm）

主参数 *d*(*D*)、*B*、*L* 图例

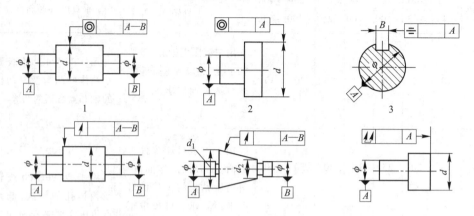

公差等级	主参数 *d*(*D*)、*B*、*L*/mm							应用举例
	>6 ~10	>10 ~18	>18 ~30	>30 ~50	>50 ~120	>120 ~250	>250 ~500	
5	4	5	6	8	10	12	15	6 和 7 级精度齿轮与轴的配合面，跳动用于/P6 级滚动轴承与轴的配合面，高精度高速轴，尺寸按 IT6、IT7 制造的零件
6	6	8	10	12	15	20	25	
7	10	12	15	20	25	30	40	8 级精度齿轮与轴的配合面，跳动用于/P0 级滚动轴承与轴的配合面，尺寸按 IT7、IT8 制造的零件，普通精度高速轴
8	15	20	25	30	40	50	60	9 级精度齿轮与轴的配合面，尺寸按 IT9 制造的零件

附表 6-9　加工方法和表面粗糙度关系　　　　（单位：μm）

加工方法		*Ra*	加工方法		*Ra*	加工方法		*Ra*
砂型铸造		80~20	铰孔	粗铰	40~20	齿轮加工	插齿	5~1.25
铸型锻造		80~10		半精铰、精铰	2.5~0.32		滚齿	2.5~1.25
车外圆	粗车	20~10	拉削	半精拉	2.5~0.63		剃齿	1.25~0.32
	半精车	10~2.5		精拉	0.32~0.16	切螺纹	板牙	10~2.5
	精车	1.25~0.32	刨削	粗刨	20~10		铣	5~1.25
镗孔	粗镗	40~10		精刨	1.25~0.63		磨削	2.5~0.32
	半精镗	2.5~0.63	钳工加工	粗锉	40~10		镗磨	0.32~0.04
	精镗	0.63~0.32		细锉	10~2.5		研磨	0.63~0.16
圆柱铣和端铣	粗铣	20~5		刮削	2.5~0.63		精研磨	0.08~0.02
	精铣	1.25~0.63		研磨	1.25~0.08	抛光	一般抛光	1.25~0.16
钻孔、扩孔		20~5	插削		40~2.5		精抛	0.08~0.04
锪孔、锪端面		5~1.25	磨削		5~0.01			

附表 6-10　减速器箱体、轴承端盖及轴承套杯加工表面粗糙度(参考值)

（单位：μm）

加工面	表面粗糙度 Ra	加工面	表面粗糙度 Ra
减速器箱体的分箱面	1.6~3.2	轴承端盖及轴承套杯等其他配合面	1.6~3.2
配普通精度等级滚动轴承的轴承座孔	1.6(磨)，3.2(车)	油沟及检查孔连接面	6.3~12.5
轴承座孔凸缘的端面	1.6~3.2	圆锥销孔	0.8~1.6
螺栓孔、螺栓或螺钉的沉孔	6.3~12.5	减速器底面	6.3~12.5

附录七　渐开线圆柱齿轮精度

附表 7-1　螺旋线总偏差 F_β（摘自 GB/T 10095.1—2008）

分度圆直径 d/mm	齿宽 b/mm	精度等级/μm				分度圆直径 d/mm	齿宽 b/mm	精度等级/μm			
		6	7	8	9			6	7	8	9
20<d≤50	4≤b≤10	9.0	13.0	18.0	25.0	125<d≤280	4≤b≤10	10.0	14.0	20.0	29.0
	10<b≤20	10.0	14.0	20.0	29.0		10<b≤20	11.0	16.0	22.0	32.0
	20<b≤40	11.0	16.0	23.0	32.0		20<b≤40	13.0	18.0	25.0	36.0
	40<b≤80	13.0	19.0	27.0	38.0		40<b≤80	15.0	21.0	29.0	41.0
	80<b≤160	16.0	23.0	32.0	46.0		80<b≤160	17.0	25.0	35.0	49.0
50<d≤125	4≤b≤10	9.5	13.0	190	27.0		160<b≤250	20.0	29.0	41.0	58.0
	10<b≤20	11.0	15.0	21.0	30.0	280<d≤560	10≤b≤20	12.0	17.0	24.0	34.0
	20<b≤40	12.0	17.0	24.0	34.0		20<b≤40	13.0	19.0	27.0	38.0
	40<b≤80	14.0	20.0	28.0	39.0		40<b≤80	15.0	22.0	31.0	44.0
	80<b≤160	17.0	24.0	33.0	47.0		80<b≤160	18.0	26.0	36.0	52.0
	160<b≤250	20.0	28.0	40.0	56.0		160<b≤250	21.0	30.0	43.0	60.0

附表 7-2　齿轮的 f'_i, f_{pt}, F_p, F_a（摘自 GB/T 10095.1—2008），F_r（摘自 GB/T 10095.2—2008）

（单位：μm）

分度圆直径 d/mm	模数（法向模数）m/mm（m_n/mm）	F_a				$\pm f_{pt}$				F_p				f'_i/K				F_r			
		6	7	8	9	6	7	8	9	6	7	8	9	6	7	8	9	6	7	8	9
5<d≤20	0.5≤m≤2	6.5	9.0	13.0	18.0	6.5	9.5	13.0	19.0	16.0	23.0	32.0	45.0	19.0	27.0	38.0	54.0	13	18	25	36
	2<m≤3.5	9.5	13.0	19.0	26.0	7.5	10.0	15.0	21.0	17.0	23.0	33.0	47.0	23.0	32.0	45.0	64.0	13	19	27	38
20<d≤50	0.5≤m≤2	7.5	10.0	15.0	21.0	7.0	10.0	14.0	20.0	20.0	29.0	41.0	57.0	20.0	29.0	41.0	58.0	16	23	32	46
	2<m≤3.5	10.0	14.0	20.0	29.0	7.5	11.0	15.0	22.0	21.0	30.0	42.0	59.0	24.0	34.0	48.0	68.0	17	24	34	47
	3.5<m≤6	12.0	18.0	25.0	35.0	8.5	12.0	17.0	24.0	22.0	31.0	44.0	62.0	27.0	38.0	54.0	77.0	17	25	35	49
	6<m≤10	15.0	22.0	31.0	43.0	10.0	14.0	20.0	28.0	23.0	33.0	46.0	65.0	31.0	44.0	63.0	89.0	19	26	37	52
50<d≤125	0.5≤m≤2	8.5	12.0	17.0	23.0	7.5	11.0	15.0	21.0	26.0	37.0	52.0	74.0	22.0	31.0	44.0	62.0	21	29	42	59
	2<m≤3.5	11.0	16.0	22.0	31.0	8.5	12.0	17.0	23.0	27.0	38.0	53.0	76.0	25.0	36.0	51.0	72.0	21	30	43	61
	3.5<m≤6	13.0	19.0	27.0	38.0	9.0	13.0	18.0	26.0	28.0	39.0	55.0	78.0	29.0	40.0	57.0	81.0	22	31	44	62
	6<m≤10	16.0	23.0	33.0	46.0	10.0	15.0	21.0	30.0	29.0	41.0	58.0	82.0	33.0	47.0	66.0	93.0	23	33	46	65
125<d≤280	0.5≤m≤2	10.0	14.0	20.0	28.0	8.5	12.0	17.0	24.0	35.0	49.0	69.0	98.0	24.0	34.0	49.0	69.0	28	39	55	78
	2<m≤3.5	13.0	18.0	25.0	36.0	9.0	13.0	18.0	26.0	35.0	50.0	70.0	100.0	28.0	39.0	56.0	79.0	28	40	56	80
	3.5<m≤6	15.0	21.0	30.0	42.0	10.0	14.0	20.0	28.0	36.0	51.0	72.0	102.0	31.0	44.0	62.0	88.0	29	41	58	82
	6<m≤10	18.0	25.0	36.0	50.0	11.0	16.0	23.0	32.0	37.0	53.0	75.0	106.0	35.0	50.0	70.0	100.0	30	42	60	85
280<d≤560	0.5≤m≤2	12.0	17.0	23.0	33.0	9.5	13.0	19.0	27.0	46.0	64.0	91.0	129.0	27.0	39.0	54.0	77.0	36	51	73	103
	2<m≤3.5	15.0	21.0	29.0	41.0	10.0	14.0	20.0	29.0	46.0	65.0	92.0	131.0	31.0	44.0	62.0	87.0	37	52	74	105
	3.5<m≤6	17.0	24.0	34.0	48.0	11.0	16.0	22.0	31.0	47.0	66.0	94.0	133.0	34.0	48.0	68.0	96.0	38	53	75	106
	6<m≤10	20.0	28.0	40.0	56.0	12.0	17.0	25.0	35.0	48.0	68.0	97.0	137.0	38.0	54.0	76.0	108.0	39	55	77	109

注：表中 K 值，当 $\varepsilon_\gamma<4$，$K=0.2\left(\dfrac{\varepsilon_\gamma+4}{\varepsilon_\gamma}\right)$；$\varepsilon_\gamma\geq4$ 时，$K=0.4$。

附表 7-3　齿轮的 F_i'', f_i''（摘自 GB/T 10095.2—2008）　　　　（单位：μm）

分度圆直径 d/mm	法向模数 m_n/mm	F_i''				f_i''			
		精度等级				精度等级			
		6	7	8	9	6	7	8	9
$50<d\leqslant125$	$1.5\leqslant m_n\leqslant2.5$	31	43	61	86	9.5	13	19	26
	$2.5<m_n\leqslant4.0$	36	51	72	102	14	20	29	41
	$4.0<m_n\leqslant6.0$	44	62	88	124	22	31	44	62
$125<d\leqslant280$	$1.5\leqslant m_n\leqslant2.5$	37	53	75	106	9.5	13	19	27
	$2.5<m_n\leqslant4.0$	43	61	86	121	15	21	29	41
	$4.0<m_n\leqslant6.0$	51	72	102	144	22	31	44	62

附表 7-4　齿轮装配后的接触斑点

精度等级 \ 参数 \ 齿轮	$b_{c1}/b\times100\%$		$h_{c1}/h\times100\%$		$b_{c2}/b\times100\%$		$h_{c2}/h\times100\%$	
	直齿轮	斜齿轮	直齿轮	斜齿轮	直齿轮	斜齿轮	直齿轮	斜齿轮
5 和 6	45	45	50	40	35	35	30	20
7 和 8	35	35	50	40	35	35	30	20
9 至 12	25	25	50	40	25	25	30	20

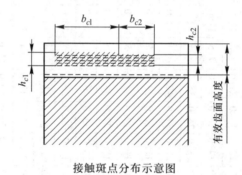

接触斑点分布示意图

附录八　减速器附件

附表 8-1　检查孔与检查孔盖　　　　　　　　　（单位:mm）

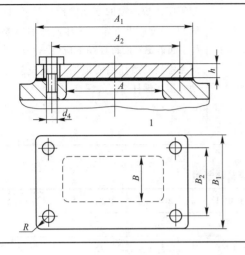

A	70、80、90、100、120、150、180、200
A_1	$A+5d_4$
A_2	$\dfrac{1}{2}(A_1+A_2)$
B	B_1-5d_4
B_1	箱体宽-(15~20)
B_2	$\dfrac{1}{2}(B+B_1)$
d_4	M6~M8,螺钉数 4~6 个
R	5~10
h	3~5

附表 8-2　外六角螺塞(摘自 JB/ZQ4450—2006)、封油垫　　（单位:mm）

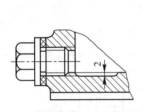

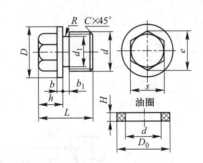

标记示例:螺塞 M20×15JB/ZQ 4450—2006

d	d_1	D	e	s	L	h	b	b_1	R	C	D_0	H 纸圈	H 皮圈
M12×1.25	10.2	22	15	13	24	12	3		0.5	1.0	22	2	2
M20×1.5	17.8	30	24.2	21	30	15		3		1.0	30	2	2
M24×2	21	34	31.2	27	32	16	4	4	1	1.5	35	3	2.5
M30×2	27	42	39.3	34	38	18				1.5	45	3	2.5

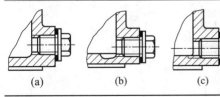

(a)　　(b)　　(c)

放油孔的位置:(a) 不正确(放油孔高于油池底面,油排不干净);(b) 正确;(c) 正确(但有半边孔攻螺纹工艺性较差)。

注:1. 材料:纸封油圈——石棉橡胶纸;皮封油圈——工业用革;螺塞——Q235。

2. 表中最后一行放油孔的位置的图和说明不是标准中的内容,供参考。

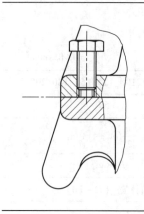
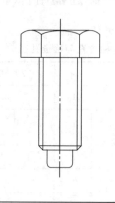

见左图,启盖螺钉的直径一般与箱盖与箱座连接凸缘的连接螺栓直径 d_2 相同,其长度应大于箱盖连接凸缘的厚度 b_1。起盖螺钉的钉杆端部应有一小段制成无螺纹的圆柱端或锥端,以免反复拧动时损坏螺杆端部的螺纹

附表 8-4 简易通气器

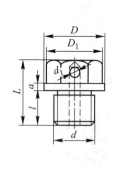

d	M12×1.25	M16×1.5	M20×1.5	M22×1.5	M27×1.5
D	18	22	30	32	38
D_1	16.5	19.6	25.4	25.4	31.2
S	14	17	22	22	27
L	19	23	28	29	34
l	10	12	15	15	18
a	2	2	4	4	4
d_1	4	5	6	7	8

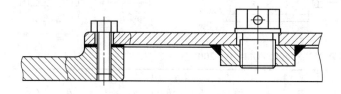

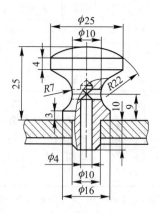

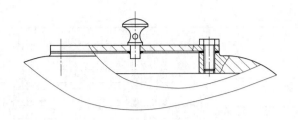	通气器与视孔盖间通过焊接连接，要画焊接符号；视孔盖与箱盖间一般用四个螺钉连接，布置在视孔盖的四角处，其剖面与通气器剖面不在一个平面内，通过在剖面中增加局部剖面图来表达螺钉连接
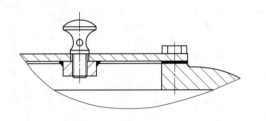	通气器通过螺母与视孔盖连接，螺母与视孔盖间通过焊接连接，要画焊接符号；螺钉剖面与通气器剖面不在一个平面内，不画螺钉连接剖面

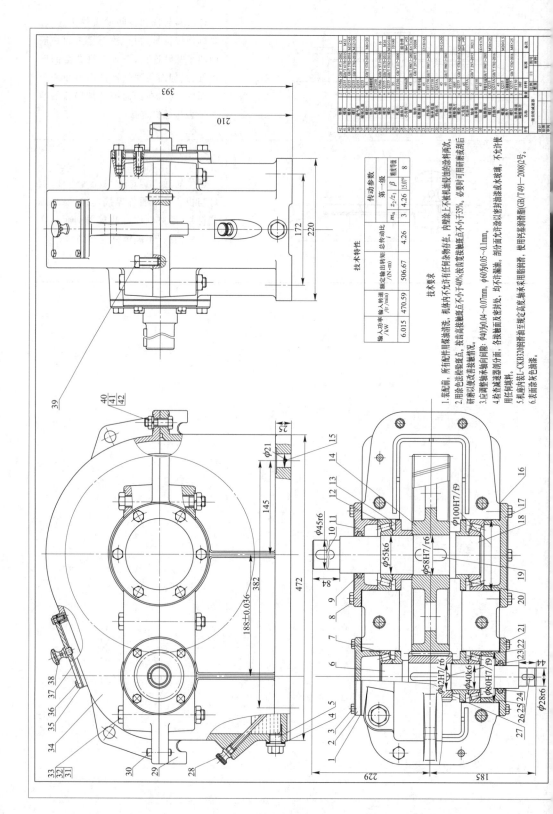

附录九 参考图例

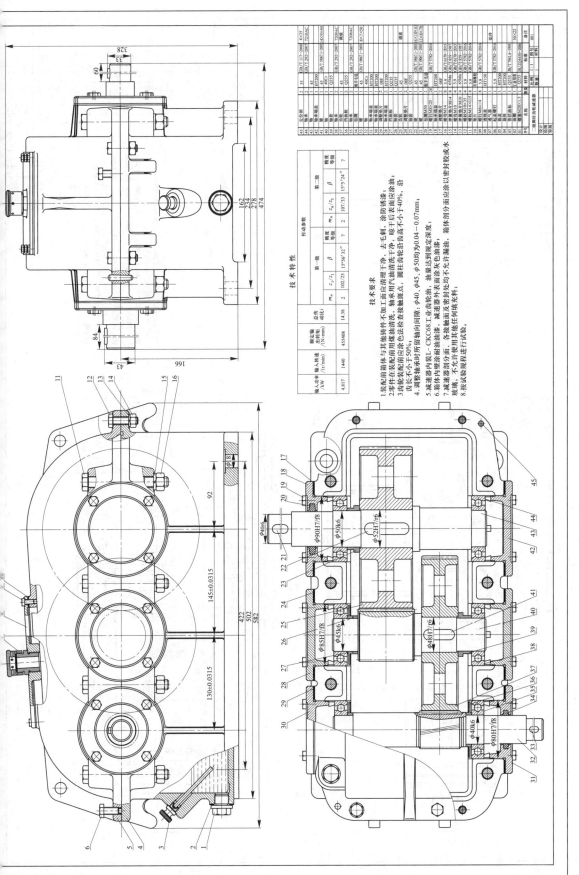

附图 9-2 二级圆柱齿轮减速器（轴承油润滑）

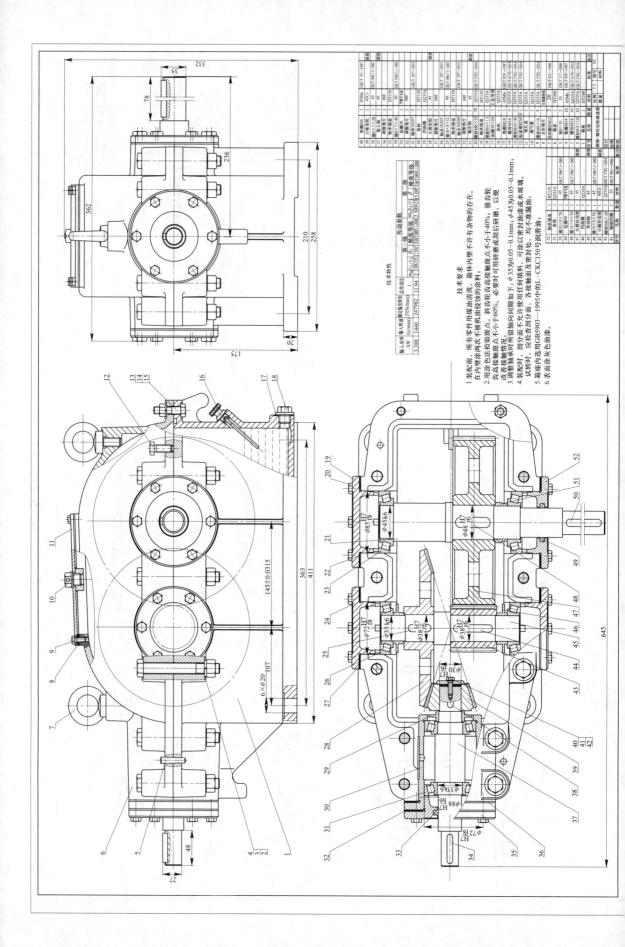

参 考 文 献

[1] 陈虹.现代印刷机械原理与设计[M].北京:中国轻工业出版社,2007.

[2] 王知行,李瑰贤.机械原理电算程序设计[M].哈尔滨:哈尔滨工业大学出版社,1992.

[3] 王知行,李建生.机械 CAD 与仿真技术[M].哈尔滨:哈尔滨工业大学出版社,2000.

[4] 季林红,阎绍泽.机械设计综合实践[M].北京:清华大学出版社,2011.

[5] 张晓玲,沈韶华.实用机构设计与分析:机构设计与分析[M].北京:北京航空航天大学出版社,2010.

[6] 张晓玲.机械原理课程设计指导[M].北京:北京航空航天大学出版社,2008.

[7] 王淑华,许鑫.印刷机结构原理与故障排除[M].北京:化学工业出版社,2004.

[8] 方振亚.平版胶印印刷机械[M].北京:印刷工业出版社,2006.

[9] 唐耀存.印刷机结构、调节与操作[M].北京:印刷工业出版社,2006.

[10] 赵罘,孙士超,王荃.常用机械机构虚拟装配及运动仿真 40 例:基于 Solid-Works2015[M].北京:电子工业出版社,2015.

[11] 吴宗泽,罗圣国.机械设计课程设计手册[M].5 版.北京:高等教育出版社,2018.

[12] 龚桂义.机械设计课程设计图册[M].3 版.北京:高等教育出版社.2006.

[13] 孙桓,陈作模,葛文杰.机械原理[M].8 版.北京:高等教育出版社,2013.

[14] 濮良贵,陈国定,吴立言.机械设计[M].10 版.北京:高等教育出版社,2019.

[15] 吴宗泽.机械结构设计[M].北京:机械工业出版社,2012.

[16] 潘承怡,向敬忠.常用机械结构选用技巧[M].北京:化学工业出版社,2016.

[17] 朱玉.机械综合课程设计[M].北京:机械工业出版社,2012.

[18] 张春宜,郝广平,刘敏.减速器设计实例精解[M].北京:机械工业出版社,2010.

[19] 王强.机械原理课程设计指导书[M].重庆:重庆大学出版社,2013.

[20] 孟宪源,姜琪.机构构型与应用[M].北京:机械工业出版社,2004.

[21] 邹慧君.机械原理课程设计手册[M].北京:高等教育出版社,1998.

[22] 李瑞琴.机构系统创新设计[M].北京:国防工业出版社,2008.

[23] 李育锡.机械设计课程设计[M].2 版.北京:高等教育出版社,2014.

[24] 孔凌嘉,张春林.机械基础综合课程设计[M].北京:北京理工大学出版社,2008.

[25] 成大先.机械设计手册:机构·结构设计[M].6 版.北京:化学工业出版社,2017.

[26] 闻邦椿.机械设计手册[M].5 版.北京:机械工业出版社,2010.

[27] 王强.机械原理课程设计指导书[M].重庆:重庆大学出版社,2013.